일렉트릭 빅뱅

일렉트릭 빅뱅

전기가 이끄는 제4차 산업혁명

한근우 지음

사과나무

일렉트릭 빅뱅

초판 1쇄 발행 2017년 1월 10일
초판 4쇄 발행 2022년 7월 10일

지은이 한근우
펴낸곳 도서출판 사과나무
펴낸이 권정자
등록번호 제11-123(1996. 9. 30)
주소 경기도 고양시 덕양구 충장로 123번길 26, 301-1208

전화 (031) 978-3436
팩스 (031) 978-2835
이메일 bookpd@hanmail.net
트위터 @saganamubook

값 16,000원

ISBN 978-89-6726-20-0 93560

이 도서의 국립중앙도서관 출판예정도서목록(CIP)은 서지정보유통지원시스템 홈페이지(http://seoji.nl.go.kr)와 국가자료공동목록시스템(http://www.nl.go.kr/kolisnet)에서 이용하실 수 있습니다.(CIP제어번호: CIP2016029820)

우리는 철로 된 단순한 링에 코일을 감는다; 우리는 발전기에 연결했고,
놀라움과 즐거움을 가지고 우리가 변형하고,
전송하고 곧바로 에너지가 될 가능성이 높은 이상한 힘에 주목했다.

– 니콜라 테슬라

/ 머리말 /

전기는 세상을 어떻게 바꾸었는가?

요즘 세상물정(世上物情)을 살펴보면, 전기 없이 돌아가는 것이 거의 불가능해 보인다. 우리가 당연하게 여기는 모든 것들에 전기가 사용되고, 사람들은 부지불식간에 전기의 지배를 받고 있다. 텔레비전에서부터 스마트폰, 전기자동차, 내비게이션, LED, 의료용 스캔 장비 그리고 이세돌 9단과 바둑 대결을 펼쳤던 알파고에 이르기까지, 그 모든 것은 전기에서 시작되었다. 자율주행 자동차가 도로 위를 달리고, 선(線) 없이 전기를 사용하고, 인간과 인공지능 컴퓨터가 스포츠 대결을 펼치며, LED 조명이 별처럼 반짝이는 오늘도 사람들은 전기의 존재를 느끼지 못한다.

우리의 손바닥에 늘 껌딱지처럼 붙어 다니는 스마트폰. 그 작은 몸통 안에는 LCD, 배터리, 반도체, GPS, 컴퓨팅기술, 전자기파를 이용한 무선 통신기술 등 최첨단 기술들이 집약되어 있다. 이 모든 기술은 전기라는 하나의 뿌리에서 파생되었다.

제4차 산업혁명이 가져올 미래

2016년 1월 스위스 다보스에서 열린 다보스포름에서는 전 세계 60개국의 정치·경제·문화 분야의 지도자들이 모여 '제4차 산업혁명의 이해'라는 핵심 의제를 놓고 열띤 토론을 벌였다. 그 주된 내용은 인공지능, 사물인터넷(IoT), 3D프린팅, 나노기술, 로봇기술 등 제4차 산업혁명을 주도할 혁신기술에 관한 것이었다.

이제 우리는 싫든 좋든 제4차 산업혁명을 온몸으로 맞아들여야 한다. 18세기에 시작된 제1차 산업혁명이 증기기관을 기반으로 한 기계화 혁명이었다면, 제2차 산업혁명은 대량생산 혁신이 그 핵심이다. 전기가 우리 생활에 확고히 자리잡게 된 것도 제2차 산업혁명부터였다.

19세기 말~20세기 초에 발생한 제2차 산업혁명은 전기에너지, 화학, 자동차, 석유 부문을 주축으로, 산업·사회 전반에 큰 변혁을 가져왔다. 특히 전기에너지를 기반으로 전기 조명, 전기 동력(전동기, 발전기)이 발명되었고, 그로 인해 공장은 환한 조명 아래 24시간 컨베이어를 가동시켜 대량생산 체제를 가능케 했다. 전동기를 장착한 가전제품이 각 가정에 보급됨으로써 여성을 가사 노동에서 해방시켜준 것도 그 무렵이었다. 제2차 산업혁명을 통한 전기의 발달은 정보, 통신, 오락 분야에까지 확대된다. 텔레비전, 라디오, 전신을 이용한 통신, 레코드, 영화가 모두 이 시기에 등장했으며, 이들 산업이 빠르게 대중화되었다(텔레비전이 대중화된 것은 이보다 조금 늦은 20세기 중반이다).

이후 전기는 IT와 융합된 자동화 기술로 대표되는 제3차 산업혁명에서 큰 비중을 차지했고, 2015년부터 시작된 제4차 산업혁명에서도 전기는 중요한 역할을 하고 있다. 인공지능, 사이버 물리시스템(Cyber Physical System, CPS), 사물인터넷 등으로 대변되는 제4차 산업혁명에서 전기는 그 어떤 기술도 넘보지 못할 근본기술로서 새로운 혁명을 이끌고 있다.

전기를 알면 과학기술의 미래가 보인다

그런데 오늘날 눈앞에서 펼쳐지는 과학기술의 기적 쇼를 보면서도 우리는 왜 묵묵히 지원하는 전기를 실감하지 못하는 걸까? 단지 스마트폰 배터리가 바닥나기 시작하면 주변에 있는 콘센트를 찾아 충전기를 연결하면 그만일 뿐이다. 바쁜 현대인들이 제품의 비밀스런 원리까지 굳이 힘들게 알 필요를 못 느낄 수도 있다. 하지만 시간을 거슬러 어린 시절로 되돌아가보자.

어릴 적 누구나 한 번쯤 과학자를 꿈꾸어 보았을 것이다. 가전제품을 분해하고 전자부품을 분석하며, 흐뭇한 미소를 짓기도 했을 것이다(곧이어 닥쳐올 엄마의 소프라노 음성은 두렵지 않다!). 또 만화영화에 등장하는 괴짜 과학자를 동경하기도 했다. 그런데 그 많던 꼬마 과학자들은 다 어디로 갔을까? 꿈은 서서히 퇴색하고, 어른이 된 지금은 첨단 전기전자 제품을 마주해도 반짝 관심을 가질 뿐, 곧 무덤덤해진다. '과학'과 '공학'이 중요하다고 말하지만 나와는 상관없다고 생각하며 살아간다. 엔지니어의 한 사람으로 아쉽게 생각하는 부분이다.

우리가 전기를 학문으로 접하는 계기는 보통 세 가지 경로를 통해서이다. 학교 수업, 교과서, 그리고 과학서적이다. 불행히도 학교와 교과서에서 배웠던 전기는 우리에게 흥미를 주지 못했다. 오히려 골치 아프게 했다. 두껍고 무거운 과학서적은 "도대체 전기를 배워서 어디에다 써먹는 거야?", "전기는 역시 보통 사람들이 알 수 있는 게 아니야"라는 편견만 심어줄 뿐이었다. 이렇듯 우리와 늘 같이하면서도 전기에 대해 친근하게 느끼기란 쉽지 않다. 그래서 전기의 세계를 이해하는 데 도움이 되고자 이 책을 집필했다.

이 책에는 오늘날 전기의 발전에 있어 지대한 영향을 미친 발견과 발명, 그리고 전기의 역사에 한 페이지를 장식한 과학자들이 등장한다. 도전과 도전을 거듭하여 성공을 이룬 과학자도 있지만 끝내 성공의 문턱을 넘지 못한 채 과학기술의 밑거름이 된 인물들도 있다. 이들의 도전은 현대를 살아가는 많은 이들에게 숭고한 메시지를 전해준다. 이 책을 통해 전기의 세계를 이해하고 흥미를 갖고, 덤으로 과학 지식까지 얻게 된다면 더할 나위 없겠다.

전체적인 구성은 시간 순으로 진행되지만, 각 장과 각 꼭지는 주제별로 나누어져 있다. 따라서 각 장은 전기의 역사 중 과거에서 시작해 이후의 발전을 거쳐 역사적 이정표가 되었던 내용들을 다룬다. 초반의 장들은 과거 속으로 깊숙이 파고들지만, 후반의 장들은 현대적인 전기의 발전을 살펴볼 수 있다.

끝으로 이 책이 많은 사람들에게 전기라는 학문에 대해 보다 재미있고 친근함을 줄 수 있기를 바란다. 더불어 인간의 상상을 뛰어넘는 과학기술의 발전이 어디까지일까를 생각하며, 미래를 보는 시각을 기르는 데 도움이 되었으면 한다.

어떤 저자에게든 첫 책은 각별한 애정을 쏟는 첫아이와 같다. 부족한 저자에게 첫 출판의 기회를 주고, 책을 만들어준 사과나무 출판사에 고마운 마음을 전한다. 그리고 늘 곁에서 응원하는 사랑하는 아내 세영과 아들 승표, 감사합니다.

2016년 11월

한근우

C O N T E N T S

chapter
01

보이지 않는 힘, 전기를 찾아서

e l e c t r i c b i g b a n g

01

전기는 왜? 어떻게?

춥고 건조한 겨울에는 정전기가 기승을 부린다. 문을 열고 닫을 때 찌릿하고, 머리를 빗으면 '찌지직' 소리와 함께 머리는 폭탄 맞은 것처럼 엉켜버리기 일쑤이다. 심지어 사랑하는 여자친구의 손이 닿을 때 정전기가 튀어 분위기를 망치는 경우도 있다.

정전기는 산업 전반에도 큰 영향을 미치고 있는데 화학섬유, 반도체 등 생산제품 품질 저하의 주요 원인이 되고 있다. 백해무익하다고 여겨지는 불청객 정전기는 왜 생기는 것일까?

정전기의 정체를 밝혀라

정전기(static electricity)란 흐르지 않고 한곳에 머물러 있는 전기를 말한다. 우리가 흔히 사용하고 있는 생활 속 전기가 흐르는 물과 같다

정전기는 마찰로 인해 발생하며, 수분이 적고 건조한 겨울에 많이 발생한다.

면, 정전기는 풀잎에 맺혀 있는 이슬로 비유될 수 있다. 우리나라 가정에 공급되는 전원 체계는 220볼트[V]이다. 그에 비해 정전기에서 발생되는 전압은 수천 볼트로, 수치로만 볼 때는 번개와 동급이다. 하지만 정전기에서 발생하는 전압이 제아무리 높다 해도 전류는 거의 흐르지 않기 때문에 생명에는 위협이 되지 않는 것이다. 마치 하늘 높은 곳에서 한두 방울 떨어지는 빗방울과 같다고 할 수 있다.

물질을 이루는 기본 단위인 원자(atom)의 주변에는 전자(electron)가 뱅뱅 돌고 있다. 원자핵(atomic nucleus)으로부터 멀리 떨어진 전자들은 마찰을 통해 다른 물체로 쉽게 이동한다. 이러한 조건의 원자 내부에서 전자를 잃은 쪽은 (+)전하(electric charge)가, 전자를 얻은 쪽은 (-)전하가 되어 전류가 흐를 수 있는 환경이 된다. 생활 속에서 흔히 마주치는 물체와 접촉하여 마찰이 발생하는 경우가 많은데, 그 순간 우리 몸과 물체가 전자를 주고받게 된다.

전하(electric charge)
어떤 물체가 가지고 있는 전기의 양이며, 모든 전기현상의 근본적인 실체이다. 양전하와 음전하로 구성되며, 전하의 움직임을 전류라고 한다.

그 후 몸과 물체에는 의도치 않게 조금씩 전기가 쌓여간다. 어느 정도 전기가 쌓인 상태에서 적절한 물체에 닿으면, 그동안 쌓여 있던 전기가 순간적으로 불꽃을 튀기며 이동한다. 이러한 현상이 정전기이며, 서로 다른 물체의 마찰로 생겨나게 된다.

그렇다면 정전기는 언제부터 알려지기 시작했을까? 그 시초는 기원전 600년 고대 그리스로 거슬러 올라간다. 당시 사람들은 전기의 실체에

탈레스 기원전 624년 동서양 교류의 요충지 밀레토스에서 태어난 탈레스는 전기 현상을 최초로 기록했다.

호박 고대 사람들은 호박에는 신이 깃들어 있어 다른 물체를 끌어당기는 힘이 있다고 생각했다.

대해 전혀 몰랐다. 간혹 보이는 번개는 신(God)의 노여움으로 생겨난 초현실적인 현상으로만 단순히 생각하고 있었다.

맨 처음 정전기에 대해 호기심을 갖고 관찰한 사람은 철학자이자 과학자인 **탈레스**(Thales, B.C. 624~B.C. 547?)이다. 그는 어느 날 **호박**(amber)이라는 보석이 가진 특별한 성질에 관심을 갖게 된다. 현대인들은 호박을 그저 평범한 화석일 뿐이라고 생각하고 있다. 하지만 당시 사람들은 달랐다. 그들은 호박 속에는 신의 기운이 깃들어 있다고 굳게 믿고 있었다. 그래서인지 호박을 부적처럼 몸에 달고 다니는 사람이 많았다. 심지어 지식인이라 불리운 철학자들 사이에서도 호박은 '마법의 돌'로 큰 주목을 받고 있었다.

탈레스
(Thales, B.C.624~B.C.547 추정)
정전기 현상을 최초로 기록한 인물이다. 우리가 잘 알고 있는 소크라테스(Socrates B.C.470~B.C.399)보다 먼저 철학자란 칭호를 처음으로 얻은 인물이며, 그리스 최초의 과학자로 불리운 인물이다.

호박(amber)
송진 따위가 땅 속에 파묻혀 돌처럼 굳어진 광물. 대부분 황색을 띠는데 적색, 갈색, 백색을 띤 것도 있다.

이러한 분위기 속에서 탈레스는 호박이 가지고 있는 신비한 현상을 우연히 발견하게 된다. 호박을 천으로 비비면 깃털이나 지푸라기, 나뭇잎처럼 가벼운 물체가 호박에 이끌리듯 달라붙었다. 그리고 잠시 후 끌려 왔던 물체들은 모두 부드럽게 떨어져 나가는 기이한 현상이 일어났다. 마치 호박이 살아서 마법을 부리는 것 같았다.

탈레스는 호박 안에 있는 신(God)의 기운으로 인해 가벼운 물체들이 가볍게 이끌려 온다고 생각했다. 그래서 특별한 능력을 가지고 있던 호박의 힘을 일렉트론(ελεκτρον, Electron)이라고 불렀다. 아쉽게도 당시에는 정전기 현상에 대해 과학적으로는 설명하지 못했지만 탈레스는 정전기 현상을 최초로 발견한 인물로 기록되고 있다.

마찰전기와 대전열

정전기는 공기 중에 수분이 없는 건조한 겨울철에 특히 잘 일어난다. 전하는 수분을 통해 쉽게 이동하는 성질을 가지고 있는데 그래서 정전기는 습도가 낮은 겨울철에 더욱 기승을 부리며, 반면에 습도가 높은 여름철에는 잘 일어나지 않는다. 정전기가 일어나는 빈도는 사람의 체질에 따라 좌우되기도 한다. 땀을 많이 흘리는 사람보다는 적게 흘리는 사람에게 많이 발생하며, 지성피부보다는 건성피부를 가진 사람에게 정전기가 많이 생긴다.

(−) 황 — 고무 — 면 — 비단 — 털옷 — 나일론 — 유리 (+)

대전열 물체를 마찰시킬 때 (+)전하와 (−)전하를 띠는 물질을 순서대로 나열한 것이다.

대부분의 물질들은 마찰로 인해 전기를 발생한다. 예를 들어 건조한 날씨에 머리를 빗으면 빗에 머리카락이 달라붙어 따라온다. 이 같은 현상은 빗과 머리카락이 다른 전하를 띠고 있어 서로 당기는 힘이 작용하기 때문이다.

빗을 머리카락에 문지르는 순간 전자가 머리카락에서 빗으로 이동한다. 이때 머리빗은 양성자보다 전자가 더 많아져 (-)전하를 띠게 되며, 머리카락은 양성자보다 전자가 더 적어져 (+)전하를 띠게 된다. 그런데 머리빗이 다른 물체와 마찰이 발생할 때, 항상 전자를 얻어 (-)전하를 띠는 것은 아니다. 물질의 종류에 따라 전자를 잃는 정도가 모두 달라 머리카락이 아닌 다른 물체와 마찰시키면 (+)전하를 띨 수도 있다.

일반적으로 두개의 물체를 마찰시키면 한쪽 물체는 (+)전하를 다른 쪽에는 같은 양의 (-)전하를 띠게 된다(같은 물체라도 마찰하는 상대의 물체에 따라 (+)전하 또는 (-)전하로 대전된다). 다양한 물체의 정전기적 현상을 실험적으로 확인하여 나열한 것을 **대전열**이라고 한다. 대전열은 두 종류 물체를 마찰시켰을 때 발생하는 정전기적 특성에 따라 오른쪽은 (+)전하로, 왼쪽으로 나열된 물체는 (-)전하로 되기 쉬운 정도를 순서대로 나타낸다.

정전기 널 체포하겠어!

정전기는 흔히 찌릿함으로 신체적인 불쾌감만 주는 정도라고 대수롭지 않게 생각하는 사람들이 많다. 하지만 그렇게 쉽게만 볼 문제가 아니다. 최근 뉴스를 보면 주유소에서 주유 도중 정전기로 인해 발생하는 화재가 심심치 않게 보도되고 있다.

휘발유의 경우 발화점이 낮기 때문에 정전기로도 쉽게 화재로 이어지는 것이다. 또한 반도체와 같은 전자부품들도 정전기로 인해 쉽게 손상되기도 한다. 때문에 전자부품을 제조하는 현장에서는 정전기를 어떻게 방지하느냐가 품질의 중요한 변수가 되기도 한다.

그렇다면 생활 속의 불청객 정전기를 없앨 수는 없을까? 정전기의 실체가 어느 정도 드러난 이상 불가능한 것만은 아니다. 우선 주유 시 정전기로 인한 화재를 방지하기 위해서는 먼저 방전패드를 터치해야 한다. 주유하기 전에 손바닥으로 터치해주면 우리 몸에 쌓여 있던 전하가 방전패드를 통해 이동하기 때문에 정전기가 일어나는 것을 쉽게 방지할 수 있다. 그 외 일상생활에서 발생하는 정전기를 방지하는 방법이 몇 가지 더 있다.

먼저 생활공간 안에서는 적당한 습도를 유지해야 한다. 이를 위해 보습 로션 등으로 피부의 수분을 촉촉하게 유지하고, 가습기나 어항 등으로 실내의 습도를 높여주는 방법이 있다. 흔히 입고 있는 옷을 통해서도 정전기가 유발되는데, 천연섬유로 된 옷이 정전기가 일어날 가능성이 낮아 착용 시 정전기를 줄일 수 있다. 만약 합성섬유로 된 옷밖에 없다고 해서 걱정할 필요는 없다. 합성섬유도 린스로 헹구거나 세탁 시 섬유유연제를 넣어주면 정전기를 쉽게 줄일 수 있다. 그 밖에 가전제품에도 늘 정전기가 발생하는데, 10원짜리 동전을 주변에 붙여 놓으면 쉽게 제거할 수 있다. 이는 동전 속 구리 성분이 가전제품 주변의 정전기 발생을 막아주기 때문이다.

정전기의 화려한 변신

지금까지 살펴본 정전기는 우리들에게 늘 불편함만 주는 존재처럼 보인다. 하지만 정전기를 잘만 이용하면 생활에 편리함을 주는 이로운 존재가 되기도 한다. 주변을 잘 살펴보면 정전기를 이용한 다양한 제품들을 쉽게 볼 수 있다.

공기청정기는 정전기의 원리를 이용한 전자제품 중 하나이다. 일단 오염된 공기가 공기청정기 주변으로 모이게 되면 내부에 장착된 먼지 집진기에서 발생하는 강한 정전기를 이용해 공기 중에 떠다니는 먼지를 쉽게 제거한다.

주방에서 흔히 사용하는 포장 랩도 정전기를 이용한 제품이다. 랩이 물건에 잘 달라붙는 이유는 간단하다. 랩을 당길 때 감겨 있던 부분과 떨어지면서 정전기가 발생하기 때문에 물체에 쉽게 부착할 수 있다. 그 밖에 정전기를 응용한 제품은 사무실의 필수품인 건식 복사기이다.

오늘날의 정전기를 이용한 건식 복사기는 1938년 미국의 물리학자 **체스터 칼슨**(Chester Carlson, 1906~1968)에 의해 발명되었다. 체스터 칼슨이 발명가의 꿈을 갖게 된 것은 유년 시절에 읽은 〈에디슨 전기〉의 영향이 컸다고 한다. 경제적으로 늘 어려웠던 그는 이 책을 통해 '발명이야말로 경제적인 지위를 향상시킬 수 있는 유효한 수단'이라고 느끼게 되어 발명가의 꿈을 키워 나갔다고 한다.

체스터 칼슨
(Chester Carlson 1906 ~ 1968)
워싱턴주 시애틀의 스웨덴 이민계 가정에서 태어나 리버사이드 주니어 칼리지(Riverside Junior College)에서 화학을 공부하고 1930년 캘리포니아 공과대학(California Institute of Technology)에서 물리학 학사 학위를 취득했다. 1947년 제록스의 전신인 할로이드사(Haloid Co.)와 함께 연구를 진행해 '말려서 쓴다'라는 뜻의 라틴어 '제로그라픽(xerographic)'에서 이름을 따온 제록스 1호기 '제록스 A'를 생산하여 시장에 선보였다.

체스터 칼슨은 고교 시절 인쇄소에서 일했던 적이 있었는데, 훗날 복사

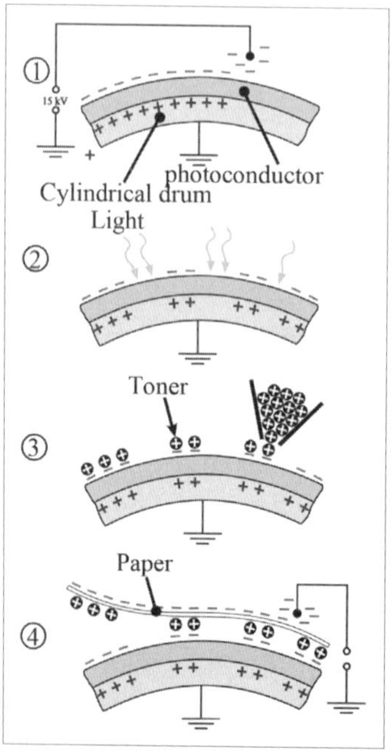

복사기는 정전기를 이용해 잉크 가루를 종이에 붙여 인쇄물을 출력한다.

기를 고안하게 되는 중요한 밑거름이 되었다.

그렇다면 복사기가 동작하는 데 있어서 정전기는 어떤 관련이 있을까?

먼저 복사하고자 하는 문서를 복사기 유리판 위에 올려놓는다. 그 후 동작 스위치를 누르면 복사기 안에는 밝은 불빛이 천천히 문서를 비추며 지나가게 된다. 이 빛은 문서에 반사되고 복사기 내부에서 회전하는 원통 위에 상(figure)이 맺힌다. 이 원통을 드럼(drum)이라고 부르는데 드럼 표면은 (+)전하를 띠고 있다. 불빛이 문서를 비추며 지나갈 때 문서의 흰 부분은 불빛을 그대로 반사시키고, 검은 부분은 빛을 흡수하게 된다.

드럼에서 빛을 받는 부분(문서의 흰 부분)은 정전기를 잃게 되고 빛을 받지 못한 부분(문서의 글자 부분)은 그대로 (+)전하 상태의 정전기를 유지하게 된다. 이때 드럼에 종이를 대고 (-)전하를 띤 검은 가루를 종이에 묻히면 (+)전하를 띠고 있는 글자 부분에만 검은 가루가 묻게 된다. 검은 가루가 종이에 묻는 것은 서로 다른 극을 끌어당기는 정전기의 특성 때문이다(이 검은 가루가 토너이며, 분말 형태의 잉크라고 생각하면 이해하기가 쉽다). 이 종이를 뜨거운 롤러로 꾹 누르고 지나가면 토너가 종이에 고정되면서 복사가 끝난다(복사기 열 때문에 복사를 막 끝낸 종이를 만지면 따뜻함을 느끼게 된다).

아마도 정전기는 그동안 우리에게 늘 불쾌감만 주는 해로운 존재라고 생각했을 것이다. 하지만 고유의 성질을 잘 이용하면 우리 생활에 없어서는 안 될 존재가 된다. 이쯤 되면 정전기는 미워할 수만 없는 존재라는 생각이 든다.

톡! 과학 공부

1. 전기란 무엇인가?

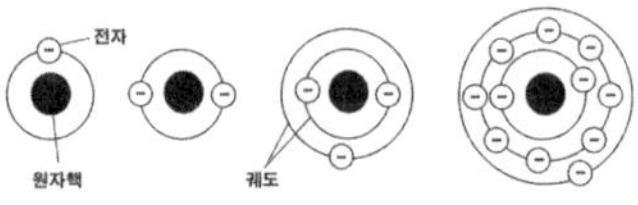

원자의 구조

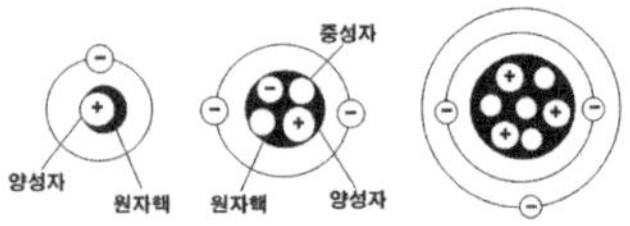

원자핵과 전자의 결합

호박과 같은 절연체를 통해 발생하는 가장 원초적인 전기는 정전기이다. 정전기는 절연체와 같이 전기가 흐르기 어려운 물질들의 표면에 쌓여 있으며, 대전체의 성질에 따라 쉽게 다른 물질로 이동할 수 있다. 이 같은 정전기 특성을 바탕으로 많은 이들이 전기에 관한 연구를 진행하였다. 그 결과 전기는 연속적이며, 전기의 흐름이 곧 전류라는 것을 밝혀낸다.

닐스 보어

전기에 대한 수수께끼는 수십 세기를 거쳐 연구가 지속되었지만, '전기란 무엇인가'라는 근본적인 물음의 해답을 찾기란 쉽지 않았다. 이러한 궁금증은 1897년 영국의 물리학자 존 톰슨(Joseph John Thomson, 1856~1940)의 음극선관(cathode-ray tube) 실험을 통해 전자의 존재를 발견하면서 일부 해결된다.

이후 1913년에는 덴마크의 물리학자 닐스 보어(Niels Henrik David Bohr, 1885~1962)에 의해 모든 물질은 원자(atom) 형태로 기본 구성되어 있다는 이론이 제시된다.

즉, 보어는 (+)전하를 가진 원자핵(atomic nucleus) 주위를 (-)전하를 가진 전자(electron)가 회전한다는 원자 모형을 제시한 것이다.

원자 모형을 기초로 한 도체와 부도체의 물질의 특성을 살펴보면, 그 특성이 서로 다르다는 것을 알 수 있다.

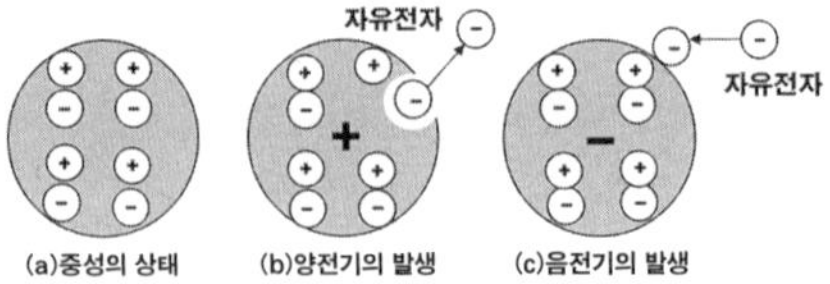

전기의 발생

도체의 경우 그림과 같이 최외각에 위치한 전자들이 자유롭게 움직이는 형태인 것을 볼 수 있다. 이를 자유전자(free electron)라 부른다. 이에 반해 부도체는 최외각에 위치한 전자가 주변의 전자들과 공유결합(covalent bond)이 된 상태이다. 그렇기 때문에 부도체의 경우 전자들이 자유롭게 움직이기 어렵다.

도체에 전압이 공급되면 전자들이 자유롭게 움직이게 되며, 전위차(electric potential difference)가 발생한다. 때문에 전자들이 전위차가 높은 쪽으로 끌려가는 흐름이 발생한다. 즉 전류가 발생한 것이다.

그런데 여기서 주목할 점은 '전류가 흐르는 방향'이다.

전기를 다루는 이론에서는 전류가 흐르는 방향을 (+)전하에서 (–)전하로 이동하는 것으로 표기하고 있다. 하지만 실제 물질 내부에서의 전기의 움직임은 이와 정 반대이다. (–)전하 전자가 (+)전하의 방향으로 전류가 이동하는 것이다. 전류의 방향이 실제와 차이가 있는 것은 전자의 움직임이 밝혀지기 전에 당시 많은 과학자들이 기준을 정했기 때문이다. 당시 과학자들은 전류의 흐름이 물의 흐름처럼 높은 곳에서 낮으로 곳으로 흐른다고 생각했다. 이는 곧 전류가 (+)전하에서 (–)전하로 흐른다는 것으로 판단되어 약속된 규칙이었던 것이다.

이후 보어가 제시한 원자 모형에 의해 전자의 이동방향이 새롭게 제시되었다. 하지만 극히 드문 경우로 전류는 (+)전하가 이동하는 경우와 오랜 세월에 걸쳐 사용해온 규칙이기 때문에 전류의 방향을 바꾸지 않고 그대로 사용하고 있는 것이다.

02

전기(電氣)와 자기(磁氣)의 만남

외식업체 광고물이나 쿠폰, 기타 생활용품 등에 다양한 형태의 자석이 붙어 있는 것을 우리 주변에서 흔히 볼 수 있다. 그런가 하면 말굽이나 막대 형태의 자석을 이용해 쇠붙이를 끌어당기거나, 같은 극끼리 서로 밀쳐내는 모습을 보며 신기해하던 어린 시절이 떠오르기도 한다. 우리 생활 주변에 늘 존재하기 때문일까? 우리는 자석 귀한 줄 모르는 시대에 살고 있다. 자석은 장난감이나 생활용품 등에 단순한 형태로 사용되는 것만이 주된 역할이 아니다.

자석의 발견이 전기와 더불어 인류 문명의 발전에 큰 공헌을 했다면 쉽게 믿을 수 있을까?

끌어당기는 돌, 자석

자석의 유래에 대해서는 여러 가지 설이 있지만 그 중 한 가지를 살펴보면 고대 그리스 마그네시아(magnesia) 지방에서 발생된 유래가 있다. 마그네시아 지방에는 금속을 끌어당기는 돌이 자주 발견되곤 했는데 당시 사람들은 이 신비한 돌을 지역의 이름과 유사한 자석(magnet)으로 부르기 시작한다. 자석의 사전적 의미는 '자성을 가지고 있는 돌'이란 뜻이다.

인류가 처음 자석을 실생활에 사용한 것은 기원전 2세기 중국에서였다. 당시 중국에서는 자석을 '남쪽을 가리키는 쇠'라는 의미의 지남철(指南鐵)이라고 불렀으며, 단순히 특정 방향을 가리키는 기구로만 사용되었다. 이후 중국에서는 자석의 특성을 이용해 항해술에도 이용했는데 이는 오늘날 나침반의 시초가 되었으며, 훗날 유럽에 전해져 대항해시대를 여는 데 중요한 역할을 하게 된다.

자석과 전기의 보이지 않는 힘은 고대부터 계속해서 알려져 왔다. 하지만 수세기가 지난 후에도 전기와 자기의 수수께끼는 쉽게 풀리지 않았다. 본격적으로 전기와 자석을 과학적으로 규명한 사람은 영국의 윌리엄 길버트(William Gilbert, 1544~1603)이다. 그는 엘리자베스(Elizabeth I, 1533~1603) 여왕의 주치의로 유명했으며, 과학 분야에도 선구적인 역할을 했던 사람이다. 길버트는 지동설을 주장한 갈릴레오 갈릴레이(Galileo Galilei, 1564~1642), 케플러의 법칙을 주창한 요하네스 케플러(Johannes Kepler, 1571~1630), 철학

중국에서 발명된 최초의 나침반은 반 위에 지남기가 올려진 형태로, 손잡이 부분이 남쪽을 가리켰다.

윌리엄 길버트는 자기학의 아버지로 불리며 근세 전기의 시작을 열었던 인물이다. 그의 저서 《자석에 관하여》 1628년 판 표지

자 르네 데카르트(Rene Dscartes, 1596~1650) 등 동시대의 과학자들에게 큰 영향을 주었던 인물이기도 하다. 그가 영향을 주었던 과학자들에 비해 일반인들에게는 잘 알려지지 않은 인물이지만 그러나 길버트의 업적은 그들과 견주어 결코 부족하지 않다.

그는 전기와 자기의 성질을 체계적으로 연구한 최초의 인물로 기록된다. 전기(electricity)라는 어원을 처음으로 사용한 사람이며, 근세 전기의 시작을 열었던 인물로 평가된다.

의사였던 길버트는 물리학, 화학, 천문학 등 다양한 과학 분야에 관심을 가지고 있었다. 특히 전기와 자기에 관심이 많았던 길버트는 무려 18년 동안 관련 연구를 진행했다. 이렇게 지속된 연구로 전기학과 자기학 분야에 길이 남을 역작을 발표하게 되는데, 《자석, 자성체, 거대한 지구자석에 관하여 : 많은 논의와 실험에 의해 증명된 새로운 철학 *De Magnete Magneticisque corporibus, et de Magno Magnete Tellure*》, 줄여서 《자석에 관하여 *De Magnete*》라는 제목으로 총 6권으로 출판하게 된다. 출판 당시 많은 과학자들로부터 '전례가 없는 학설'이라고 큰 호응을 얻게 되었다. 길버트 이전 학자들은 전기와 자기는 서로 비슷한 것으로 생각했고, '감추어진 힘', '호감과 반감' 같은 다소 모호한 표현으로 전기와 자기를 설명해 왔었다. 또한 이 책은 갈릴레이에게 깊은 감명을 준 것으로 유명한데, 책에는 '무엇을(what)' 발견했는지보다 '어떻게(how)' 발견했는가 하는 실험적 관찰에 대한 중요성을 강조했기 때문이다.

길버트는《자석에 관하여》에서 탈레스가 호박을 통해 관찰하여 기록한 정전기, 즉 전기력은 자석에서 발생하는 자기력과는 전혀 다른 힘이라고 주장했다. 그가 주장한 전기는 정전기 현상을 명확하게 설명하기 위해서가 아니었으며, 자기현상과는 또 다른 현상이라는 것을 확실히 하여 자석과 전기현상을 분리하기 위한 것이었다.

길버트의 이런 주장으로 이후 전기현상과 자기현상은 서로 분리되어 전기학과 자기학이라는 독립된 학문으로 나뉘게 된다. 그러나 훗날 전기와 자기는 19세기에 다시 하나의 학문으로 대통합된다.

지구는 거대한 자석이다

길버트의 큰 업적 중 하나는 지구가 거대한 자석이라는 사실을 발견한 것이다. 중세시대에는 항해를 위해서는 나침반이 필수적이었다. 그래서 대부분 사람들은 자석의 신비함을 어느 정도 알고 있었다. 하지만 자석이 왜 그러한 신비한 힘을 발휘하는지는 아무도 알지 못한 채, 사람들은 '마늘이 자성을 약화시킨다', '천연자석을 통해 두통을 치료할 수 있다'와 같이 허무맹랑한 미신만을 믿었다. 이렇게 자석에 대한 오해가 확산된 분위기에서 길버트는 자석에 대한 비밀을 하나씩 벗겨내기 시작한다.

길버트는 나침반의 바늘이 남쪽과 북쪽을 가리키는 현상은 지구에서 발생하는 자기 때문이라고 주장했다. 이를 확인하기 위해 길버트는 아래위로 자유롭게 움직일 수 있는 원형 자석을 이용한다.

그는 테렐라(terrella)라는 자석을 이용해 수평에서 기울어지는 현상을

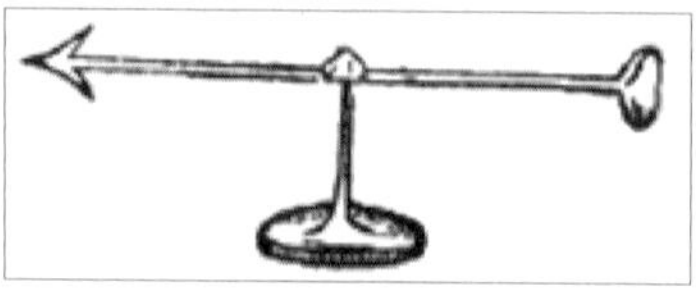

베소리움 윌리엄 길버트가 고안했으며, 검전기의 한 종류이다.

측정했는데, 이런 현상이 생기는 것은 지구가 거대한 자석이기 때문이라고 설명했다.

길버트는 자기뿐만 아니라 정전기에 대해서도 연구를 집중했다. 그는 **베소리움**(vesorium)이라는 실험 장치를 고안하여 마찰전기에 관한 실험을 진행했다. 이것은 바람의 방향을 확인할 수 있는 풍향계와 유사한 모양을 가지고 있었다. 베소리움이 위치한 곳에 정전기가 발생한 물체를 가까이 가져가면 그 양에 따라 회전하는 정도가 다르게 나타났다. 이것은 일종의 검전기로, 정전기에 의한 힘이 어떻게 작용하는지를 확인할 수 있는 장치였다.

길버트는 호박뿐만 아니라 유리, 수정, 황 등을 이용해 정전기에 관한 실험을 진행했다. 실험에 사용된 물체들을 옷감이나 가죽으로 비비면 깃털과 같은 물질이 달라붙는 것을 확인할 수 있었다. 또한 물질에 따라서 아주 건조한 날에는 정전기가 뚜렷하게 나타나지만, 습도가 높은 날에는 정전기 현상이 잘 나타나지 않는다는 것도 알아냈다.

다양한 물체를 이용해 실험한 결과 정전기는 호박만의 고유한 특성이 아니라는 결론을 내렸다. 즉, 전기현상은 특정한 물질에만 나타나는 특이한 성질이 아니고 다양한 물질에서 일어나는 일반적인 현상임을 알아낸 것이다. 그 동안의 연구를 바탕으로 길버트는 호박처럼 정전기적 성질을 띠고 있는 물질을 전기적 물질(electricum), 자석의 성질을 지닌 물질을 자기적 물질(magneticum)이라고 정의했다.

길버트는 오랜 연구 끝에 그 동안 명확히 구분되지 않았던 전기·자기를 과학적으로 분석하여 분리하였으며, 17세기의 전기 분야 연구 발전의 신호탄을 쏘아올렸다.

윌리엄 길버트는 1603년 11월 30일 59살 나이에 세상을 떠나게 된다. 그가 주치의로서 보살폈던 엘리자베스 여왕은 1603년 같은 해 3월 24일 70살의 나이로 이미 숨을 거둔 뒤였다.

자석, 보이지 않는 너를 보여줘

자석은 금속 물질을 끌어당기는 힘인 자기력(magnetic force)을 가진 물체이다. 인간도 남성과 여성이 있듯이 자석에도 N극과 S극이라는 두 개의 극성이 있으며, 실험을 통해서 자석의 극성을 쉽게 알아낼 수 있다. 가느다란 실을 이용해 자석의 중간 부분을 묶고 공중에 띄웠을 때 북쪽을 가리키는 부분이 N극, 남쪽을 가리키는 부분이 S극임을 알 수 있다.

자석의 주변에는 자기력의 방향과 분포를 나타내는 **자기장**(magnetic filed)이 형성된다. 그러나 자기장은 눈에 보이지 않기 때문에 아래 그림과 같이 자기력선을 이용해 표현하고 있다.

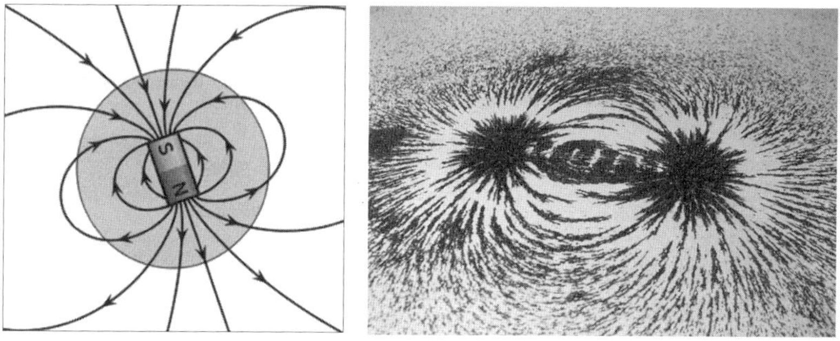

자기장 자석의 주변에는 자기력의 방향과 분포를 나타내는 자기장(magnetic filed)이 형성되며, 자기력선을 이용하여 표현하고 있다.

자기력선은 자기장 안의 각 점에서 자기력의 방향을 나타낸 가상의 선이다. 나침반의 N극이 가리키는 방향을 연속적으로 이어놓은 것과 같다. 자석의 자기력은 N극에서 나와 S극으로 들어가며, 연속적으로 연결된 선으로 서로 교차하지도 않는다. 자기력선을 살펴보면 조밀한 곳과 그렇지 않는 곳이 있는데, 자기력선의 분포가 조밀한 곳이 자기장이 강하다.

자석의 힘인 자기력과 전기의 힘인 전기력은 유사한 특성을 가지고 있다. 자기력의 경우 서로 다른 극(N극과 S극) 사이에는 **인력**(attractive force)이 작용하고, 같은 극(N극과 N극, S극과 S극) 사이에는 **척력**(repulsive force)이 작용한다. 이 같은 특징은 전기력도 마찬가지다. 다른 극의 전하((+)전하와 (-)전하) 사이에는 인력이 작용하고, 같은 극의 전하((+)전하와 (+)전하, (-)전하와 (-)전하) 사이에는 척력이 작용한다. 이러한 특징을 비추어 볼 때 어찌 보면 전기와 자기는 사촌지간쯤 되는 것처럼 보인다.

인력(attractive force)
서로 다른 전하를 띤 물체 사이에 작용하는 당기는 힘
척력(repulsive force)
서로 같은 전기를 띤 물체 사이에 작용하는 미는 힘

자석의 성질을 이용한 대표적인 발명이 나침반이다. 나침반은 자침으

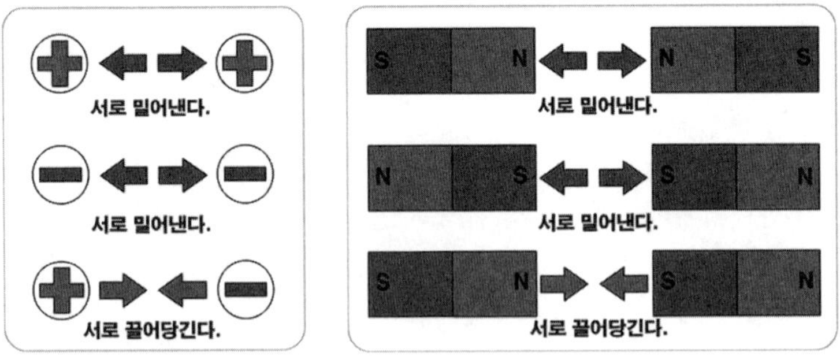

전기력(왼쪽)과 자기력(오른쪽) 전기와 자기는 서로 다른 극성은 인력이 작용하고, 같은 극성끼리는 척력이 발생한다.

로 방향을 쉽게 알 수 있도록 만든 기구이다. 나침반의 종류에는 지구의 자기를 이용하여 자침으로 방향을 볼 수 있는 자기나침반(magnetic compass)과 물체의 회전을 측정하는 장치를 응용한 전륜나침반(gyro compass)이 있다.

나침반의 N극은 항상 북쪽 방향만을 가리키고 있는데 이는 나침반도 하나의 작은 자석이기 때문에 나타나는 현상이다. 지구 자체도 거대한 하나의 자석이어서 지구 자체에도 극성이 존재한다. 북쪽 방향은 S극을 남쪽 방향은 N극의 성질을 가지고 있다. 지구라는 거대 자석의 고유성질 때문에 나침반 N극이 항상 북쪽을 가리키는 것이다.

자석의 무한한 변신

자석은 여러 가지 형태로 우리 생활 속 깊숙이 자리를 잡고 있다. 자기기록장치를 이용한 카세트 테이프, 하드디스크, 마그네틱 신용카드, 교통카드, 마트의 도난방지장치 등이 그러한 것들이다. 여기서 자기기록장치란 자기현상을 이용해 정보를 기록·재생하는 장치를 말한다. 그렇다면 자기기록장치가 널리 사용되는 이유는 뭘까?

자기를 이용하면 정보의 기록과 재생이 쉬워진다. 자기기록장치의 전원이 꺼지더라도 저장된 정보는 사라지지 않는다. 그리고 자기기록을 위해 필요한 비용이 저렴하기 때문에 널리 이용되고 있다.

최초의 자기기록장치는 1898년에 덴마크의 발데마르 포울센(Valdemar Poulsen, 1869~1938)에 의해 탄생되었다. 그가 발명한 **텔레그래폰**은 소리를 기록하고 재생하는 녹음기(recorder)의 일종으로 원통 모

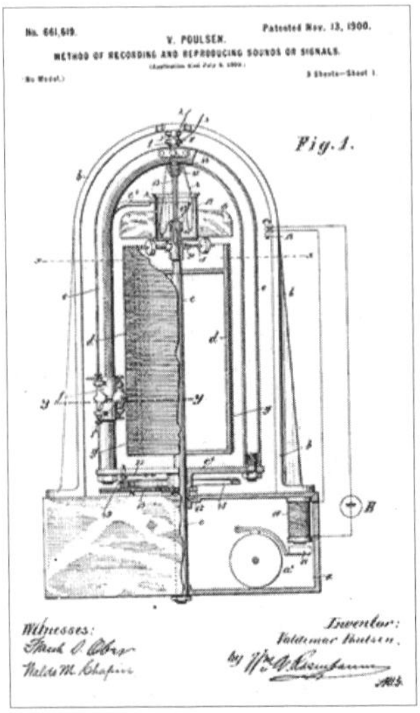

텔레그래폰
원통에 철사가 촘촘히 감겨 있고, 이 철사에 자기로 음성을 기록·재생하는 녹음장치이다. 발명 당시 파리 만국박람회에 출품해 대상을 받았다.

양 주위에 철사가 감겨 있는 형태를 가지고 있었다. 오늘날 흔히 볼 수 있는 녹음기와는 큰 차이가 있어 보인다. 텔레그래폰은 당시 파리 만국박람회에 출품되어 독창성을 인정받아 대상을 받기도 했다. 하지만 녹음의 질은 매우 떨어졌으며, 한 시간 녹음을 위해서 수 킬로미터의 철사를 필요로 하는 등 실용성에서 많은 문제점을 보였다.

이후 1928년 독일의 공학자 프리츠 플로이머(Fritz Pfleumer, 1881~1945)가 좀 더 실용적인 형태의 자기테이프(magnetic tape) 방식의 기록장치를 선보인다. 플로이머는 기존의 철사 대신 종이테이프에 자석가루를 입히는 방식을 채택하였는데, 포울센이 제안한 방식보다 빠르고 편집 또한 간편했다.

플로이머의 자기기록장치는 많은 이들로부터 실용성을 인정받게 되어, 독일 기업 아에게(AEG) 사(社)에 특허권 판매까지 하게 된다. 아에게 사는 특허권을 기반으로 1936년 마그네토폰(magnetophone)이라는 녹음기를 선보인다. 이후 자기테이프는 음성 및 영상 기록에 사용되면서 음악과 방송 등 미디어산업의 변혁을 주도했다.

어린 시절 누구나 한번쯤은 자신의 목소리를 카세트테이프에 녹음해 본 경험이 있을 것이다. 처음 녹음된 목소리를 직접 듣고는 "이게 과연 나의 목소리인가?"라고 자신의 귀를 의심하곤 했다. 그렇다면 자기기록장치는 어떤 원리를 이용한 것일까?

먼저 거의 매일 사용하는 신용카드를 꺼내보자. 카드 뒷면에는 검은 띠 하나가 일자로 부착되어 있다(최근에는 마그네틱 카드 대신 IC칩이 내장된 신용카드를 주로 사용한다). 여기에는 산화철 등의 자석가루가 발라져 있다. 형태는 다르지만 하드디스크와 같은 대부분의 자기기록매체들도 일정한 모양의 플라스틱판에 자석가루가 발라져 있다. 자기기록매체에는 전자석의 원리와 **전자기유도**(electromagnetic induction) 현상이 이용된다. 기록을 할 때는 전자석 부근에 자기테이프를 통과시켜서 정보를 기록한다. 전류에 의해 생성된 자기장은 전류의 방향에 따라 방향도 뒤바뀌게 되는데, 이때 자기테이프 표면에 발라진 자석가루가 극을 달리하면서 자화(磁化)가 된다. 즉, 자화된 테이프는 N극과 S극이 서로 엇갈려 있는 미세한 자석의 합이 되는 것이다. 기록된 정보를 재생하는 경우 자화된 자기테이프를 전자석 부근에 지나가게 한다. 이후 전자기유도 현상에 따라 발생한 전류를 감지시키면 된다. 이 같은 원리가 자기기록장치의 기본 원리이다.

전자기유도
(electromagnetic induction)
도체의 주변에서 자기장을 변화시키면, 전압이 유도되면서 전류가 흐르는 현상.

그 동안 대부분 사람들은 자석을 생활 속에서 흔히 볼 수 있는 단순 도구라고만 생각해왔다. 하지만 자석의 숨은 비밀이 하나씩 밝혀지면서 전기와 더불어 인류 문명의 큰 발전에 공헌했다는 사실은 누구도 부정할 수 없을 것이다.

2. 자석과 전기의 관계

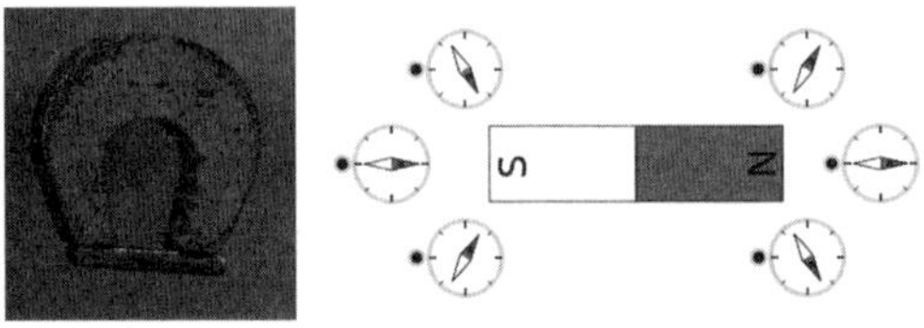

말굽형 자석과 자계의 분포

자석과 전기는 서로 아무런 관계가 없어 보인다. 하지만 기본적인 특성에 있어서 자석과 전기는 서로 끈끈한 관계를 유지한다. 호박을 통해 발생한 정전기로 가벼운 먼지를 쉽게 끌어당길 수 있다. 자석 역시 자기력에 의해 금속물질을 끌어당길 수 있다. 언뜻 보아도 서로 유사한 특성을 가지고 있음을 알 수 있다.

자석은 일자형, 원형, U자형 등 다양한 형태로 주변에서 흔히 볼 수 있다. 모양은 제각각이지만 모든 자석은 N극과 S극이라는 두 극성을 가지고 있으며, 자기(magnetism)라는 고유의 성질을 가지고 있다.

자석은 아무리 잘게 쪼개도 양쪽 끝부분은 항상 N극과 S극의 성질을 띠게 된다. 또한 자석은 N극과 N극, S극과 S극처럼 동일한 극성은 서로 밀어내는 반발력이 발생하고, 서로 다른 극인 N극과 S극이 만나면 서로 끌어당기는 힘을 발휘한다.

이렇게 발생한 힘은 자기의 세기의 곱에 비례하고 양성자의 거리의 제곱에 반비례한다. 자석의 이러한 특성은 마치 인간사에서 남자와 여자가 서로 사랑하는 것처럼 보이기도 한다. 흔히 주위에서 볼 수 있는 자석의 경우 대부분 자기의 속성을 오래 지속할 수 있는 영구자석(permanent magnet)이다.

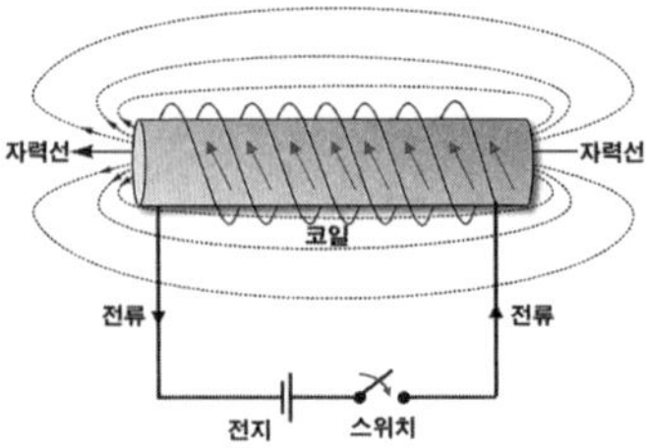

전자석의 자기분포

금속의 경우 자기력에 이끌려 쉽게 자석에 붙기 때문에 대부분의 금속이 자석에 붙는다고 생각할 것이다. 하지만 그렇지 않다. 자기에 의해 자화하는 물질에 따라 크게 강자성체(ferro-magnetic substance), 비자성체(non-magnetic substance)로 구분된다. 철과 코발트 그리고 니켈 등은 자기를 쉽게 흡수하여 강자성체로 분류할 수 있다. 이에 반해 전기에서 부도체처럼 구리와 알루미늄 그리고 목재는 쉽게 자기가 통하지 않기 때문에 비자성체라 한다.

그런데 자기적 성질은 꼭 영구자석만 가능한 것은 아니다. 이 같은 특성은 그림과 같이 간단한 실험으로 확인할 수 있다. 먼저 철로 된 봉에 코일을 돌돌 감고 전지와 스위치를 연결한다. 스위치를 통해 코일에 전류를 흐르게 하거나 멈추게 할 수 있다. 스위치를 켜면 코일이 감긴 철봉에 자기가 발생하며, 곧 전자석이 된다. 그러나 스위치의 동작을 멈추면 순식간에 자기는 사라지고 평범한 철봉으로 변한다.

이처럼 전기와 자기는 유사한 특징을 가졌지만, 자석의 경우 전기에서 발생되는 전류와 같은 자류가 없다. 전기의 경우 전하의 정적인 면과 전하의 흐름인 전류로 동적인 면까지 가지고 있다. 하지만 자석의 경우 정적인 특성만 지니고 있는 것이 차이점 중 하나라 할 수 있다.

03

유레카! 라이덴병(Leyden Jar)

스마트폰 안에도 있고 노트북 PC에도 있다. 가족과 친구들의 모습을 담을 수 있는 디지털 카메라에도, 우리의 두 발이 되어준 자동차에도 예외는 없다. 그것은? 바로 전기이다.

오늘날 전기로 돌아가는 제품들의 경우 고정된 장소에서만 사용하지 않고, 언제 어디에서나 사용이 가능하도록 되어 있다. 이 모든 것이 가능하게 된 것은 배터리(battery)라는 전기부품 때문이라고 해도 과언이 아니다. 지금은 어디에서나 쉽게 전기의 사용이 가능하고 쉽게 저장도 가능하다. 하지만 전기의 모든 수수께끼를 풀지 못했던 18세기에는 전기를 저장한다는 건 상상도 못했다.

전기를 만든다고?

윌리엄 길버트는 《자석에 관하여》를 통해 숨겨져 있던 전기와 자기에 관한 많은 답을 찾아주었다. 당시 유럽의 많은 학자들에게 보이지 않는 전기의 세계를 탐험할 수 있는 작은 횃불이 된 것이다.

길버트가 전기에 관한 실험을 할 당시만 해도 호박이나 그와 유사한 물질을 이용해 정전기를 발생시키곤 했다. 주위에서 손쉽게 이용할 수 있는 물체를 이용했던 것이다. 이러한 방식은 쉽게 정전기를 발생할 수는 있지만 유지 시간이 턱없이 짧았다. 하지만 많은 과학자들은 전기에 관해 좀 더 깊이 있는 실험을 하고 싶었다. 그래서 전기를 보다 쉽고 오래 지속할 수 있는 방법에 대해 늘 고민했다.

이 같은 고민은 물리학자이자 독일 마그데부르크(Magdeburg) 시장이었던 오토 폰 게리케(Otto von Guericke, 1602~1686)가 마찰전기 발생장치를 발명하면서 일부분 해결된다.

게리케는 호박 등을 문질러서 정전기를 발생시키는 방법 대신 커다란 유황으로 만든 공을 이용한 회전장치를 이용해 전기를 발생시킨 것이다. 게리케의 전기 발생장치는 전기학의 발전에 중요한 계기를 제공하게 된다. 그 후 많은 사람들에 의해 게리케의 마찰전기 발생장치가 개량되어 실험에 필요한 전기를 쉽게 공급받을 수 있는 장치로

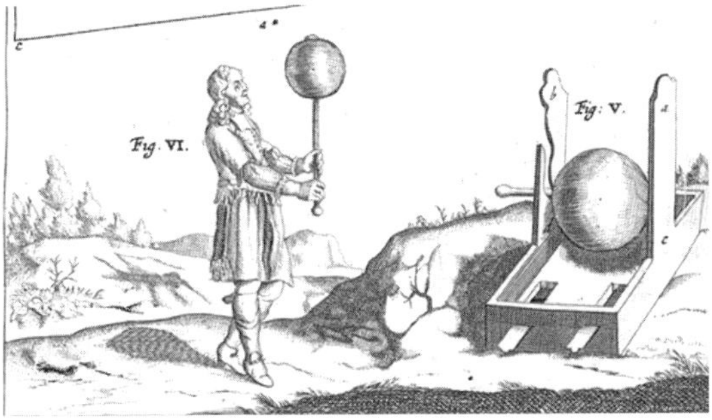

게리케의 실험장치 게리케가 개발한 마찰전기 발생장치는 유황으로 만든 공을 이용하여 전기를 발생한다.

각광을 받는다.

그러나 개발된 장치로는 많은 전기를 일정하게 공급받을 수 없었을 뿐만 아니라 얼마 지나지 않아 발생된 전기도 쉽게 사라져 버렸다. 마찰전기 발생장치로 만들어진 전기는 저장할 수도 없고 고정된 장소에서만 사용이 가능하다는 점이 큰 단점으로 작용했다.

전기를 체포한 두 사람

18세기의 과학자들은 보다 쉽고, 보다 많은 전기를 저장할 수 있는 방법을 찾고자 고민을 하게 된다. 이러한 고민 속에 일부 과학자들은 '전기를 병과 같은 용기에 담을 수 없을까?'라는 생각을 했으며, 그러한 생각을 바탕으로 연구가 진행되었다. 길버트 이후 전기에 관한 연구는 영국보다는 오히려 유럽의 다른 국가에서 더 활발히 진행되었다.

1692년 네덜란드의 작은 도시 라이덴(Leiden)에서 과학기기 제조 상인의 아들로 태어난 피터 반 뮈센브루크(Pieter van Musschenbroek, 1692~1762)는 라이덴 대학에서 의학으로 학위를 받았다. 하지만 뮈센브루크는 전공과 전혀 다른 전기에 매료되었고 졸업 이후 본격적으로 전기에 관한 연구를 시작한다.

당시 과학자들처럼 그 역시 전기발생장치를 이용한 실험을 주로 진행하고 있었다. 뮈센브루크는 늘 그렇듯 그날도 실험을 위해 물이 반쯤 채워진 실험용 대전(帶電) 유리병을 이용한 실험을 준비했다. 실험을 위해 뮈센브루크는 준비된 유리병을 오른손으로 잡고 다른 한 손은 전기발생장치에 연결된 철사를 잡았다. 그리고 곧 이어 손으로 전기발생장치를

뮈센브루크와 라이덴병 전기를 저장하는 축전기인 라이덴병은 두 사람의 독립적 발명으로 탄생되었다. 그림은 뮈센브루크가 라이덴병을 이용해 실험하는 모습

회전시켰다. 실험은 평상시와 다르지 않은 것처럼 진행되었다.

뮈센브루크는 다음 단계로 실험장치에 연결된 철사의 한쪽 끝을 유리병 주둥이를 거쳐 물 속 깊이 넣었다. 그 순간 크나큰 전기적 충격이 그의 손가락 마디를 타고 들어왔다. 지금껏 한 번도 느껴보지 못한 고통이었기에 그 충격은 매우 컸다. 평소에도 간간히 마찰전기로 인해 찌릿함을 느끼곤 했지만 이번에는 차원이 다른 충격이었다.

그가 고통을 느꼈던 전기적 충격은 실험을 위해 제작된 유리병이 원인이었다. 유리병에 충전된 전기가 철사의 한 끝을 통해 순간적으로 뮈센브루크에 몸을 타고 들어간 것이다(전기 엔지니어인 저자도 전기실험 중에 감전된 경험이 있다. 순간 하늘은 노랗고 몸 안의 모든 털은 일제히 곤두섰고 "악~" 소리가 났다. 같이 일하던 동료들이 일제히 달려왔다. 다행히 큰 전류가 흐르는 장치가 아니라 큰 사고는 없었지만, 지금도 생각하면 아찔하다. 아마 뮈센브루크도 비슷했을 것이다).

뮈센브루크는 훗날 그때의 충격을 이렇게 이야기했다고 한다. "그것은 프랑스를 통째로 준다고 해도 다시 경험하고 싶지 않을 만큼 고통스런

라이덴병의 기본구조 유리병과 절연 성질을 가진 코르크 마개와 유리병 안쪽과 바깥쪽은 주석 금속판로 감싸여 있다. 그리고 코르크 마개 한 가운데에는 구멍이 뚫려 있는데, 그 사이로 사슬이 달린 금속막대가 넣어진다.

것이다." 비유만 들어도 얼마나 큰 충격이었는지 짐작할 수 있다. 다소 고통스러운 실험이었지만 18세기 전기의 역사에 있어서 크나큰 발견의 순간이었다.

뮈센브루크는 실험 결과를 즉시 파리의 과학아카데미에 보고했다. 그의 보고서는 라틴어로 작성되었기 때문에 별도의 번역이 필요했다. 번역 작업은 프랑스의 아베 놀레(Abbe Jean Antonie Nollet, 1700~1770)가 진행하였다. 그는 성직자였지만, 자연과학의 실험 연구에 흥미를 느껴 전향을 한 인물이다.

보고서는 1746년 1월자로 작성이 되어 있었다. 그러나 정확한 이유는 알 수 없지만, 파리의 과학아카데미 철학회보에 실린 보고서의 날짜는 1745년 2월 4일로 되어 있었다. 이로 인하여 훗날 뮈센브루크가 라이덴병을 발명한 날짜가 논란이 되기도 한다.

추측하건대 여러 사람을 거쳐 간 보고서는 번역과 회보 편집 과정에서 오류가 발생하였을 것이다. 때문에 1년 더 빨리 라이덴병이 발명된 것으로 기록되었을 가능성도 있지만 정확한 건 알 수 없다. 어쨌든 전기의 역사에서 또 하나의 엄청난 발견임에 틀림없다. 뮈센브루크의 발견을 기념하기 위해 놀레는 라이덴병(Leyden Jar)이라 이름을 붙였다(라이덴은 뮈센브루크가 태어난 고향이다).

라이덴병에 대한 소식은 삽시간에 퍼졌고, 다른 전기학자들도 무시무시한 충격을 경험한다. 이후 전기학자들은 라이덴병을 여러 개 연결하면 더 큰 전기를 충전할 수 있다는 사실을 알게 되었다. 일부 학자들은 이를 악용해 동물에게 전기 충격을 가해 죽이기까지 하는 끔찍한 실험을 진행하기도 하였다.

전기에 대한 과학자들의 열망은 식을 줄 몰랐다. 라이덴병의 발명을 위해 부단히 노력했던 과학자가 또 있었다.

그는 독일의 과학자 에발트 게오르그 폰 클라이스트(Ewald Georg von Kleist, 1700~1748)였다. 1700년 독일 포메라니아 지방에서 태어난 클라이스트는 라이프치히 대학(University of Leipzig)과 라이덴 대학(University of Leyden, 우연이겠지만 뮈센브루크도 라이덴 대학을 졸업했다)에서 과학을 공부했다. 당시 독일에서는 전기에 관한 관심이 대단히 높아서 과학을 공부하는 사람이면 대부분 전기에 관한 실험을 하고 있을 정도였다. 몇몇 과학자들은 일반 대중들 앞에서 마찰전기를 일으켜 여러 가지 물질에 불을 붙이는 실험을 하여 큰 관심을 끌기도 하였다. 마치 마술쇼와 같은 전기 실험이 있는 날이면 실험장 주변에 많은 구경꾼들이 모여들었다. 구경꾼 사이에는 클라이스트도 끼어 있었다. 평소 대학에서 공부했던 전공에 흥미가 없었던 클라이스트는 마술과 같은 전기에 큰 관심을 갖게 된다.

단순한 호기심을 넘어서 클라이스트는 직접 전기 발생장치를 제작하여 전기에 관한 실험을 진행하게 된다. 실험의 목표는 쉽사리 사라지는 정전기가 아닌, 크고 오래 지속 가능한 전기를 만들어 내는 것이었다. 목표를 위해 끝없는 실험이 진행된다. 수십 번의 실험 끝에 클라이스트는 강한 전기를 만들기 위해서는 대전체의 질량을 크게 해야 한다는 것을 깨달았다.

1745년 11월 4일 실험이 진행되었다. 대전체로 사용될 유리병에 물을 반쯤 채우고 전하가 달아나는 것을 막기 위해 유리병을 부도체로 에워

쌌다. 클라이스트는 이렇게 실험 장치를 꾸미면 대전되는 전기량이 늘어날 것이라고 생각했다. 실험 장치가 모두 완성되었다.

클라이스트는 평소와 다름없이 전기발생장치를 돌려서 병을 대전시키고 있었다. 그러는 동안 한 손으로는 병을 만졌다. 순간 번개를 맞은 것처럼 온몸에 큰 충격이 들어왔다. 뮈센브루크와 비슷한 큰 충격을 받았던 것이다. 큰 고통이 따르긴 했지만 실험 결과는 대성공이었다. 그가 원하던 이상의 강한 전기가 만들어진 것이다! 클라이스트는 실험 결과를 곧바로 독일 베를린 아카데미에 보고서로 알렸다.

그런데 위의 내용을 보면 다소 의아해질 것이다. 그렇다면 라이덴병 발명에 대한 우선권이 누구에게 있다는 말인가? 일부는 클라이스트가 최초로 라이덴병을 발명했다고 주장했고, 일부는 뮈센브루크라고 주장했다. 두 사람이 비슷한 시기에 독립적으로 라이덴병을 발견한 것은 의심의 여지가 없는 사실이었다. 그래서인지 일부는 이 축전지를 클라이스트의 이름을 따서 클라이스트병이라고 부르는 사람도 있었다. 하지만 일반적으로 라이덴병이라는 이름이 주로 사용되었다. 라이덴병 발명의 우선권 논쟁은 두 사람이 독립적으로 발명한 것을 인정하는 것으로 일단락되었다.

라이덴병과 그 원리

라이덴병은 전기를 저장하는 장치로, 오늘날 사용하고 있는 축전지의 시초라고 볼 수 있다. 라이덴병은 유리병 안팎에 얇은 주석판이 붙여진 형태의 기본 구조를 가지고 있다. 유리병의 입구는 절연 성질을 가진 코르크 마개로 막혀 있다. 코르크 마개 한가운데에는 구멍이 뚫려 있는데, 그 사이로 사슬이 달린 금속막대를 집어넣어, 안쪽의 주석 금속판에 사슬이 직접 닿아 연결된다. 사슬이 연결된 금속막대의 반대편(유리병의 바깥쪽)에는 금속 재질의 구슬이 고정되어 있다.

이러한 구조를 갖는 라이덴병에 전기를 저장하려면, 먼저 유리막대와 같은 전기를 띠는 물체를 헝겊으로 계속해서 문지르면 마찰로 인해 금속막대에 (+)전하가 대전된다. 이때 (+)전하로 대전된 금속막대를 병의 금속구에 접촉시키면, 금속 사슬을 통해 유리병 안쪽의 주석판에 (+)전하가 이동을 한다. 이동한 (+)전하는 유리병 바깥의 주석판에 (-)전하를 끌어 모으게 된다. 이렇게 양쪽에 모인 (+)전하와 (-)전하는 서로 도망치지 못하게 라이덴병에 사로잡혀 전기가 저장되는 것이다. 금속막대를 이용해 계속해서 (+)전하를 라이덴병에 전달하면 수천 볼트에 달하는 전기도 충분히 충전이 가능하다(단, 흐르는 전류는 매우 작다).

라이덴병을 통해 전기를 저장할 수 있는 용량은 병의 안과 밖에 위치해 있는 금속판의 크기에 좌우된다. 즉, 저장되는 전기의 양은 금속판의 넓이에 비례하고, 금속판 사이의 거리에 반비례한다. 지금까지 살펴본 라이덴병은 현재 우리가 사용하고 있는 축전지와 모양과 크기는 다르지만 그 기본원리는 같다.

라이덴병의 진화

라이덴병의 발명 이후 오늘날 축전지는 전기·전자 제품의 필수 부품으로 발전되었다. 우리가 일상에서 늘 접하고 있는 휴대폰, 냉장고, 텔레비전, 자동차 등에도 모두 축전지를 사용하고 있다.

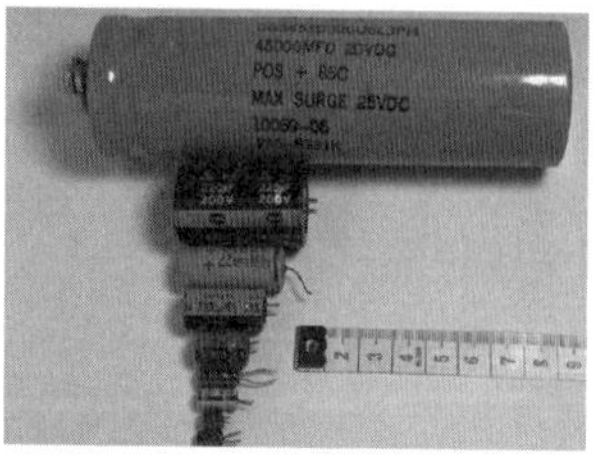

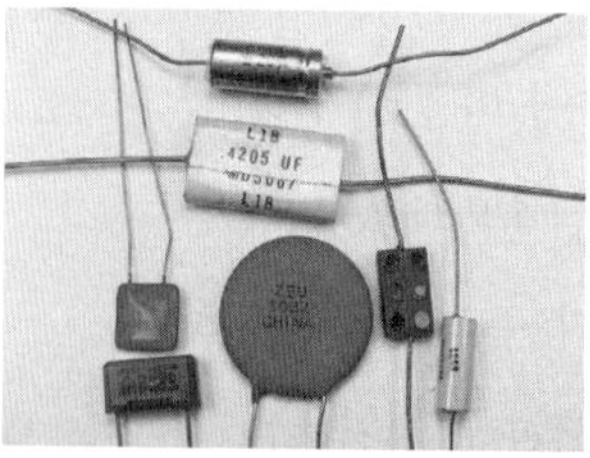

축전지 다양한 형태의 축전지로 초창기 라이덴병에 비해 발전된 형태이다. 2개의 금속판으로 이루어지며, 2개의 금속판을 가까이 놓고 전원에 연결하면 전원으로부터 전자들이 흘러와 음극과 연결된 금속판에 쌓이게 된다.

축전지는 다양한 제품에 사용되고 있으며, 형태와 특성에 따라 종류가 구분된다. 전해 축전지(electrolytic capacitor), 탄탈 축전지(tantalum capacitor), 세라믹 축전지(ceramic capacitor), 필름 축전지(film capacitor), 슈퍼 축전지(super capacitor) 등 다양하게 구분되어 있다. 이름과 모양은 모두 다르지만 기본 구성은 2개의 금속판으로 이루어진 내부 구조를 가진다.

축전지는 우리가 사용하고 있는 전기·전자 제품 속 회로기판 여기저기에 흔하게 붙어 있다. 흔한 부품이라 중요도가 떨어진다고 생각하면 큰 오산이다. 축전지는 다음과 같은 중요한 역할을 하고 있다.

첫째, 전류를 안정적으로 공급해 주는 댐의 역할을 한다. 일반적으로 전자기기에 공급되는 전류는 불규칙하기 때문에, 안정적으로 작동하려면 축전기에 전기를 보관했다가 일정량을 보내 주어야 한다.

둘째, 불량 신호는 차단하고, 원하는 신호만 보내 주는 하이패스와 같은 역할을 한다. 전자기기의 회로에는 노이즈(noise)가 존재한다. 축전지가 없다면, 많은 노이즈가 흘러 들어가게 되어 전자제품이 쉽게 고장날 수도 있다.

전자산업의 쌀 MLCC

MLCC(Multi Layer Ceramic Capacitor, 적층형 세라믹 축전지)는 다양한 축전지 중의 한 종류로 '전자산업의 쌀'이라고 불린다. 우리에게도 쌀이라는 주식이 꼭 필요하듯이 MLCC도 전자산업에서만큼은 여기저기 안 쓰이는 곳이 없다는 의미이다. 외형만 본다면 진짜 쌀알처럼 작게 생겼기 때문에 MLCC를 처음 보는 사람도 전자산업의 쌀이라는 말에 공감할 것이다.

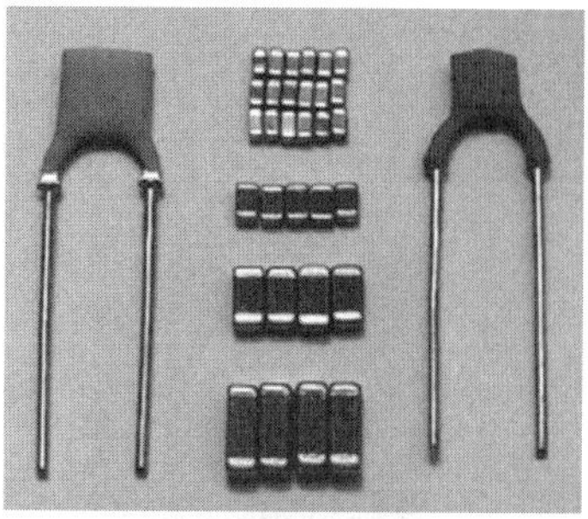

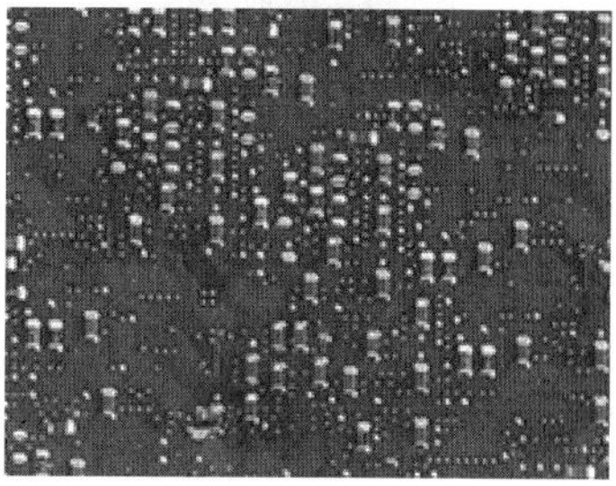

적층형 세라믹 축전지 초소형 축전지로 스마트폰과 각종 전자제품에 주로 사용된다.

그렇다면 MLCC는 왜 이렇게 작게 만드는 것일까? 전자기기에는 축전지의 특성을 이용하여 전자회로에 안정적으로 구동하기 위해서는 수십 개씩 붙어야 하는데, 덩치가 큰 축전지를 사용한다면 스마트폰 같은 소형 전자제품을 만드는 건 불가능하다.

보통 스마트폰에는 400여 개, LCD 텔레비전은 천여 개, PC에는 1200여 개 가량의 MLCC가 들어간다. 아직까지 MLCC와 같은 작은 축전지가 개발되지 않았다면, 스마트폰이나 PC를 사용하기 위해서는 등에 메고 다녀야 했을지도 모른다.

그래서 가능한 한 더 작게 만들면서 저장 용량은 더 크게 만드는 게 MLCC의 끝없는 기술 목표이다.

톡! 과학 공부

3. 전하와 전류의 관계

쿨롱

눈에도 보이지 않았던 전기의 실체가 조금씩 밝혀지면서, 전기를 물리적인 양으로 수치화할 수 있게 되었고, 그리고 이를 전하(electric charge)라고 부르기 시작한다. 전하는 전기현상을 일으키는 주요소로 어떠한 물질이 대전(electrification)되었을 때, 그 물질에 흡수되는 전기량이라고 할 수 있다. 전하의 공간적 분포와 운동에 의해서 전기적인 효과가 일어난다는 것이다. 전기량의 단위로는 쿨롱(coulomb, 기호 C)을 사용한다.

전기의 기본 극성인 (+)와 (−)는 (+)전하와 (−)전하로 다시 정의된다. 추상적인 전기량을 수치적으로 나타내어 전기현상을 정확하게 표현할 수 있게 한 것이다. 이 같은 전하의 경우 같은 극성의 전하는 서로 미는 척력이 발생하고, 서로 다른 극성의 전하끼리는 끌어당기는 인력이 발생한다.

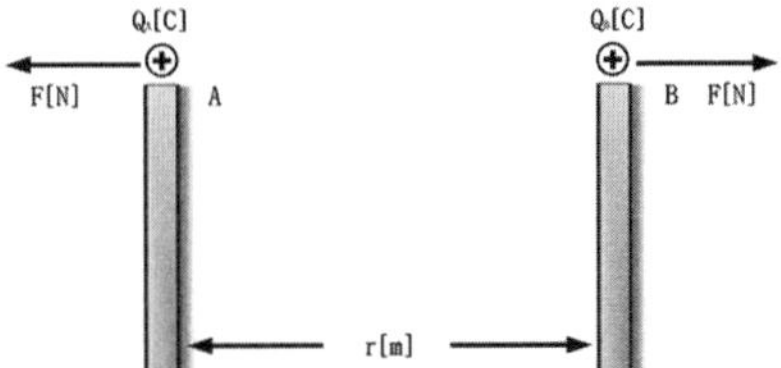

$$F = K\frac{Q_AQ_B}{r^2}$$

쿨롱의 법칙

전하를 띠고 있는 두 물체 사이에 일정한 크기의 힘이 발생하는데, 물체에 작용하는 힘의 크기는 두 전하의 곱에 비례하고 거리의 제곱에 반비례한다. 전하의 특성은 앞서 살펴본 자석의 자극 간에 발생하는 인력과 척력과도 유사함을 알 수 있다.

1785년 프랑스의 물리학자 샤를 오귀스탱 드 쿨롱(Charles Augustin de Coulomb, 1736~1806)이 실험적으로 두 개의 대전 입자 사이에 작용하는 전기력에 관한 기본 법칙인 쿨롱의 법칙(Coulomb's law)을 확립한다.

$$F = K\frac{Q_A Q_B}{r^2}$$

[대전체 AB간의 힘] = 비례상수 × [A의 전하 Q]×[B의 전하 Q] / (거리r)^2

여기서, K는 비례상수, Q_A와 Q_B는 전하, r은 Q_A와 Q_B의 거리를 나타낸다.

전하를 갖는 입자의 이동은 전류(current)로 표현된다. 이러한 전류의 크기는 도선을 통해 전류가 소비되는 대상인 부하(load)에 일정시간 통과하는 전하의 양으로 정의할 수 있다. 단위는 암페어(ampere, 기호 A)가 사용된다. 1[A]는 1초 동안에 1[C]의 전하가 이동할 때의 전류이다. 즉, 일정한 비율로 t초 동안에 Q[C]의 전하가 이동하였다면 이때의 전류 I는 아래 식,

$$I = \frac{Q}{t}[A] \text{ 또는 } Q = I \times t[C]$$

으로 표현할 수 있다.

여기서, I는 전류, Q는 전하, t는 시간을 나타낸다.

04

신이 내린 선물, 번개

2006년 6월 승객 200여 명을 태우고 제주를 출발해 김포공항으로 향하던 국내선 여객기가 낙뢰에 맞았다. 이 사고로 기체의 일부분이 심하게 파손돼 비상착륙하는 사고가 발생했다. 이 비행기는 착륙을 준비하기 위해 경기도 부근 지상 300미터 상공을 비행하던 중 낙뢰를 맞은 것이다. 이 사고로 기상 레이더가 장착된 항공기 노즈 레이덤(비행기의 주둥이 부분)이 통째로 떨어져 나갔고 조종실 앞 유리창이 심하게 금이 갔다. 다행히 인명 피해는 없었다. 하지만 참으로 아찔한 순간이었을 것이다.

천둥·번개는 집중 호우와 함께 여름에 발생하는 경우가 많으며, 이에 따라 인명사고와 가전제품의 고장도 잦다. 그렇다면 백해무익한 것처럼 보이는 천둥·번개의 정체는 무엇일까?

만능 엔터테이너 벤저민 프랭클린

마법과 같은 라이덴병의 발명은 18세기 전기의 역사를 뒤흔든 일대 사건이었다. 유럽 전역에서는 전기를 저장할 수 있는 방법과 이론으로 뜨거운 논쟁이 펼쳐지기도 했다. 혁신적인 발명품인 라이덴병은 대서양을 건너 식민지 시대의 미국에까지 건너가게 된다. 신비로운 발명품은 또 다른 위대한 발견을 찾아줄 주인에게 돌아간다. 새로운 주인은 벤저민 프랭클린(Benjamin Franklin, 1706~1790)이었다.

그는 미국 '건국의 아버지' 중 한 명으로 미국 건국 초기의 정치인이었다. 프랭클린은 정치는 물론 다양한 과학 분야에도 큰 관심을 보였는데 이러한 과학적 관심을 바탕으로 후에 피뢰침, 다초점 렌즈 등을 발명하기도 한다. 미국에서는 그의 정치가로서의 활동 때문에 프랭클린의 위대한 과학적 발견은 생애의 작은 에피소드 정도로만 알려진 경우가 많았다. 그러나 영국을 비롯한 유럽에서는 반대로 정치가로서보다는 과학자로 널리 알려졌다.

평소 과학에 관심이 많았던 프랭클린은 운영하던 사업을 대리인에게 맡기고 자신은 봉급을 받고, 과학을 탐구하는 데 더 많은 시간을 보냈다고 한다. 이런 프랭클린이 전기라는 매력적인 과학을 놓칠 리 없었다. 그는 실험을 위해 영국 런던에 있던 친구 피터 콜린슨(Peter Collinson)을 통해 라이덴병을 포함한 갖가지 전기와 관련된 자료와 도구를 전달받았다. 친구의 도움으로 1746년 겨울부터 프랭클린은 본격적으로 전기 현상을 연구하기 시작했다. 그는 인쇄소, 도서관, 실험실을 갖춘 다목적 공간에 아담한 전시장을 열었다. 전시장에서는 전기와 관련된 많은 실험이 진행되었는데, 실험장치로 사용된 라이덴병에서는 연일 번쩍이는 전기현상이 일어났다. 그럴 때면 어른과 아이 할 것 없이 호기심에 가득 찬 눈을 하며 사람들이 몰려들었다.

프랭클린은 지적이며 호기심이 강한 사람으로 늘 수십 가지의 실험을 집요하게 되풀이했다. 지루하게 반복되는 실험 속에서 그는 재미있는 실험을 계획했는데 전기가 발생하는 실험도구를 이용해 저녁 만찬에 사용될 칠면조를 잡으려는 것이다.

프랭클린이 칠면조에게 다가갔다. 목숨의 위협을 느꼈던지 칠면조는 요리저리 잘 빠져나갔다. 끝내 칠면조는 잡히지 않았고 오히려 프랭클린 자신이 전기충격을 받았다. 그 상황에 대해 프랭클린은 "머리에서 발끝까지 내 온몸을 통해 큰 충격을 받았는데, 이는 외부뿐만 아니라 내부도 그런 것 같았다. 내 팔과 목 뒤가 마비됐는데, 이 마비는 다음날 아침까지 계속됐고 더 악화됐다"라고 말했다.

이러한 해프닝을 거친 후에도 프랭클린의 실험은 계속되었고 몇 년 후 그동안 진행한 전기에 관한 실험과 아이디어를 정리했다. 정리된 갖가지 실험 결과들은 편지를 통해 영국 런던에 있던 왕립학회에 모두 전달되었다. 프랭클린의 편지는 1751년 《전기에 대한 실험과 관찰 *Experiments and Observations on Electricity*》이라는 제목으로 출판되었다. 책 내용 중에 번개가 전기 작용이라는 것이 있었는데 실험을 통해서 확인할 방법까지 정리되어 있었다. 1년 후인 1752년 이 책은 프랑스에까지 번역 소개되었다. 책의 일부분은 파리 과학학회에서 발표되기도 하면서 프랭클린은 하루아침에 전기계의 스타가 되었다. 프랭클린의 책에 소개된 아이디어는 보는 사람들로 하여금 호기심을 자극했다.

프랑스에서 프랭클린의 책이 소개된 지 얼마 지나지 않아 프랭클린의 책을 프랑스어로 번역했던 토머스 프랑수아 달리바르(Thomas François

Dalibard, 1709~1799)는 전기에 관해 제안된 실험을 해보기로 했다. 평소 전기에 관심이 많았던 프랑스의 과학자였던 터라 결심을 한 것이다.

목숨을 건 연날리기

실험은 다음과 같이 진행되었다. 번개가 전기라는 가설을 증명하기 위한 실험이었고, 먼저 구름 사이에서 번쩍이는 번개를 지상으로 끌어내려야만 했다. 이를 위해 달리바르는 높이 30피트(914.4센티미터)의 기다란 쇠막대를 의자에 달았다. 그런 다음 의자와 바닥 사이는 유리병으로 절연시켰다. 실험장치는 흡사 라이덴병과 유사한 모습이었다.

1752년 5월 10일 그날은 평소 날씨와 달랐다. 하늘은 새까맣게 어둠이 몰려왔고 곧이어 천둥소리가 고막을 진동하기 시작했다. 이윽고 여러 차례의 벼락이 기다란 쇠막대가 달려 있는 의자로 떨어져 대전(帶電, 전기를 띰)되기 시작했다. 벼락의 힘은 모두가 생각했던 상상 이상이었다. 대전된 쇠막대를 통해 불꽃이 사방으로 튀었고, 함께 실험하던 주변 사람들이 부상을 당했다. 주변은 순식간에 아수라장이 되었다. 달르바르의 실험 결과는 프랑스 전역으로 삽시간에 퍼져갔다. 일이 이렇게 되자 프랑스 국왕마저도 실험에 대해 궁금해 하게 되었다. 국왕이 지켜보는 가운데 이후 동일한 실험이 재연되기도 했다.

전기에 관해 숱한 화제를 만들어내고 있던 유럽과 달리 미국은 조용했다. 프랭클린은 자신의 가설 때문에 발생한 유럽의 상황을 전혀 모른 채 그저 평소와 다름없이 새로운 실험 방법을 구상하고 있었다. 실험은 번개가 전기 현상이라는 가설을 증명하는 것이었다.

프랭클린이 진행했던 유명한 연날리기 실험을 묘사한 그림. 실제 이루어졌는지는 논란이 있지만, 그와 상관없이 전기학 역사상 가장 유명한 실험으로 기록되고 있다.

1752년 역사적인 실험이 시작된다. 그날은 금방이라도 비를 쏟아낼 것 같은 검은 구름이 하늘에 가득했고 기분 나쁘게 음침하고 무더운 오후였다. 프랭클린은 20대였던 아들 윌리엄(William Franklin, 1730~1814)과 서둘러 들판으로 향했다. 그리고 위쪽에 날카로운 쇠붙이가 장착된 연을 성난 비구름 속으로 높이 날렸다. 연줄 끝에는 비단 리본(부도체)을 매어놓았고 그 사이에 전기가 잘 흐를 수 있는 금속 열쇠를 매달았다. 실험용 연은 유유히 검은 구름 사이를 날아 다녔다. 바로 그때였다. 갑자기 천둥소리가 진동하더니, 하늘에서 번쩍거리던 번개가 연줄을 타고 흘러 빠르게 금속 열쇠를 대전시켰다. 실험은 아직 끝나지 않았다. 프랭클린이 번개가 대전된 금속 열쇠를 직접 만졌던 것이다. 그는 처음 라이덴병을 만졌던 느낌과 같은 찌릿한 통증을 느꼈고, 번개도 전기라는 것을 직감했다. 실험은 대성공이었다. 그의 가설이 마침내 검증된 것이다. 하지만 이 실험은 정말로 운이 좋았다. 당시 전류가 강하지 않아 무사할 수 있었지만 그들 부자는 한꺼번에 목숨을 잃을 수도 있었다. 실험에 대한 소식은 유럽 전역으로 퍼져 나갔고 프랭클린의 위상은 날로 높아만 갔다.

프랭클린의 연날리기 실험 이듬해인 1753년, 러시아의 상트페테르부르크에서는 프랭클린이 했던 연날리기 실험과 비슷한 실험이 진행되었다. 실험을 진행한 러시아 물리학자는 조지 빌헬름 리히만(George Wilhelm Richmann, 1711~1753)이라는 인물이었다. 그런데 리히만의 실험은 불행하게도 프랭클린과는 전혀 다른 비극적 결과를 가져오게 된다. 리히만은 천둥 번개가 치는 동안 쇠붙이를 매단 막대를 높이 들었는데 불행히도 번개를 정통으로 맞았고, 전기 쇼크로 그 자리에서 즉사하게 된다. 리히만은 애석하게도 전기실험으로 죽은 최초의 사람이 되었다.

천둥, 번개, 벼락은 신의 분노인가?

18세기 미국의 벤저민 프랭클린에 의해 번개가 '전기적인 현상'이라는 것이 밝혀지기 전까지 번개는 천둥을 동반하는 두려움의 대상이었다. 하지만 프랭클린 이후 많은 과학자들에 의해 비밀이 밝혀져 그 두려움을 극복하기에 이르렀다. 그렇다면 천둥·번개는 어떻게 생겨나는 것일까?

낙뢰의 발생 (-)전하로 대전된 구름의 밑부분이 지면을 (+)전하로 대전되도록 유도한다.

우리가 눈으로 직접 볼 수는 없지만 구름 안에는 수많은 작은 물방울이나 얼음 알갱이가 존재한다. 이 구름 안의 물방울과 얼음 알갱이는 반복적으로 서로 마찰을 일으키게 되는데 이때 구름 안에서는 전하가 발생하게 된다. 작은 물방울은 상승기류를 타고 올라가다 물방울(또는 얼음)은 (-)전하를, 주변 공기는 (+)전하를 띠게 된다. 이 같은 사실은 1948년 미국의 과학자들에 의해 발견되었다. 미국의 과학자들은 실험을 통해 얼음 알갱이와 과냉각된 물방울이 함께 있을 때 많은 전하가 발생한다는 사실을 발견한 것이다.

소나기를 몰고 다니는 적란운의 상층부에는 (+)전하가, 하층부에는 (-)

전하가 모이게 된다. 상층부와 하층부의 전위 차이가 일정 수준을 넘으면 순간적으로 전류가 흘러 번쩍이는 방전현상이 발생한다. 즉 번개가 나타나는 것이다. 이 같이 구름 속에서 나타나는 전위차 때문에 번개가 생기고, 90% 이상의 번개는 구름 속에서 발생한다. 그런데 가끔 구름과 땅 사이에도 이러한 현상이 나타나기도 하는데 이것이 '벼락'이다. 즉, 번개 중에서 땅으로 떨어지는 것이 벼락인 것이다. 많은 전하를 가진 구름이 물방울이나 얼음이 밀집한 지역, 즉 (-)전하가 강한 곳을 지날 때 구름의 (-)전하는 더욱 강해진다. 이렇게 되면 구름 속의 (-)전하들은 지상을 향해 움직인다.

벼락이 칠 때의 모습을 보았을 것이다. 땅을 향해 곧장 직선으로 떨어지지 않고 지그재그를 그리며 떨어진다. 이는 벼락이 온도나 습도 등 기상 조건에 따라 가장 빨리 움직일 수 있는 길을 찾아 이동하기 때문이다. 마치 지능과 오감이 있는 생명체가 목적지를 향해 재빨리 이동하는 모습과 같다. 번개는 그 모습과 걸맞게 엄청난 힘을 발산한다. 벼락이 한 번 칠 때 전압은 보통 10억 볼트에 이른다. 가정에 공급되는 전압이 220볼트이고 도시 외곽에서 흔히 볼 수 있는 송전탑에 공급되는 초고압선도 수십만 볼트를 넘지 않는다. 이러한 점으로 미루어 볼 때 벼락의 위력을 쉽게 짐작할 수 있다. 번쩍! 하고 벼락이 치는 순간에 흐르는 전류는 5만 암페어[A]. 전압과 전류를 소비전력 기준으로 환산하면 100와트 전구 7천 개를 8시간 동안 켤 수 있는 어마어마한 양이다. 이 정도면 거의 소형 발전소 수준이다.

엄청난 속도의 제트기가 이동할 때 굉음을 발생하듯이 번개도 번쩍함과 동시에 세상을 뒤흔드는 굉음을 발생한다. 번개는 아주 짧은 시간에 전기가 흐르는 길을 따라 이동을 하는데, 번개가 지나간 길은 열로 인해 공기가 갑자기 팽창하게 되며, 곧 큰 소리를 만들어낸다. 이것이 '우르르 꽝~' 하는 천둥이다. 번개와 천둥은 거의 동시에 발생하지만 번개가 하늘에서 번쩍거리고 난 후 천둥소리가 들린다. 빛의 속도가 소리의 속도보다 빠르기 때문이다. 빛의 속도는 1초에 약 30만 킬로미터를 가는 데 비해 소리는 1초에 340미터를 이동한다. 번개가 치고 난 후 천둥소리가 늦게 들릴수록 먼 곳에서 발생했다는 것을 알 수 있다.

벼락과 피뢰침은 창과 방패

해마다 여름이면 찌는 듯한 더위, 천둥과 번개를 동반한 폭우까지 변덕스러운 날씨로 인해 많은 사람들을 짜증스럽게 한다. 특히 벼락은 우리에게 물리적인 피해를 주기도 하고 심한 경우 생명까지도 위협한다. 그렇다면 벼락으로부터 우리는 보호받을 수 없는 것일까?

프랭클린은 목숨을 건 연날리기 실험을 통해 벼락도 전기가 만들어내는 현상이라는 것을 확신했다. 그 결과를 바탕으로 벼락으로부터 위험을 방지할 수 있는 방법을 생각해낸다. 전기가 금속으로 쉽게 빨려 들어오기 때문에 철탑을 이용하자는 것이었다. 그가 아이디어를 낸 것이 바로 피뢰침(lightning rod)이다. 피뢰침은 피할 피(避), 우레 뢰(雷), 바늘 침(針)이란 한자에서 알 수 있듯이 '우레를 피하기 위해 만든 바늘 모양의 장치'라는 의미를 가지고 있다.

피뢰침은 크게 돌침부, 피뢰도선, 접지 전극의 세 부분으로 구성된다. 높은 건물에서 쉽게 보이는 세 갈래로 갈라진 막대 모양의 피뢰침이 바로 돌침부이다.

돌침부의 돌침은 구리 또는 용융아연도금(Zinc Hot Dip Galvanizings)한 철로 만든 지름 12밀리미터 이상의 막대를 주로 사용한다. 구리는 전봇대 위를 지나다니는 도선으로 많이 사용하는데 전기저항이 낮아 전류가 잘 통하고 가격이 낮고, 쉽게 재료를 구할 수 있다는 점에서 주로 사용된다. 용융아연도금은 고강도 철강재로 잘 녹슬지 않아 내구성이 좋다. 때문에 높은 전력을 발생하는 벼락의 충격이 버티기 쉽고 흡수할 수 있어 피뢰침의 재료로 각광 받고 있다.

벼락은 지상의 뾰족한 부분에 떨어지려는 성질을 가지고 있다. 피뢰침은 전하의 흐름인 벼락을 뾰족한 금속으로 유인해, 지면으로 **접지**(grounding)시키는 역할을 한다.

> **접지(接地, grounding)**
> 유럽권에서는 earthing, 미국에서는 grounding이라고 한다. 전기회로나 전기기기를 도체로 땅에 연결하는 장치를 말한다. 이상 전압 발생 시에 고장 전류를 표면 전위가 영(0)인 대지로 흘려보내, 같은 전위로 유지하여 기기와 인체를 보호한다. 금속체와 대지를 접속하는 단자를 접지 전극(grounding electrode)이라고 하며 보통 땅속에 매설되어 있는 도체가 사용된다.

천둥 번개가 칠 때 탁 트인 공간에서 우산을 쓰고 있거나, 비를 피하기 위해 큰 나무 밑이 있으면, 벼락에 맞을 확률이 훨씬 더 높아 위험하다. 이를 방지하기 위해 지붕이나 옥상 그리고 높은 빌딩 등에 피뢰침을 장착하면 벼락을 땅으로 안전하게 유도하여 피해를 줄일 수 있다. 프랭클린이 발명한 피뢰침은 널리 보급되어 벼락으로 발생한 피해를 예방하는 데 큰 도움을 주었다. 피뢰침이 번개를 막는 데 효과적이라는 것이 알려지자 수요가 크게 늘어났다. 그러나 프랭클린은 이를 이용하여 경제적 이익을 얻으려고 하지 않았기 때문에 특허도 받지 않았다. 이는 "발명은 대중에 대한 봉사이며, 공익의 발전을 도모해야 한다"는 그의 철학이 있었기 때문이다.

프랭클린은 전기를 단순한 호기심에서 과학적 연구로 바꾸어 놓았고, 전기에 관한 실험과 이론적 연구에 많은 영향을 끼쳤다. 우리가 오늘날 사용하는 전기 용어들 중에는 프랭클린이 처음으로 사용하기 시작한 것들이 많이 있다. 전지, 전하, (-)전하, (+)전하 같은 용어가 대표적인 것들이다. 과학에 대해 체계적으로 교육 받은 적이 없던 프랭클린이었지만 훗날 하버드, 예일, 윌리엄앤메리 대학으로부터 명예박사 학위를 받았다. 이어서 1753년에는 영국 왕립학회가 주는 금메달을 받았으며, 1756년에는 왕립학회 회원으로 추대되었다. 당시 과학이 발달하지 못했던 식민지 출신에게 왕립학회가 이런 영예를 수여하는 것은 아주 드문 일이었다.

4. 전압이 가는 길 전류도 따라 간다

도선이나 전기회로에 전류를 흘려주기 위해서는 기전력(electromotive force)이라는 전기적인 힘이 필요하다. 기전력을 통해 연속적으로 전류를 공급하기 위해서는 별도의 전기 기기가 필수적이다. 직류(DC, direct current) 기전력은 전지(battery)가, 교류(AC, alternating current) 기전력은 교류 발전기(generator)를 통해 발생된다.

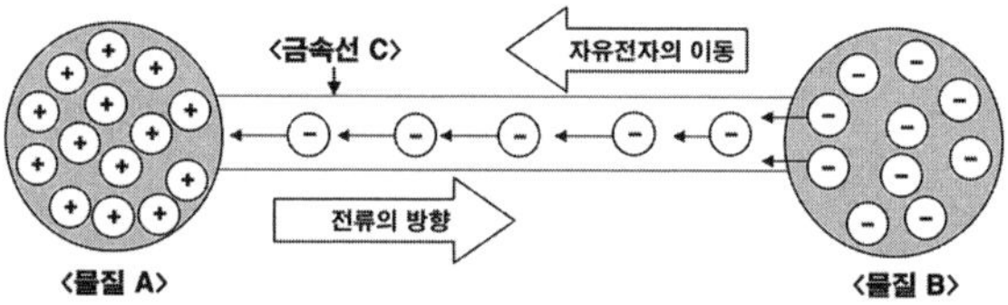

전류의 방향

편의상 직류를 기준으로 전류의 흐름을 살펴보자.

먼저 아래 그림과 같이 기전력을 인가할 수 있는 전지와 전류를 소비하는 전구 그리고 이를 하나의 폐회로(close loop) 형태로 구성한다. 그 다음 전지에서 발생하는 기전력이 일정하게 공급되면, 전구에도 일정한 전류가 흐르게 된다.(단, 실제 회로에서는 도선의 길이, 굵기에 따라 전류의 크기가 달라질 수 있다.)

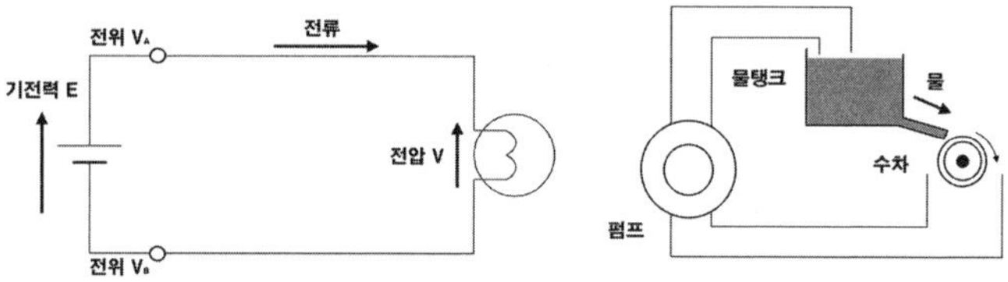

전위(전압)와 전류의 관계

전기와 물은 서로 전혀 다른 특성을 가졌지만, 흐름에 있어서는 매우 유사하다. 그래서 물의 흐름을 예로 들어 전기를 생각하면 한결 이해가 쉽다. 전류는 파이프 내부를 자유롭게 흐르는 물의 흐름인 수류(water flow)와 유사하다고 할 수 있다. 물은 높은 곳에서 낮은 곳으로 흐르며, 일정한 수위(water level)가 있어야 보다 원활히 흐를 수 있다. 이와 마찬가지로 전기에서는 물의 수위와 유사한 전위(electric potential)가 있다. 물에서 수위나, 전기에서 전위를 발생하기 위해서는 특정한 기준을 두고 차(差)를 두어야 한다. 물의 경우 파이프의 높고 낮음 위치는 0[m]를 기준으로 잡고 있으며, 이 기준점의 변화에 따라 물의 흐름이 달라진다.

전기의 경우 전위의 기준을 접지(grounding)라고 표현한다. 즉, 지구에 접속해서 전기를 지구로 흘려준다는 의미이다. 전위의 기준 변화인 전위차(electric potential difference)를 전압(Voltage, 기호 V)이라고 한다. 전위의 기준인 접지는 0[V]로 설정된다.

전압이 발생한다는 의미는 '에너지의 변화가 일어난다'는 의미로도 관련지을 수 있다. 예를 들어 1[C]의 전하가 A점에서 B점까지 이동하였다면, 에너지와 일의 단위인 줄(joule, 기호 J)로 1[J]이 필요하다. 마찬가지로 A점에서 B점까지의 전위는 1[V]이다.

즉, 전위 1[V]는 1[C]의 전하가 도선을 이동하여 발생되는 에너지가 1[J]일 때의 전위차인 것이다. 이러한 관계는 아래와 같이 간략한 식으로 표현이 가능하다.

$$V = \frac{W}{Q}[V]$$

여기서, V는 전위차, W는 줄(J), Q는 전하를 나타낸다.

05

배터리의 탄생

오늘날 스마트폰은 일상생활에서 없어서는 안 될 중요한 통신 수단이 되었다. 스마트폰이 활성화된 이유는 시간과 장소에 관계없이 자유롭게 통화하고 인터넷을 이용할 수 있기 때문이다. 스마트폰은 다양한 디자인과 기능으로 우리들을 유혹하고 있다.

그러나 제아무리 비싸고 성능 좋은 스마트폰이 내 손 안에 있어도 배터리가 충전되어 있지 않으면 한낱 고철덩이에 불과하다. 우리가 매일 매일 밥을 먹듯이 스마트폰을 사용하기 위해서는 날마다 배터리를 충전해야 한다. 그렇다면 오늘날 스마트폰, 시계, 리모콘 등 일상 곳곳에서 쓰이는 전자제품의 식량인 배터리는 어떻게 발명되었을까?

개구리 뒷다리와 배터리

마찰전기 발생 장치나 라이덴병에서 발생되는 전기가 사람의 몸에 자극을 준다는 연구 결과는 18세기 의학계에도 큰 영향을 미쳤다. 특히 전기 자극이 신경계통의 병을 치료하는 데 도움을 주거나 생물의 작용을 살펴보는 데 사용 가능하다는 일부 학자들의 주장이 나와, 의학계나 과학계에서 끝없는 논란을 불러일으켰다. 계속되는 논란에도 불구하고 18세기 중엽부터는 의학 연구실이나 진료실에도 전기를 이용한 의료기기가 속속 등장하게 되었다.

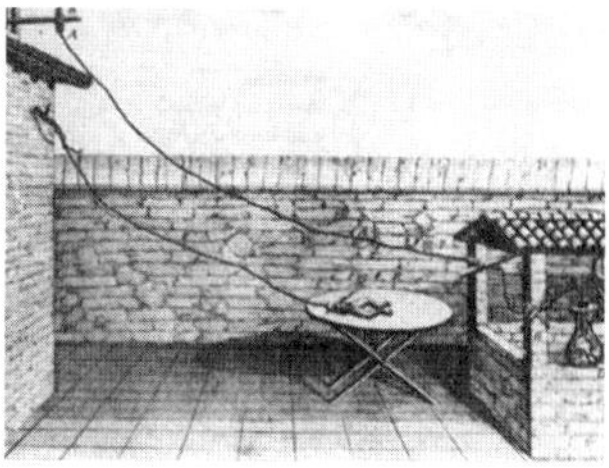

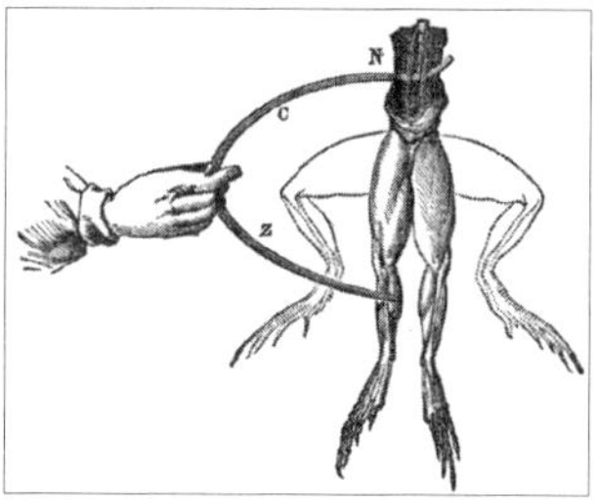

루이지 갈바니 갈바니는 개구리의 뒷다리에 금속이 닿았을 때 근육이 수축하는 것은 동물의 뇌에서 전기가 만들어지기 때문이라고 생각했다.

그 무렵 이탈리아의 볼로냐 대학의 해부학 교수로 있었던 루이지 갈바니(Luigi Galvani, 1737~1798년)도 의학계에 몸담고 있었지만, 전기에 대해 큰 관심을 가졌던 인물이었다(훗날 갈바니는 자신의 의도와는 달리 전기에 관한 연구에 기여한 해부학자로 기억된다).

1737년 이탈리아 볼로냐에서 태어난 갈바니는 아버지의 설득으로 신학 공부를 포기하고 볼로냐 대학에서 의학을 공부했다. 그는 전공이었던 의학과 함께 과학에도 관심이 많았는데 이를 계기로 1759년에 의학학사 학위와 철학학사 학위를 동시에 받기도 한다. 이후 1762년에 의학박사 학위를 받은 갈바니는 볼로냐 대학에서 해부학 교수와 자연과학

교수가 되었다. 갈바니가 유명하게 된 계기는 1780년에 진행한 실험 때문이다. 실험은 갈바니와 그의 아내 루시아(lucia), 조카인 알디니(aldini)와 함께 진행했는데, 실험 대상은 해부용 개구리 한 마리였다.

갈바니는 실험을 위해 해부된 개구리를 마찰전기 발생 장치 주변의 테이블에 올려놓고 해부용 칼 끝으로 가볍게 개구리 다리의 신경을 건드렸다. 그러자 개구리의 뒷다리 근육이 갑자기 경련과 수축을 일으킴과 동시에 마찰전기 발생 장치에서는 순간 전기 불꽃이 튀었다. 갈바니는 자신의 눈을 의심하며, 같은 실험을 여러 차례 진행했다. 그리고 다른 재질의 금속을 이용해 실험을 재현해 보기도 했다. 하지만 결과는 늘 같았다.

갈바니는 이것을 동물의 몸 자체에서 생긴 현상이라고 생각했다. 동물의 몸 안 뇌수에서 뇌와 신경과 근육으로 흘러 들어가는 동물 전기(animal electricity)라는 것이 있기 때문에 다양한 금속에 의해 회로가 만들어져 작용한다고 생각했다. 이러한 현상을 라이덴병의 원리와도 비교해, 동물의 신경과 근육은 라이덴병의 안쪽과 바깥쪽으로 비유하여 동일한 원리라고 생각했다.

개구리 다리를 이용한 다양한 실험들이 십여 년 동안이나 지속되었다. 1791년 갈바니는 이러한 현상에 대한 연구 결과를 〈근육 운동에 대한 전기 영향에 관하여 *Commentary on the Effect of Electricity on Muscular Motion*〉라는 제목으로 볼로냐 과학 아카데미의 저널에 발표하게 된다. 이 발표는 유럽 전역과 대서양을 넘어 미국에까지 전해졌고, 라이덴병 이상으로 회자가 되었다.

하지만 갈바니는 개구리를 이용한 실험에서 한 가지 설명하지 못한 부분이 있었다. 그것은 동일한 금속을 접촉시켰을 때 움찔거리지 않고,

서로 다른 금속을 접촉시킬 때만 개구리의 뒷다리가 움찔거리는 이유를 명확히 설명하지 못한 것이다.

배터리의 탄생

전기에 대한 당시의 인기를 반영하듯이 많은 전기학자들이 갈바니의 '동물 전기'를 재현하려고 무척이나 애를 썼다. 그 중에는 평소 갈바니와 가깝게 지냈던 이탈리아 파비아 대학 교수를 지낸 물리학자 알렉산드로 볼타(Alessandro Giuseppe Antonio Anastasio Volta, 1745~1827)라는 과학자가 있었다. 1745년에 이탈리아에서 태어난 볼타는 네 살이 될 때까지도 말을 할 줄 몰랐고, 다른 아이들보다 발육이 느려 부모에게 늘 걱정을 끼쳤다. 하지만 일곱 살 이후 오히려 다른 아이들보다 지능이 더 빨리 발달했다.

볼타는 정규 대학교육을 받지 않았다. 하지만 열여덟 살이 되었을 때 볼타는 유럽에서 전기 분야의 유명한 학자들과 교류할 수 있었고 이러한 계기로 학문적으로 많은 도움을 받았다. 그로 인해 훗날 그는 파비아 대학의 물리학 교수로까지 재직하게 된다.

볼타는 갈바니가 연구한 '동물 전기'에 대해 깊은 인상을 받았고, 그 역시 개구리 뒷다리를 이용한 '동물 전기' 실험의 재현에 들어갔다. 하지만 실험을 계속 진행할수록 개구리는 전기와는 상관이 없다는 생각이 들었다. 결국 전기는 개구리와 같은 동물이 아닌 서로 다른 금속의 접촉에서 나온다는 확신을 갖게 되었다. 자신이 제시한 가설을 증명하기 위해서는 두 가지 금속 사이에 개구리가 없어도 전기가 발생함을 보여주어야 했다. 하지만 볼타는 자신의 가설인 '금속 전기'에 대해 쉽게 증명하지 못한다.

갈바니, 볼타 두 학자 모두 자신의 가설을 명확하게 증명하지 못한 채 '동물 전기'와 '금속 전기'의 지루한 논쟁만 계속해서 이어갔다. 이 논쟁이 시작된 지 20년 후인 1800년에 볼타의 가설이 증명되면서 지루한 논쟁에 마침표를 찍게 된다. 볼타는 자신의 가설을 증명하기 위해서 다양한 종류의 금속을 이용해 실험을 했다. 정확한 증명을 위해서는 실험에서 발생된 전하량을 측정해야만 했는데 하지만 당시에는 검전기(electroscope)는 존재하지도 않았을 뿐더러, 전기의 실체도 정확히 파악이 안 된 상태였다. 그래서 당시 대부분의 전기학자들은 원초적으로 손과 신체를 이용해 전기를 측정하는 경우가 많았다.

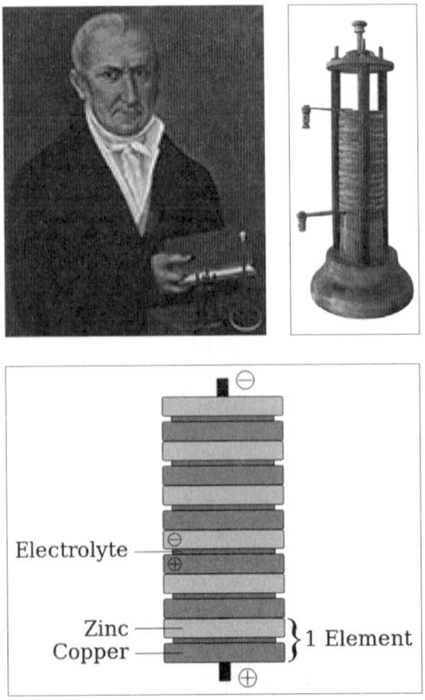

알레산드로 볼타와 볼타전지 볼타는 연속해서 전류를 공급해 줄 수 있는 장치인 볼타 전지를 최초로 개발했다. 1881년 그의 업적을 기려 전압을 측정하는 단위인 볼트[V]가 만들어지게 된다.

볼타도 마찬가지로 신체를 이용해 전기를 측정하였는데, 유독 금속에 손가락이 닿을 때 전하가 더 강하다는 것을 발견했다. 볼타는 금속과 손가락 그리고 전기의 상관관계를 고민한 끝에 마침내 결론은 내린다. 즉, '동물 전기'는 애초부터 없었으며, 서로 다른 성분의 금속과 염분이 함유된 수분을 통해 전기가 발생된다고 생각한 것이다.

볼타는 실험의 결과를 바탕으로 전기더미(electrical pile, 또는 볼타전지)라는 장치를 발명하게 된다. 장치의 구조는 아연판과 구리판을 번갈아 쌓고, 판 사이에 소금물을 흠뻑 적신 천을 끼워 넣은 형태이다. 이때 전기더미의 가장 상단과 하단에 위치한 아연과 구리를 연결하면 장치는 동작을 하게 된다.

전기더미는 일시적인 정전기를 만들거나 저장했던 마찰전기 발생 장치나 라이덴병과는 달랐다. 그것은 연속적이고 일정한 전기를 발생할 수 있었는데, 이는 정전기와 같은 원시적인 전기 수준을 넘어, 흐르는 전기, 즉 전류를 이용하는 계기가 되었다. 볼타가 발명한 전기더미는 최초의 화학전지로 유럽과 미국 전역에 알려지게 되었으며, 망원경, 증기기관과 더불어 '인간이 발명한 최고의 도구'라는 찬사까지 받게 된다. 이것으로 동물 전기 대 금속 전기의 지루한 논쟁은 볼타의 승리로 마무리되었다(아이러니컬하게도 갈바니는 동물 전기가 오해가 있다는 사실을 알지 못한 채 1798년 사망한다).

배터리, 너의 속이 궁금해

배터리(battery, 전지)는 화학에너지를 전기에너지로 변환하는 장치이다. 볼타전지 이후 최초의 근대식 배터리는 1866년 프랑스의 화학자인 조지 르클랑셰(George Leclanche, 1839~1882)가 발명한 르클랑셰전지(leclanche cell), 즉 망간전지(mangan cell)이다. 이 전지는 망간산화물과 아연을 이용하여 (+)극과 (-)극으로 구성되었으며, 전해질 용액을 그대로 사용했기 때문에 습전지(wet cell) 구조를 가지고 있었다. 망간전지는 전해질이 액체이기 때문에 쉽게 증발하거나 새는 등의 불편한 점이 많았다. 이러한 문제점을 개선하고자 유동성이 없어 물에 잘 녹는 성질이 강한 수용성(water solubility) 전해질을 넣어서 만든 전지가 등장한다. 이 전지는 1886년 독일의 과학자 카를 가스너(Carl Gassner, 1855~1942)에 의해 탄생되었다. 가스너가 발명한 전지는 기존의 전해질 용액을 사용하는 전지가 아니라 전해질을 굳혀서 사용하는 마른 전지(dry cell)의 형태로, 오늘날 우리가 사용하는 건전지(乾電池)라는 어원의 유래가 여기서부터 생겨났다.

우리가 흔히 말하는 건전지는 대부분 망간전지이다. 망간전지의 모습은 둥글거나 사각형이며, 이용되는 곳에 따라 여러 가지 형태를 가진다. 기본 구조는 표면이 아연으로 된 (-)극이, 중앙에는 탄소를 재료로 한 막대의 (+)극이 위치해 있다. (+)극의 경우 주로 부식에 강하도록 특수 금속을 이용해 만들어진다.

(+)극의 탄소막대 주위에는 이산화망간과 흑연을 혼합한 물질로 채워진다. 그리고 그 주위에는 염화암모늄(NH_4Cl)이 함유된 전해질을 흡수시킨 종이로 감싸여 있다. 즉 건전지는 아연통 (-)극과 탄소막대 (+)극 사

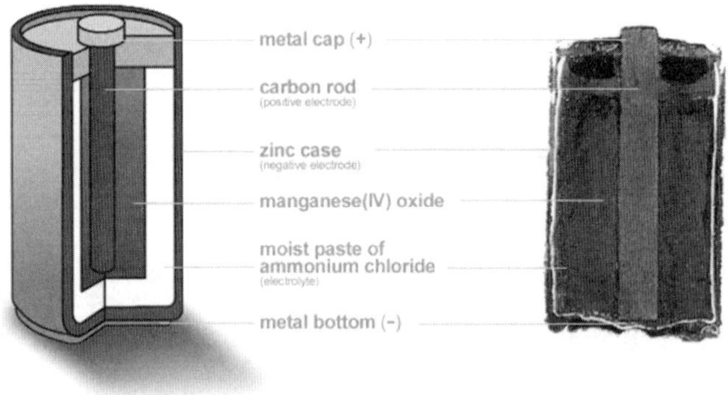

건전지 두 개의 전극과 전해질로 구성되며, 내부에 들어 있는 물질의 화학에너지를 전기에너지로 변환하는 장치이다.

이에 전해질로 염화암모늄(NH_4Cl) 용액이 채워져 있는 구조물로 되어 있다. 건전지의 각 전극은 서른 다른 물질을 사용하고 있는데, (+)극은 **이원화 경향성**이 작아 전자를 얻는(환원반응) 탄소를 사용하고 (-)극은 이온화 경향성이 커서 전자를 잃는(산화반응) 아연을 사용한다.

이원화 경향성
금속이 액체와 접촉하여 양이온이 되려는 경향.

건전지를 동작시키기 위해서는 외부에 노출된 두 극에 도선을 연결해 주어야만 한다. 도선이 연결되면 건전지 내부에서는 화학반응이 발생하는데, 이때 탄소막대는 전자가 부족하게 되어 (+)극이 된다. 건전지와 연결된 도선을 따라 전위가 높은 (+)극에서 전위가 낮은 (-)극으로 일정한 전류가 흐르게 된다.

생활 속 배터리

배터리는 한 번 쓰고 버려지거나 다시 충전하여 여러 차례 사용 가능한 형태로 구분된다. 즉, 1차 전지와 2차 전지로 구분된다. 텔레비전 리모컨, 벽시계 등에 흔히 사용되는 건전지가 1차 전지이다. 1차 전지는 한 번 사용 후에는 재생이 불가하며, 알카리, 망간, 망간-리듐 등의 전지가 이에 속한다.

이에 반해 2차 전지는 충전을 하면 다시 사용할 수 있으며, 납 축전지, 니켈-카드뮴전지, 니켈-수소전지, 리튬이온전지 등이 있다. 전류가 모두 소모된 2차 전지에 역방향으로 전류를 공급해 줄 경우 역 산화·환원 반응이 일어나 전지를 원래 상태로 복귀시킨다.

그런데 1차 전지를 재사용하기 위해 2차 전지와 동일한 방식으로 충전을 할 경우 대단히 위험하다. 동일한 방법으로 충전할 경우 역 산화·환원 화학 반응으로 가스가 발생하며, 그로 인해 압력이 커져 심할 경우 폭발 위험이 있기 때문이다.

여기서 2차 전지의 동작에 대해 자동차에서 주로 사용하고 있는 납축전지를 예를 들어 살펴보자. 납축전지는 과산화납을 (+)극, 금속납을 (-)극으로 전지 내부의 전해질은 황산을 사용한다. 먼저 납축전지 충전 상태에서 전극과 외부 도선으로 폐회로가 형성되면, 산화·환원반응이 발생하여 과산화납과 금속납이 모두 황산납으로 변화한다.

그 결과 납축전지를 통해 일정한 전류가 자동차에 공급되며, 곧 방전 상태가 된다. 반대로 자동차가 주행할 때 엔진과 연결된 발전기가 동작을 하게 되는데, 발전기의 동작으로 전류가 발생되면, 납축전지로 이동하여 방전 상태와 반대로 산화·환원반응이 일어난다. 이때 황산납을 원래의 과산화납과 금속납으로 바꾸어 놓게 되어 납축전지는 충전 상태가 된다. 이와 같이 축전지가 '재충전'되는 것은 방전의 반대 과정을 거쳐서 이루어진다.

납축전지는 주로 큰 전류가 필요한 곳에 사용된다. 때문에 주로 자동차나 잠수함의 전력원으로 사용되기도 한다. 흔히 사용하는 핸드폰, 노트북, 카메라 등 작은 전류를 사용하는 곳에는 주로 리듐계열의 2차 전지를 사용한다.

인류 최초의 배터리, 바그다드 전지

고전 애니메이션 〈신밧드의 모험〉의 주무대였던 이라크의 수도 바그다드는 어릴 적 우리에게는 꽤나 친숙한 지역이다. 하지만 2016년의 바그다드는 연쇄 폭탄 테러가 일어나고 수백 명의 생명이 이유도 모른 채 쓸쓸히 죽어가는 곳이 되었다.

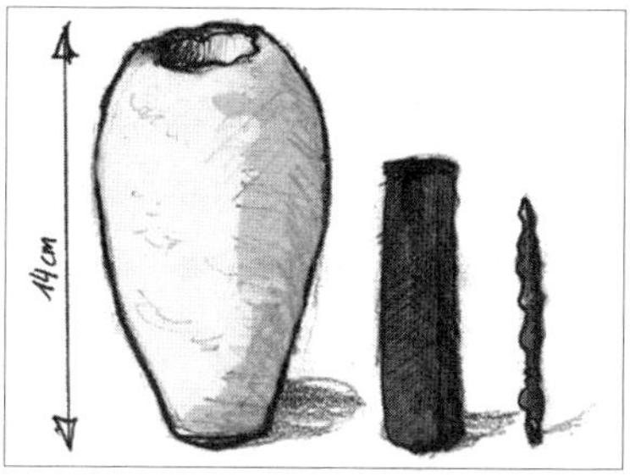

바그다드 전지 약 2000년 전 바그다드 지역에서 제작된 인류 최초의 전지로 추정되며, 정확한 용도는 알 수 없다.

과거 바그다드는 고대 메소포타미아 이래 서아시아의 정치, 경제, 문화의 중심지였다. 이렇듯 찬란한 역사 아래 2000년 전 바그다드의 누군가에 의해 만들었을 인류 최초의 전지인 '바그다드 전지(baghdad battery)'가 발견되었다. 바그다드 전지는 이라크의 수도 바그다드 근교의 호야트럽퍼 유적에서 1932년 독일인 벨헬름 쾨니히(Wilhelm Konig)가 발견해 세상에 그 모습을 드러냈다.

기본 형상은 둥근 모양을 띠고 있는 작은 진흙 항아리로, 높이는 약 14센티미터, 직경은 약 8센티미터이다(이 정도 크기면 한손으로 쉽게 움켜 수 있는 정도의 크기이다). 항아리 안은 원통형 구리판과 그 중심에 철막대가 고정되어 있고 내부가 아스팔트와 같은 석유 생성물인 역청(瀝靑, bitumen)으로 가득 차 있었다. 항아리 표면에서 과일즙 성분이 검출되어, 술을 담았던 용기라고 추정되기도 했다.

발견 당시만 해도 바그다드 전지는 그다지 큰 주목을 받지 못했다. 하지만 1974년 미국에서 진행한 재현 실험을 통해 실제로 전류가 발생한다는 결과가 나와 큰 주목을 받게 되었다. 이러한 결과로 그동안 최초의 전지라고 알려졌던 알렉산드로 볼타의 볼타전지보다 바그다드 전지가 기록상 먼저 발명된 전지로 인정받게 된다.

톡! 과학 공부

5. 옴의 법칙(Ohm's Law)

전류는 전압의 크기에 따라 변화될 수 있다. 하지만 전압을 아무리 잘 조절하여도 전압과 전류는 수치적으로 같아지기는 힘들다. 예를 들어 전류가 자유롭게 흐를 수 있는 폐회로가 있다면 전압이 공급됨과 동시에 전류는 도선을 따라 흐르게 된다. 하지만 일반적으로 구성된 폐회로에서는 의도적이거나 의도치 않아도 전류의 흐름을 방해하는 존재가 있기 때문에 전압과 전류는 같아지기가 힘들다.

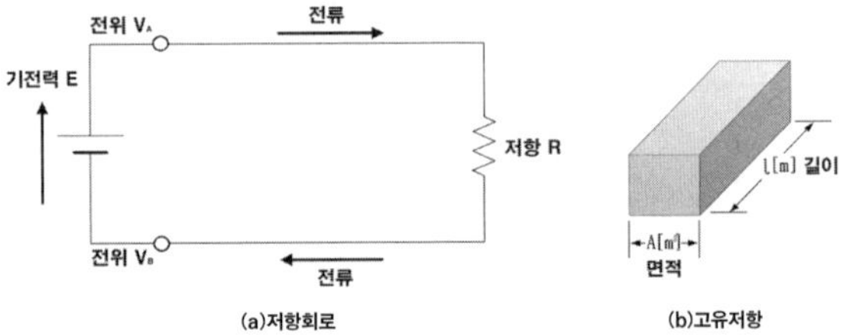

저항회로와 고유저항

이렇게 전류의 흐름을 방해 또는 제한하는 것을 저항(resistance)이라고 한다. 저항의 기호는 R, 단위는 옴[Ω]으로 나타낸다. 예를 들어 1[Ω]의 저항이 존재할 때, 1[V]의 전압을 공급해주면 1[A]의 전류가 흐르게 되는 것이다. 저항은 위의 그림과 같은 기호와 형상을 가지고 있다. 도체 형태의 저항은 크고 작은 형상과 다양한 재질로 구성되며, 주위 온도에 따라 특성이 변화하기도 한다. 이러한 기본적인 특성을 종합하여 살펴보면, 아래와 같은 식으로 나타낼 수 있다.

$$R = \rho \frac{l}{A} [\Omega]$$

도체의 저항 R[Ω]은 전류가 흐르는 도선의 길 l[m]에 비례하고, 그 단면적 A[m^2]에 반비례해서 위와 같은 식으로 나타낸다.(단, 여기서 ρ는 저항률로서 단위는 [Ω·m]를 사용하며, 재료의 종류에 따라 정해지는 고유의 상수)

지금까지 살펴보았던 전압과 전류 그리고 저항 사이에 무언가 상관관계가 있는 것처럼 생각될 것이다. 전압, 전류, 저항의 상관관계가 성립한다는 것을 발견한 사람은 독일의 물리학자인 게오르크 옴(Georg Simon Ohm, 1789~1854)이다. 게오르크 옴의 발견으로 전기와 관련된 학문에 있어서 기본이자 가장 중요한 법칙이 탄생하게 되는데, 게오르크 옴의 이름을 따서 만들어진 이 법칙은 옴의 법칙(Ohm's Law)이라 불리게 된다.

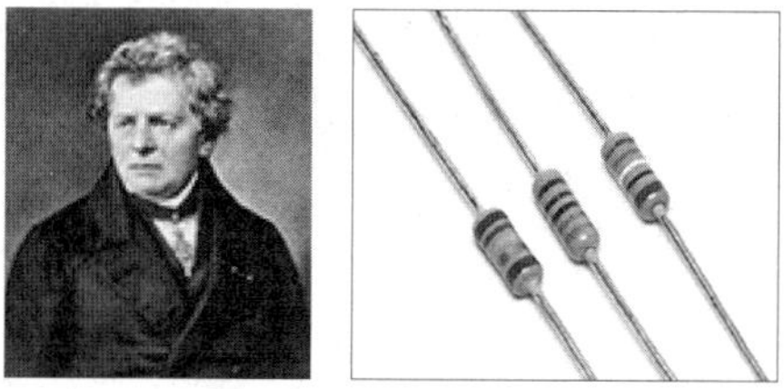

게오르크 옴과 일반적인 저항

| 옴의 법칙 |

분류	단위	기호	옴의 법칙
전압	볼트(Volt)	V	$V=I\times R$
전류	암페어(Ampere)	I	$I=\frac{V}{R}$
저항	옴(Ohm)	R	$R=\frac{V}{I}$

이 법칙은 3가지 수식으로 간단히 정리할 수 있다. 폐회로를 기준으로 볼 때 전류는 회로에 공급된 전압에 비례하고 저항에 반비례한다는 것을 볼 수 있다. 우리가 주위에서 흔히 볼 수 있는 가전제품의 복잡한 내부 전자회로는 이 옴의 법칙을 이용해 설계가 된다.

chapter 02

전기시대를 열다

e l e c t r i c b i g b a n g

01

못 배운 과학자의 생각

전기는 현대 생활에서 없어서는 안 될 존재이다. 눈에 보이지 않는 전기는 언제나 놀라움 그 자체이다. TV, 전기 조명, 냉장고, 스마트폰 따위의 모습으로 전기는 우리 주위에 늘 존재하고 있다. 이제는 전기 없이 돌아가는 것이 없으며, 물과 공기와 같은 필수 요소가 되어 버렸다. 하지만 19세기 무렵에만 해도 전기에 관한 연구는 "이건 사기입니다", "대체 이것을 어디에 쓸 데가 있습니까?"라는 식으로 냉대 받기 일쑤였다. 그렇다면 보이지 않는 힘 '전기'는 어떻게 해서 실생활에서 사용할 수 있게 되었을까?

세상을 바꾸어 버린 남자, 패러데이

마이클 패러데이(Michael Faraday, 1791~1867)는 영국에서 가장 인기

마이클 패러데이 전자기유도 법칙 등 다양한 업적을 남긴 대과학자이다. 가난한 가정환경으로 정규교육을 거의 받지 못했음에도 끊임없는 노력으로 최고의 과학자가 된 인물로 유명하다.

있는 과학자 중 한명이다. 심지어 과학자로서 영국의 20파운드 지폐에 새겨져 있을 정도이다. 패러데이는 발전기, 전동기, 변압기의 기본 동작원리이자 전기의 시대를 여는 데 결정적 역할을 하게 된 전자기유도 법칙(law of electromagnetic induction)을 발견했다.

그런데 영국 국민들이 패러데이를 위대한 과학자로 기억하는 것은 단순히 큰 업적 때문만이 아니다. 그는 어려운 가정 형편으로 초등학교 교육밖에 받지 못했지만, 주변 환경의 어려움을 딛고 훗날 최고의 과학자로 자수성가한 인물이기 때문이다.

마이클 패러데이는 1791년 9월 22일 영국 런던 빈민가에서 대장장이의 아들로 태어났다. 가난했던 가정형편 때문에 패러데이는 교회의 주일학교에서 간단한 읽기, 쓰기, 산수 등을 배운 것이 기초적인 교육의 전부였다. 패러데이는 14살이 되던 해에 조지 리보(George Riebau)가 운영하는 서점에서 일을 시작하게 된다. 그곳에서 제본 기술과 함께 다양한 분야의 책들을 접하게 되는데, 특히 '전기'와 관련된 책을 통해 과학 분야에 흥미를 느끼게 된다.

당시 유럽과 영국에서는 대중들을 위한 과학 강연이 인기가 많았다. 특히 화학이나 전기에 관한 강연은 언제나 놀라움과 신비로움으로 청중들의 마음을 사로잡았다. 패러데이도 그러한 청중들 중 한 사람이었다. 그는 언제나 강연 내용을 꼼꼼히 기록하는 성실함을 보이기도 했다. 대중 강연에서는 다양한 과학적 주제와 관련된 실험을 청중에게 보여주었는데. 패러데이는 그날의 실험을 늘 스스로 재현해 보기도 했다. 이러한 습관은 그가 훗날 과학자의 길로 들어서게 해 준 결정적인 역할을 하게 된다.

1812년 2월 제본공 마이클 패러데이에게 특별한 기회가 찾아온다. 패러데이가 일하는 서점의 단골 고객이며 왕립연구소 회원이던 윌리엄 댄스(William Dance)가 패러데이의 노트를 우연히 보게 된다. 노트에 기록된 내용은 교육이라야 교회에서 배운 기초교육이 전부인 사람이 쓴 것이라고는 전혀 생각할 수 없을 정도로 완벽했다. 패러데이의 성실함과 과학에 대한 열정에 감동을 받은 댄스는 패러데이에게 값비싼 강연 입장권을 선물로 주었다. 강연은 당시 영국에서 가장 유명한 화학자인 험프리 데이비(Humphrey Davy, 1778-1829)가 왕립 연구소에서 진행하는 강연이었다. 댄스가 준 입장권으로 패러데이는 2월 29일에서 4월 10일까지 총 4회의 강연을 들을 수 있게 되었고, 평소 습관대로 강의 내용을 꼼꼼히 기록했다.

험프리 데이비 영국의 화학자로 전기 분해에 관한 실험으로 나트륨과 칼륨과 같은 새로운 화학원소를 발견했으며, 칼륨에서 전기화학으로 변형된 전기력을 발견했다. 이러한 발견으로 전기화학은 오늘날 다양한 분야에서 활용되고 있다.

패러데이는 데이비의 강연에 큰 감동을 받았고 과학에 대한 동경은 더욱 커져만 갔다. 패러데이는 너무나 과학을 공부하고 싶어서 당시 왕립학회 회장이던 조지프 뱅크스(Joseph Banks, 1734~1820)에게 편지를 보냈다. 편지 내용은 왕립학회에서 작은 일이라도 할 수 있게 해달라는 부탁이었다. 얼마 후 뱅크스로부터 한 줄짜리 편지가 도착했는데, 내용은 '할 말 없음'이라는 싸늘한 반응뿐이었다. 여기에 굴하지 않고 패러데이는 평소 존경했던 험프리 데이비에게도 일자리에 대한 편지를 보내게 된다. 하지만 이번에는 이전과 다른 방법으로 접근했다. 데이비의 강연을 듣고 정리한 노트를 함께 보낸 것이다.

패러데이의 정성에 감동한 데이비는 그에게 작은 일자리를 제공하기로 한다. 처음에는 단 며칠에 불과한 임시직을 거치게 되었지만, 1813년 3월 마침내 왕립연구소의 데이비의 조수로 일하게 된다. 패러데이는 이때부터 1861년 사임할 때까지 평생 동안 왕립연구소에서 일하면서 전기의 시대를 열어갈 엄청난 발견을 하게 된다.

전기와 자기의 불안한 동거

19세기 볼타전지의 발명 이후 전기와 자기에 관한 연구가 더욱 활발히 진행되었다.

당시 라이덴병을 방전시키거나 번개가 칠 때 나침반이 흔들리는 현상이 자주 관찰되었고, 대부분의 과학자들은 이러한 현상을 단순하게 생각하지 않았다. 하지만 그 누구도 원인을 명쾌하게 설명할 수는 없었다. 이 같은 전기와 자기의 관계성을 두고 많은 학자들의 논쟁만 있었을 뿐

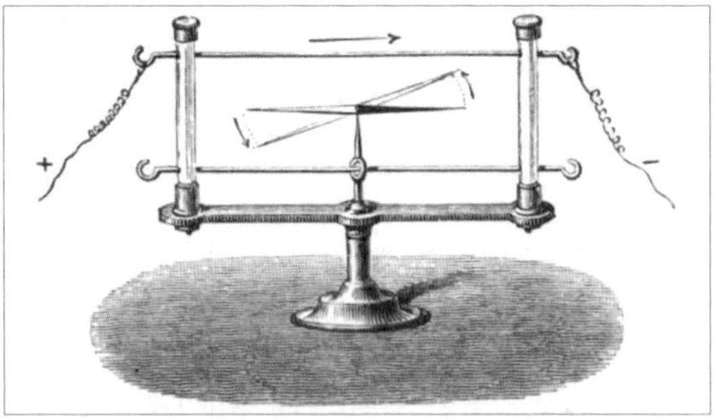

외르스테드 전기와 자기의 관계에 대해 발견한 인물. 그동안 별개의 현상으로 생각되었던 전기와 자기 현상의 연관성을 밝혀내, 전자기학의 발전에 공헌했다.

현상에 대한 뚜렷한 증명을 하는 건 불가능해 보였다.

그런데 미궁으로 빠질 것 같았던 전기와 자기의 논쟁을 해결할 만한 증거를 제시한 사람이 있었는데, 덴마크 코펜하겐 대학 물리학 교수인 한스 크리스티안 외르스테드(Hans Christian Oersted, 1777~1851)이다. 외르스테드는 1820년 7월 21일 전자기에 대한 자신의 발견을 〈자기 바늘에 대한 전류 영향의 실험 *Experiments on the Effect of an Electric Current on the Magnetic Needle*〉이라는 제목의 논문으로 발표하게 된다. 이 논문에는 전기와 자기를 이용해 보여주는 최초의 실험 결과가 담겨 있었다. 실험은 언뜻 보기에는 단순해 보였는데 전류가 흐르는 평범한 전선과 나침반이 사용되었다. 외르스테드는 준비된 실험 장치 중 전류가 흐르는 전선을 나침반 바늘 위로 이동시켰다. 그리고 전선을 이용해 이리저리 이동시켰다. 그 결과 가만히 정지해 있던 나침반의 자침이 반시계 방향으로 마구 회전하기 시작한 것이다.

외르스테드의 실험 결과는 학자들을 큰 혼란에 빠뜨렸다. 당시의 과학 지식으로 비추어 볼 때 이 같은 전자기의 발견은 과학자들로서는 쉽게 이해할 수 없었던 것이다(당시 축적된 지식도 부족했지만 외르스테드 발표 논문에는 전자기를 설명하는 그림 하나 없어 혼란을 더욱 증폭시켰다).

19세기만 해도 일반적으로 알려진 힘은 중력, 전기력, 자기력 등이 전부였다. 하지만 외르스테드가 발견한 힘은 서로 밀거나 당기는 것이 아닌 회전시키는 힘이었다. 당시의 이론으로는 설명할 수 없는 이상하고도 신비한 힘으로 학자들의 호기심을 더 크게 자극했다. 많은 학자들은 외르스테드가 발견한 전자기에 대한 실험을 재현하고, 각자의 방식으로 재해석하기도 했다.

그 중 한 사람이 프랑스의 물리학자인 앙드레 마리 앙페르(Andre

Marie Ampere, 1775~1836)이다. 앙페르는 외르스테드와는 다른 시각에서 전기와 자기를 바라보았다. 그 전까지는 단순히 전기나 자기는 서로 직접적으로 닿지 않아도 두 물체 간에 보이지 않는 힘이 작용한다는 것만 신기하게 여겨졌었다.

앙페르 프랑스의 물리학자이다. 근대 전기학의 기초를 세웠으며, 전류를 측정하는 데 쓰이는 단위 암페어[A]는 앙페르의 이름에서 따온 것이다.

앙페르는 외르스테드의 실험을 기초로 하여 수학적으로 정리하기 시작한다. 그는 여러 차례 진행한 실험을 통해 자기장의 세기는 전류가 증가할수록 강해진다고 결론짓고 이를 증명했다. 또한 앙페르는 도선이 평행한 상태로 전류가 흐를 때는 서로 끌어당기는 힘이 작용하고, 반대 방향으로 흐르는 전류는 서로 밀어낸다는 것을 발견했다. 즉, 같은 방향으로 흐르는 두 전선의 전류는 서로 끌어당기고(인력), 방향이 반대이면 서로 민다는(척력) 것이다. 이 같은 실험 결과를 바탕으로 전기와 자기 현상에 대해 수학적으로 정리하게 되는데, '서로 당기고 미는 힘은 전류의 세기에 비례하고, 거리의 제곱에 반비례 한다'라는 식으로 정리했다.

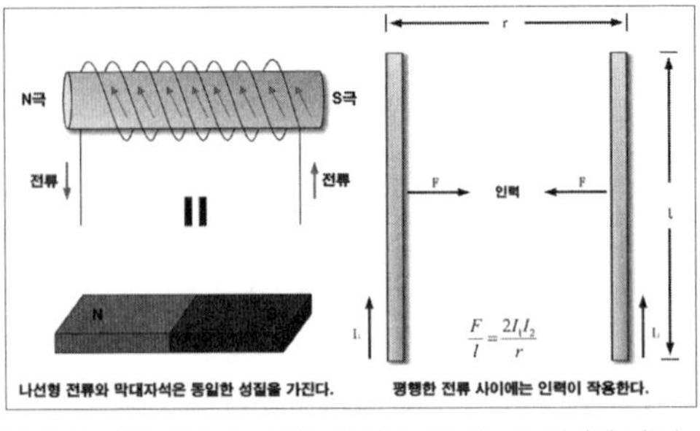

앙페르의 발견 앙페르는 같은 방향으로 흐르는 두 전선의 전류는 서로 끌어당기고(인력), 방향이 반대이면 서로 민다(척력)는 전기적인 현상을 수식을 이용해 증명했다.

이 수식을 바탕으로 앙페르는 1822년 '앙페르의 법칙'을 발표하게 된다. 전류의 실용 단위인 암페어[A]는 전자기학의 기초를 세운 앙페르의 이름에서 유래한다.

자기를 전기로 바꿔라!

19세기 초 외르스테드와 앙페르가 전기와 자기가 서로 밀접한 관련이 있다는 사실을 밝혀냈을 때, 많은 과학자들은 몹시 흥분했다. 그때까지만 해도 전기와 자기는 전혀 다른 현상으로 생각하는 것이 당연하게 여겨지던 시대였다.

패러데이 역시 전기와 자기에 관한 관련성에 깊은 관심을 가지고 있었다. 그는 특히 외르스테드가 발견한 "전류가 도선 주변에 자기장을 만든다"와 앙페르가 수학적으로 입증한 "자기력이 도선 주위에 둥근 형태로 자기효과를 나타낸다"는 이론을 바탕으로 전기와 자기에 관한 실험을 꾸준히 진행했다. 그는 반복된 실험을 통해 그 누구도 생각하지 못한 새로운 발상을 한다.

1822년 패러데이는 자신의 실험 일지에 "자기를 전기로 바꿔라"라고 기록한다. 즉 "전류가 흐를 때 그 주위에 자기장이 생긴다면, 그 반대로 자기장을 변화시키면 전류가 발생할 것이다"라고 생각한 것이다. 이 같은 가설을 입증하기 위해 패러데이는 10여 년 동안 크고 작은 시행착오를 겪으면서 실험을 진행했다. 계속된 실험으로 지쳐갈 무렵인 1831년 8월 29일 마침내 전기와 자기에 대한 베일이 벗겨지기 시작했다.

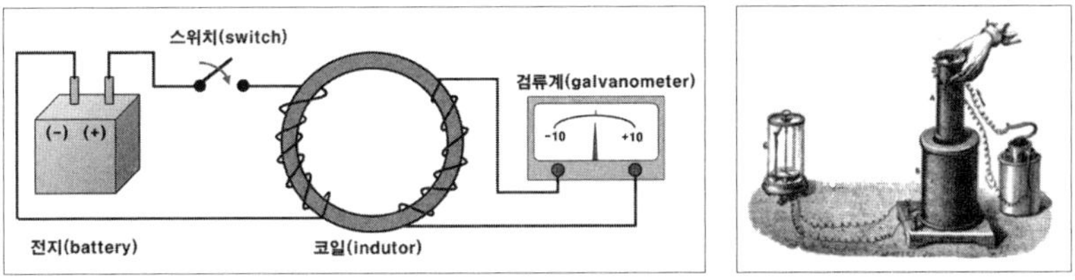

(왼쪽) 패러데이의 전자기유도 현상을 발견한 실험의 개략도. 1차 측 코일의 자속의 변화에 따라 2차 측의 코일에 전류를 유도한다. (오른쪽) 패러데이의 전자기유도 현상을 실험하는 모습을 묘사한 그림

패러데이는 철로 만든 원형 고리에 좌측(1차 회로)과 우측(2차 회로)으로 구분하여 절연된 코일을 각각 감았다. 그리고 각 회로에는 검류계(galvanometer, 전류 측정 계측기), 전지(battery, 회로를 구동하기 위한 전원), 스위치(switch, 회로의 동작과 멈춤을 제어)를 연결한 실험 장치를 완성했다. 이렇게 완성된 장치를 이용해 실험을 시작했다. 먼저 구성된 회로에 스위치를 작동시켰다. 패러데이는 검류계의 바늘이 크게 움직일 것으로 예상했다. 하지만 예상과 달리 검류계의 바늘은 움찔할 뿐 큰 변화가 없었다. 그 후 스위치를 여러 번 작동시켜 보았지만 결과는 검류계의 바늘이 움찔하다가 멈추는 정도였다. 즉 스위치를 열거나 닫는 짧은 순간에만 검류계의 바늘이 움직였던 것이다. 비록 많은 전류가 흐르지는 않았지만, 1차 회로의 코일에 발생한 '자기력'에 의해 2차 회로의 전류가 유도(induction)된 것으로 패러데이는 생각했다.

얼마 후 더욱 정확한 실험을 위해 패러데이는 새로운 실험 장치를 만들게 된다. 실험 장치의 구성은 이러했다. 직선의 철심에 코일을 감은 후 검류계를 연결한다. 그런 다음 코일이 감겨진 철심 양쪽 끝 모서리에 막대자석을 붙여 놓았다. 패러데이는 새로이 제작된 장치를 이용해 실험을 진행했다. 실험은 단순히 철심 양쪽에 막대자석을 강제로 떼거나 붙이고를 반복할 뿐이었다. 그런데 곧이어 놀라운 결과가 발생했다. 막대자석의 단순한 움직임만으로 코일에 연결된 검류계의 바늘이 움직였다. 코일이 감긴 철심과 막대자석 외에는 별도의 전지는 전혀 없었다. 패러데이의 연구노트 한구석에 적혀 있던 '자기(磁氣)를 전기(電氣)로 바꿔라'가 실제로 이루어진 것이다!

그는 보다 정확한 결과를 위해 실험 장치를 또 다시 보완했다. 실험 장치는 속이 빈 원통형 철심에 코일을 감은 후 마찬가지로 검류계를 연결했다. 실험은 속이 비어 있는 원통형 철심 안으로 막대자석을 이용해 넣고 빼내기를 되풀이하면서 진행되었다. 마찬가지로 자기가 전기로 전환되었고, 계량된 실험 장치 덕분에 전기의 발생이 이전보다 더욱 크게 발생되었다. 패러데이는 실험 결과를 종합하여 영구자석과 12인치 크기의 구리 원반을 이용하여 개량한 실험 장치를 만들게 되는데, 기존의 장치와 달리 연속적인 전류까지 발생시킬 수 있었다.

마이클 패러데이는 그 동안의 연구 결과인 전자기유도 법칙(law of electromagnetic induction)을 정리하여 1831년 11월 24일 영국 왕립학회에 논문으로 제출했다.

획기적인 발견에 대해 찬사와 함께 일부 사람들로부터는 부정적인 의미로 "그것이 도대체 무슨 쓸모가 있습니까?"라는 질문을 받기도 한다. 당시 일부 학자들은 패러데이가 발견한 전자기 현상이 전기의 역사를 바꾸어 놓을 만한 것이라는 사실을 전혀 몰랐다. 하지만 패러데이는 이 같은 질문에 흔들림 없이 "그럼 갓 태어난 아기는 무슨 쓸모가 있습니까?"라고 답했다고 한다. 참으로 명쾌한 답변이다. 당시에는 패러데이의 발견이 현대 전기산업의 기초가 되고 인류 문명을 발전시킬 것이라고 누가 상상이나 했을까?

밀당의 고수, 전기

세탁기, 선풍기, 에어컨 등은 우리 주변에서 흔히 볼 수 있는 가전제품들이다. 이들 가전제품에는 공통점이 있는데 모두 전동기(motor)가 사용된다는 점이다. 전동기는 전기적 에너지를 자기장으로 바꾸어 자석과의 밀고 당기는 힘을 발생시켜 회전에너지를 만들어내는 전기기기(electric machinery)이다. 이런 전동기의 힘으로 우리는 매일 아침 지하철을 이용하거나, 엘리베이터를 통해 높은 건물을 편안하게 이용할 수 있게 되었다.

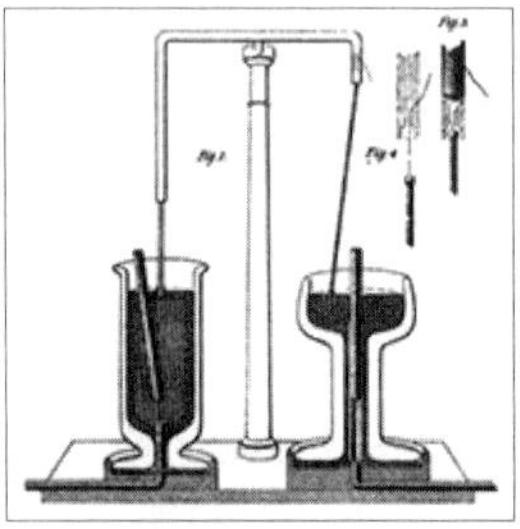

패러데이의 전기자 회전장치(위)와 오늘날의 전동기(아래)

1821년 패러데이는 최초의 전동기를 고안했다. 그는 전류와 자석의 밀고 당기는 힘이 아닌 회전하는 힘에 대해 연구를 하고 있었다. 연구를 위해 실험 장치를 만들었는데, 그 장치가 오늘날 우리가 사용하는 전동기의 원조이다. 당시의 전동기는 지금과는 사뭇 다른 형태를 가지고 있었는데, 패러데이는 다음과 같이 실험 장치를 구성했다. 서로 다른 형태의 투명한 용기에 액체 금속인 수은을 가득 채웠다.

실험 장치의 한쪽(그림의 왼쪽)은 용기의 윗단에 도선을 고정하고, 용기의 안에는 자석이 수은 속에서 자유롭게 움직일 수 있도록 설치했다. 마찬가지로 반대쪽 용기 도선의 윗단은 공중에 매달고 도선의 아랫단은 자석이 고정될 수 있도록 단단히 고정했다. 그런 다음 수은의 하단 전극에는 (+)극, 윗단의 도선에는 (-)극으로 전지를 연결했다. 오른쪽 용기로 예를 들자면, 자석은 전류와 직각 방향으로 돌아가려고 한다. 하지만 아래쪽 끝이 고정되어 있기 때문에 위쪽 끝만 옆으로 빙글빙글 돌아가기 시작한다(왼쪽의 경우 윗 도선이 고정되어 있어서 용기 안에서 자석이 회전하게 된다).

지금 보기에는 단순한 과학실험 장치 같지만 당시 여건에서 이런 엄청난 생각을 해냈다는 것이 경이롭기까지 하다. 패러데이의 회전장치(전동기)가 없었다면 오늘날과 같이 전기의 편리함을 만끽할 수는 없었을 것이다.

패러데이의 회전장치는 곧 많은 사람들의 관심을 끌었다. 증기기관이 아닌 전기만으로 동력을 만들 수 있다는 가능성 때문에 당시 많은 사람들이 전동기에 대한 연구를 시작하게 된 계기가 되었다.

오늘날 전동기는 크게 직류(DC, direct current)를 사용하는 직류 전동기, 교류(AC, alternating current)를 사용하는 교류 전동기로 구분이 된다. 흔히 사용되는 전동기는 자석과 그 사이에는 코일(coil)과 원통 모양의 정류자(commutator) 그리고 브러시(brush)로 구성되어 있다. 전동기의 기본 작동을 위해 전원을 켜면 자석 사이에 있는 코일에 전류가 흐르게 된다. 이때 자석과 코일 사이에는 **플레밍의 왼손 법칙**(Fleming's left hand rule)에 의하여 자기력이 발생하게 되며, 그 힘으로 코일은 회전하는 힘을 얻게 된다.

플레밍의 왼손 법칙
(Fleming's left hand rule)
전류가 흐르고 있는 도선에서 자기장이 미치는 힘의 작용방향을 정하는 법칙이다. 이 법칙을 이용하면 자기장의 방향과 전류가 흐르는 방향을 통해 도선이 받는 힘의 방향을 쉽게 표현이 가능하다. 왼손의 손가락을 이용하여 검지를 자기장의 방향, 중지를 전류의 방향으로 했을 때, 엄지가 가리키는 방향이 도선이 받는 힘의 방향이 되며, 전동기의 원리를 표현하는 법칙 중 하나이다.

하지만 계속해서 일정한 방향으로 전동기를 회전시키기 위해서는 반 바퀴마다 코일에 흐르는 전류의 방향을 바꾸어 주어

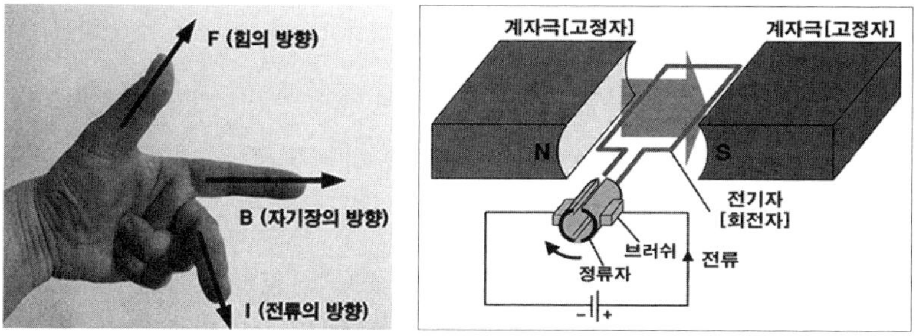

플레밍의 왼손 법칙과 소형 직류 전동기

야만 한다. 이러한 역할을 해주는 부품이 정류자이다. 정류자는 회전축이 반 바퀴 돌 때마다 코일에 흐르는 전류의 방향을 바꾸어주는 역할을 하며, 정류자를 통해 코일은 연속해서 한 방향으로 회전할 수 있다. 브러시는 정류자의 양 옆에 찰싹 고정되어 있으며, 일정한 전기를 공급해 주는 역할을 하는 전동기의 부품이다.

패러데이의 또 하나의 선물, 인덕션 레인지

우리는 먹기 위해 사는가? 아니면 살기 위해 먹는가?

인간이 살아감에 있어서 먹는다는 건 곧 생존과 직결된 본능이다. 그래서인지 요즘 TV 채널을 돌리다 보면 이른바 '먹방' 예능이 자주 등장해 우리들의 식욕을 자극한다. 먹방 예능에서는 한식, 일식, 중식, 양식 등 다양한 요리가 등장한다. 맛있는 요리와 함께 침샘을 자극시키는 마법을 부리는 유명 셰프들이 나와서 싱싱한 식재료를 이용해 지지고 볶고 삶는다. 그런데 자세히 보면 냄비는 열심히 끓고 있지만, 그 주위에는 어떠한 불꽃도 보이지 않는다. TV에 등장에 요리사들은 사실 마술사였을까?

아마 그것은 대부분 인덕션 레인지(induction range)였을 것이다. 인덕션 레인지는 전자유도 가열을 기본원리로 작동하며, 자기(磁氣)에 반응하는 금속 재질의 냄비와 궁합이 잘 맞는다. 인덕션 레인지는 동작 시 발생하는 내부 자기장이 냄비의 금속 성분과 반응하여 순식간에 냄비를 뜨겁게 달구게 된다. 인덕션 레인지의 기본 원리 역시 마이클 패러데이의 '전자기유도 법칙'을 기본으로 하고 있다.

인덕션 레인지는 열효율이 높고, 화재나 화상의 위험이 적어 가스 레인지로부터 머지않아 주방의 왕좌를 넘겨받을 것으로 예상된다. 하지만 유리나 세라믹 재질의 용기를 사용하기 어렵고, 높은 주파수로 냄비를 유도 가열하는 전자파 노이즈가 단점으로 지적된다.

아마 '전자기유도 법칙'을 발견을 했을 당시에는 그 누구도, 심지어 패러데이조차 전기가 주방까지 점령할 줄은 상상도 하지 못했을 것이다.

톡! 과학 공부

6. 직류 vs 교류

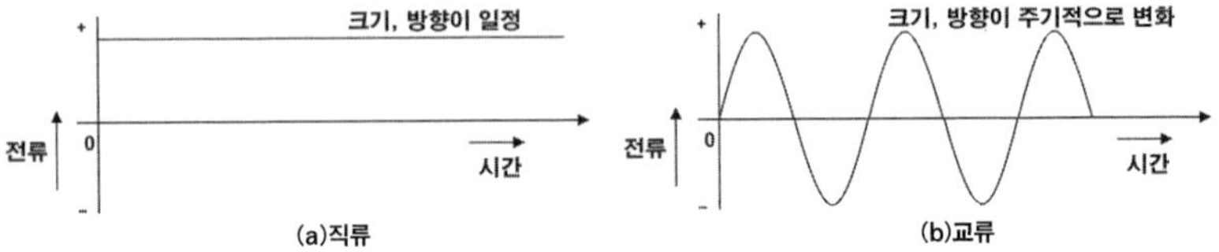

좁은 의미에서의 직류와 교류

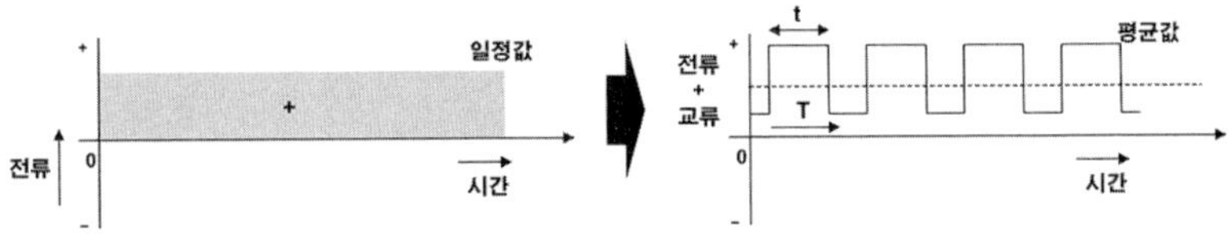

넓은 의미에서의 직류

우리가 주로 사용하고 있는 건전지를 이용하여 부하가 연결된 회로를 구성하면, 전압과 전류는 시간적으로 그 값(크기)이 변하지 않는다. 이를 직류(DC, direct current)라고 한다. 보다 넓은 의미에서 직류는 그림과 같이 직류에 교류성분이 일부 포함되어 있기도 한다. 하지만 흐르는 방향은 일정하여 비록 크기의 변화가 계속 되풀이되는 전압과 전류라 할지라도 직류로 구분할 수 있다. 즉, 직류는 그 자체가 시간적으로 변화하더라도 전압, 전류의 극성(+ 또는 –)이 시간적으로 변화하지 않고 일정하게 한쪽 극성만 발생하는 특성을 갖는다. 그러나 단순히 순수 직류와 달리 교류성분이 포함된 직류의 경우 전압이나 전류를 시간적으로 평균화하여 그 값을 산출해야 한다. 아래의 식은 교류성분이 포함된 직류 값을 산출하기 위한 식이다.

$$평균값 = 최대값 \times \frac{t}{T}$$

가정이나 사무실 벽에서 쉽게 볼 수 있는 콘센트에서는 전압과 전류가 시간에 따라 변화하는데, 이를 교류(AC, alternating current)라고 한다. 직류와 달리 교류는 발생된 전압과 전류의 크기뿐만 아니라 (+)와 (–)극성까지도 시간적으로 변화한다.

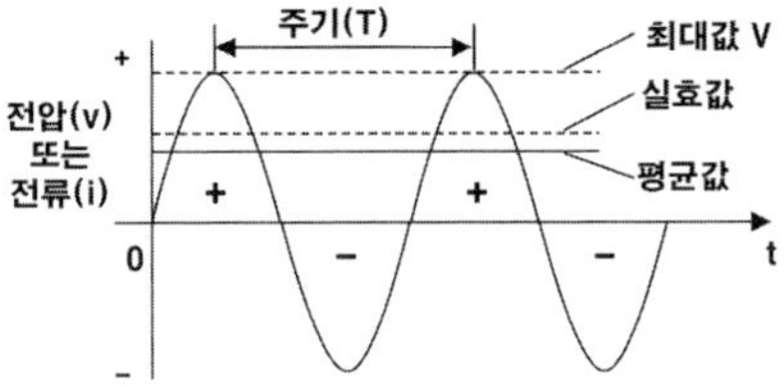

정현파 형태의 교류

교류는 시간적으로 그 크기와 극성이 변화하기 때문에 다양한 형태의 파형으로 구분할 수 있다. 가장 대표적인 교류파형으로는 정현파(sinusoidal wave)를 꼽을 수 있다. 정현파를 기준으로 교류를 살펴보자. 교류에서 발생하는 전압의 전체 크기는 최대 전압 V, 주파수(frequency) f 그리고 시간을 t로 나타내면 아래와 같은 수식으로 표현할 수 있다. 식에서 사용된 주파수 f는 1초 동안 전압과 전류의 극성과 방향이 변화하는 회수를 말한다. 또한 f의 역수는 주기(period)이며, T=1/f로 표현한다.

$$v = V \times \sin 2\pi f \times t$$

현재 우리나라에서 사용되고 있는 교류 전압과 주파수는 220[V], 60[Hz]가 사용되고 있으며, 각 국가별로 전압과 주파수는 차이가 있다. 교류는 그 값이 시간적으로 변하기 때문에 정확한 값을 나타내기 위해 다음과 같은 실효값과 평균값으로 나타낸다.

$$\text{실효값} = \text{최대값} \times \frac{1}{\sqrt{2}}, \quad \text{평균값} = \text{최대값} \times \frac{2}{\pi}$$

발전소에서 생산된 최초의 전기는 교류이다. 발전된 전기는 교류의 형태로 송전과 배전을 통해 각 가정, 사무실, 공장 등으로 공급된다. 오늘날 직류보다 교류가 더 많이 사용되고 있는데, 회전하는 발전기로부터 자연적으로 교류가 발생하며, 발전된 교류를 변압기를 통해 전압을 자유로이 바꾸어 먼 거리까지 전기를 전송할 수 있기 때문이다.

02

발전기의 시대

몇 년 전 한 방송국의 예능 프로그램에서 '전기 없이 살아보기'라는 주제로 멤버들이 각자의 미션을 수행하는 프로그램이 방영된 적이 있었다. 무더운 여름에도 선풍기나 에어컨을 사용할 수 없고, 그나마 전기를 사용하기 위해 자전거와 태양광을 이용해 자가 발전하는 모습도 보였다. 전기 없이 하루를 보내는 멤버들의 좌충우돌하는 모습을 보자니 절로 웃음이 나왔다.

아침에 눈을 뜨고, 저녁에 잠들 때까지 전기는 늘 우리 주위에 존재한다. 우리 생활에서 전기가 없는 곳은 없다. 이렇듯 전기는 인간이 생활하는 데 필수 조건으로 자리잡은 지 오래다. 그렇다면 전기는 어떻게 우리 생활 속 깊이 자리잡게 되었을까?

패러데이의 원판

패러데이는 1831년 자기장의 변화로 전기를 발생할 수 있음을 '전자기유도 법칙'을 통해 증명했다. 이후에도 전기에 대한 열정이 식지 않았던 패러데이는 또 다시 새로운 실험을 계획했다. 그것은 '연속적인 전류'에 관한 생각이었다. 패러데이에게는 늘 그렇듯 이번 실험도 무척이나 흥미롭게 다가왔다.

실험 장치는 두 개의 자석 사이로 구리 원판이 회전할 수 있는 간단한 구조로 설계되었고, 실험은 곧바로 진행되었다. 실험의 결과는 성공적이어서, 실험 장치를 통해 쉽게 연속적인 전류를 발전할 수 있었다. 연속적인 전류는 실험 장치의 자석 사이에 위치한 구리판이 회전할 때 발생했다. 실험 결과는 '전자기유도 법칙' 이후 또 다시 찾아온 큰 발견이었다. 훗날 이 실험 장치는 패러데이의 원판(faraday disk)이라 이름 붙여졌고, 오늘날 발전기(generator)의 시초가 되었다. 패러데이의 발견은 당시 많은 학자들에게 다시 한 번 큰 충격을 선물했고, 이후 개량된 발전기들이 속속 발명되기 시작한다.

패러데이의 원판과 오늘날 대형 발전기 호모폴라 발전기(homopolar generator)라 불리기도 하며, 패러데이가 발명했다. 자석 사이에 위치한 구리판이 회전할 때, 연속적인 전류가 발생한다.

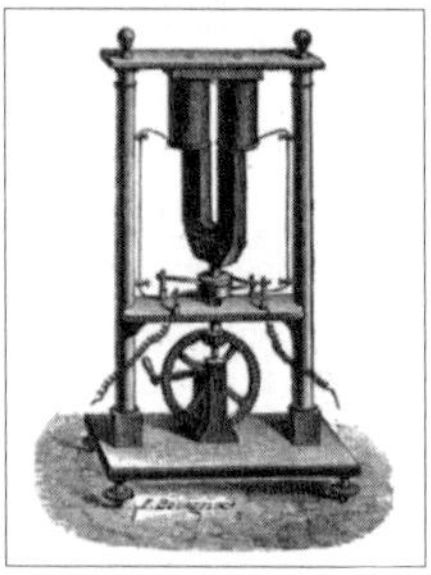

이폴리트 픽시와 발전기

1832년 프랑스의 엔지니어 이폴리트 픽시(Hippolyte Pixii, 1808~1835)는 패러데이가 발명한 발전기와는 사뭇 다른 형태의 발전기를 만들어낸다. 픽시의 발전기는 상단에 연철(soft iron) 재질의 금속 코일이 감겨져 고정되어 있고, 그 아래는 영구 자석(permanent magnet)이 회전판 위에 고정되어 있는 기본 구조를 가지고 있었다. 픽시의 발전기는 회전판 위에 있는 영구 자석이 회전할 때 전류가 발생하는데, 패러데이의 전자기유도의 원리를 기반으로 작동했다.

픽시의 발전기는 독특한 아이디어에 비해 실험 결과는 좋지 않았다. 비교 대상이었던 패러데이의 원판의 경우 일정한 전류가 항상 발생했으나, 픽시의 발전기는 불규칙한 전류를 발생하기 일쑤였다. 그래서인지 주변의 반응은 냉담했고, 아무 쓸모없는 장치로 취급받고 사라졌다.

공학적 소양이 부족했던 픽시는 전류가 일정하지 못한 이유를 알 수 없었다. 자신의 발명품에 대한 애착이 컸던 픽시는 발전기의 문제점을 개선하고자 다양한 해결책을 찾아 나서게 된다. 고민 끝에 픽시는 당시 전기에 관한 연구로 유명한 물리학자 앙페르를 찾아가 자신의 발전기에서 발생하는 문제를 상의했다. 앙페르는 발전기의 출력을 일정하게 유지하기 위해서는 정류자(commutator)를 사용해야 한다고 조언했고, 픽시는 정류자를 발전기의 부품으로 추가했다. 해결책이 적용된 이후 재개된 실험에서는 발전기에서 출력된 전류가 물결치는 듯 보이는 약한 맥동은 있었다. 하지만 전류의 방향은 극성의 변화 없이 일정하게 출력이 유지되어 이전보다는 안정적으로 발전하는 모습을 보여주었다.

축적된 전기에 관한 지식을 바탕으로 픽시는 발전기를 좀 더 개량해 나간다. 이를 위해 영구 자석을 고정하였고, 이미 장착된 정류자에는 브러시를 추가하여 발전기의 성능을 보강했다. 추가된 브러시를 통해 발전된 전류가 외부로 쉽게 출력이 되기 때문에 개량 전보다 전체적인 구조가 한결 단순해지게 되었다. 다양한 시도와 노력 끝에 결국 픽시의 발전기는 패러데이의 원판형 발전기보다 더 안정적인 출력을 발생하는 데 성공하게 된다.

발전(發展)하는 발전기(發電機)

1832년 이폴리트 픽시가 발명한 발전기 이후 좀처럼 눈에 띄는 발전기가 등장하지 않았다. 그러다 보니 발전기에 대한 관심도 사람들로부터 점점 멀어져만 갔다. 그 대신 전신이나 전화기와 같은 유선통신 분야는 빠르게 발전하고 있었다. 하지만 유선통신은 기본적으로 전기를 이용해 통신하기 때문에 전기의 공급이 필수적이었다. 때문에 유선통신 산업이 더욱 활성화되기 위해서는 지속적이고 많은 전력을 공급할 수 있는 발전기가 필요했다. 이러한 배경 속에 픽시 이후 십여 년이 지나서야 발전기는 서서히 발전의 기미를 보이게 된다.

새롭게 개발된 발전기들은 기존의 발전기와 다른 구조로 설계되곤 했다. 새롭게 선보인 발전기는 구조가 간단하고, 높은 전력 효율을 얻기 위해 기존 영구 자석 방식보다 센 자기장을 만들 수 있는 전자석으로 대부분 교체되었다.

이 같은 분위기 속에 1866년 영국의 공학자 헨리 와일드(Henry

와일드의 발전기 1863년 헨리 와일드가 발명한 발전기로 패러데이의 원판보다 많은 전력을 발생하였지만, 구조가 복잡했다.

Wilde, 1833~1919)는 기존에 사용된 발전기보다 크게 성능이 개선된 발전기에 대한 논문 〈전기와 자기에 관한 실험 연구 *Experimental Researches into Electricity and Magnetism*〉를 영국 왕립학회지에 발표하게 된다.

와일드는 처음으로 2단 구조를 가진 발전기를 발명했다. 2단 발전기의 기본 동작은 영구 자석으로 구성된 1단 발전기가 먼저 발전(그림의 상단)하고, 발전된 전류가 전자석 구조를 가진 2단 발전기의 코일에 전달되어 큰 전력을 발생하는 방식이었다. 큰 전력을 발생하기 위해서는 반드시 총 2단계의 발전 방식을 거쳐야 하는 복잡한 발전기였다.

와일드는 복잡한 구조를 가지는 발전기의 이러한 단점을 극복하기 위한 번쩍이는 아이디어를 생각해낸다. 철을 자석에 붙였다가 떼면 자성이 일시적으로 남아 있는 현상에 착안했다. 별도의 외부 전원이 없더라도 발전기가 처음 회전을 할 때 자성이 조금 남아 있게 된다. 그 후 또다시 발전기가 회전을 하면 자기장은 더욱 강해지고, 코일에 흐르는 전류는 늘어난다. 이 과정이 연속적으로 일어나면 발전기는 큰 전력을 쉽게 발생하게 되는 것이다(이러한 방식의 발전기는 스스로 자기장을 만든다고 해서 자여자(自勵磁, self excitation) 방식이라고 부른다).

와일드 발전기는 후에 증기기관이나 수차와 연결되어 보다 효율적으로 전력을 생산하였고, 전기 도금을 위한 전원과 등대의 아크등의 전원으로 응용되곤 했다.

당시 발전기에 대한 열망이 세계 곳곳에서 피어오르고 있었던 것일까? 거의 동시에 1867년 2월 영국의 물리학자 찰스 휘트스톤(Charles

Wheatstone, 1802~1875)과 1867년 1월 독일의 공학자 에른스트 베르너 폰 지멘스(Ernst Werner von Siemens, 1816~1892)가 동일한 자여자 발전기를 발명하게 된다. 지멘스의 경우 단순 발명에 머무르지 않고, 상업용 발전기 개발에 많은 힘을 쏟아 1875년 당시 기준으로는 매우 큰 용량인 5킬로와트의 발전기를 개발한다. 이 같은 상업용 발전기의 발전은 훗날 전력의 상업화가 가능해지는 것을 계기로 전기는 공장의 동력원과 교통수단에 이르기까지 널리 사용되기 시작한다.

기계적 에너지에서 전기적 에너지로

발전기는 기계적인 에너지를 이용해 전기에너지로 변환하는 장치이며, 앙페르 법칙과 패러데이의 법칙을 기본으로 동작을 한다. 또한 전기적 에너지를 이용해 기계적 운동에너지를 발생시키는 전동기와도 유사한 원리를 가지고 있다.

전동기와 마찬가지로 발전기도 크게 2가지 형태로 구분될 수 있다. 직류(DC)를 발전할 수 있는 직류발전기와 교류(AC)를 발전할 수 있는

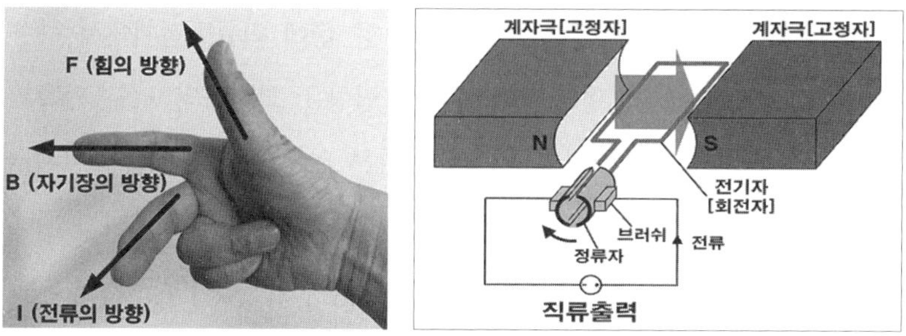

플레밍의 오른손 법칙과 직류 발전기의 구조

교류발전기로 나눌 수 있다. 발전기는 자석과 그 사이에는 코일, 브러시, 정류자, 슬립링(slip ring)으로 구성되어 있다(직류발전기의 경우 브러시가 사용되며, 교류발전기는 슬립링이 사용된다).

플레밍의 오른손 법칙
(Fleming's right-hand rule)
자기장 안에서 도선의 움직임이 있을 때 자기장과 도선이 움직이는 방향으로 유도기전력의 방향이 결정되는 법칙이다. 오른손 엄지는 도선의 운동방향, 검지는 자기장의 방향으로 했을 때, 중지가 가리키는 방향은 유도기전력 또는 유도전류의 방향이 된다. 플레밍의 오른손 법칙을 이용하면 자기장과 도선의 움직임을 알았을 때 유도기전력과 유도전류의 방향이 결정 가능하며, 발전기의 원리와도 관계가 깊은 법칙 중 하나이다.

발전기는 기계적 에너지로 회전하게 되며, 코일에 일정한 전류가 흐르게 된다. 이때 자석과 코일 사이에는 **플레밍의 오른손 법칙**(Fleming's right-hand rule)에 의하여 자기력이 발생하게 된다. 발생된 자기력으로 코일은 회전하는 힘을 얻게 되며, 전력을 발생하는 기본 동작 원리를 가진다.

발전기는 그 종류에 따라 구성된 부품과 동작 원리가 조금씩 다르다. 먼저 직류발전기에 대해 살펴보자. 직류발전기는 자극(magnetic pole)과 자극 사이에 코일 형태의 원통 회전자(rotor)가 위치해 있다. 회전자가 정지된 상태에서는 자기장(magnetic field)은 전혀 발생하지 않는다. 하지만 회전자가 회전하기 시작하면 자기극 사이에는 자기장이 발생하며, 곧이어 기전력(electromotive force)이 회전자에 발생하게 된다. 발생된 기전력은 정류자와 브러시를 통하여 직류 형태의 전류를 발생한다.

간단한 구조의 교류발전기는 회전자의 양 끝에 직류발전기에서 사용했던 정류자 대신 슬립링이 연결된다. 슬립링은 회전자의 코일 왼쪽과 오른쪽에 서로 엇갈린 형태로 연결된다. 다른 위치에 있는 슬립링은 서로 접촉이 안 된 상태로 회전자가 회전할 때 각각 중심에서 회전하게 된다. 각각의 슬립링은 브러시와 접촉하게 되고, 곧이어 기전력이 발생하게 된다. 이후 자기장이 발생하는 발전기 내부의 코일을 회전시킬 때 전류가 발생된다. 이때 코일은 회전하면서 내부에 위치해 있는 영구자석 N극과 S극의 위치를 교차 회전하여, 마침내 발전기는 교류 전력을 발생한다.

똑똑한 전기 스마트그리드

스마트그리드(smart grid)란 무엇일까?

기존의 아날로그 기반의 전력시스템과 디지털 기반의 정보통신기술(ICT, Information and Communication Technology)의 융합을 기반으로 한 전력시스템을 말한다.

구분	기존 전력망	스마트그리드
개념	아날로그/전기·기계적	디지털/지능형
계통 구조	방사형	네트워크형
계통 사고 시 복구	수동복구 가능	자동복구 가능
전기요금	고정 요금	실시간 산정 요금
정보통신	단방향 정보	양방향 정보교류
소비자 선택권	없음	다양한 선택 가능

기존 전력망의 경우 발전소에서 소비자에게 일방적으로 전력을 전달하는 방식을 사용하고 있다. 그러나 스마트그리드의 경우 정보통신 기술을 바탕으로 공급자와 수요자의 전력 수요 정보가 양방향으로 실시간 정보전달이 가능하다. 말하자면 보다 지능형 전력망으로, 불필요한 전력 손실을 줄여 에너지 효율을 최적화할 수 있는 시스템이라고 할 수 있다.

에너지 저장 시스템
(ESS, Energy Storage System
전력 수요가 적은 시간대인 밤에 전력을 저장한 후에 전력 수요가 많은 피크 시간대 낮에 사용할 수 있도록 전력을 일시적으로 저장할 수 있는 장치를 말한다.
스마트 계량기
(AMI, Advanced Metering Infrastructure)
양방향 통신 가능한 디지털 형태의 계량기로, 실시간으로 전력가격 및 사용 정보를 소비자에게 전달 가능하며, 공급자는 수요 예측 및 부하 관리가 가능하게 할 수 있도록 한 지원 장치이다.
에너지 관리 시스템
(EMS, Energy Management System)
최종 소비자에게 고품질의 전력을 안정적으로 공급하기 위해 송전과 배전선로의 전력 운용 상태를 자동으로 감시·분석 및 평가하는 시스템을 말한다.

스마트그리드는 **에너지 저장 시스템**, **스마트 계량기**, **에너지 관리 시스템** 등 지능화 전력 시스템과 함께 신재생 발전시설, 전기자동차를 위한 충전소 그리고 양방향 정보통신기술, 지능형 송·배전 시스템 등을 기반으로 구성이 된다.

우리나라에서는 제주도의 스마트그리드 실증 단지 조성과 함께 상용화하기 위한 다양한 연구가 진행 중이다. 전 세계적으로도 스마트그리드는 핵심 성장 동력으로 생각하고 있어 기술개발 및 상용화에 적극적으로 나서고 있다.

특히 덴마크의 작은 섬 보른홀름에서는 '에디슨 프로젝트(EDISON project)'라는 이름으로 스마트그리드 단지를 조성했다. 보른홀름의 인구는 현재 약 4만 2000여 명에 불과하고 이마저도 줄어드는 추세이다. 또한 최근 이상기후로 주력 산업이었던 어업과 수산물 가공업마저 붕괴되는 등 큰 어려움을 겪고 있다. 경제 상황이 악화되자 에너지 사용도 크게 부담이 되고 말았다. 이런 상황에서 스마트그리드를 활용한 에디슨 프로젝트로 좀 더 효율적으로 에너지를 사용해 보자는 움직임이 시작되었다.

먼저 이 프로젝트는 섬을 돌아다니는 교통수단을 스마트그리드 기술을 활용한 전기차로 바꾸어 보자는 데에서 시작되었다. 여기서 전기자동차에 필요한 전기에너지는 발트 해의 바람을 이용한 풍력발전기를 이용해 발전을 하고 발전된 전력을 스마트그리드로 효율적으로 공급하는 것이다.

프로젝트 이름인 에디슨은 단순히 발명가 에디슨을 기리기 위한 뜻은 아니다. '지속가능한 에너지와 개방형 네트워크를 통한 효율적이고 통합적인 시장의 전기자동차(EDISON : Electric vehicles in a Distributed and Integrated market using Sustainable energy and Open Networks)'라는 의미이기도 하다. 현재 이 프로젝트는 다국적 기업과 손잡고 덴마크 정부에서 대규모 투자를 하였는데, 수산시장 악화와 인구 감소에 큰 어려움 겪고 있는 보른홀름이 스마트그리드의 실험의 장으로 전 세계의 주목을 받고 있다.

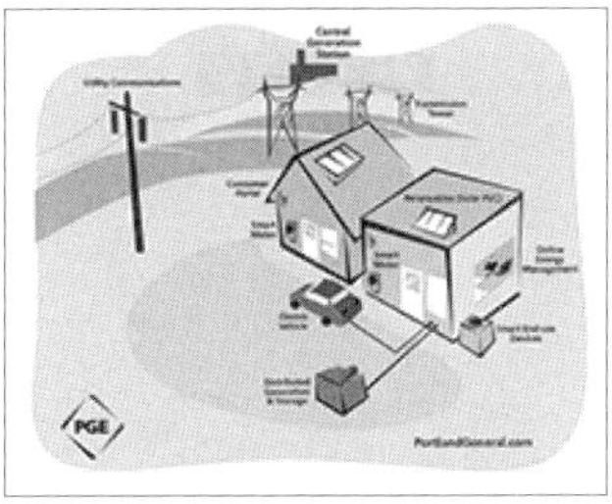
덴마크 보른홀름 섬에서 진행한 에디슨 프로젝트의 예시

이 세상에 '무한한 에너지'란 존재하지 않는다. 뿐만 아니라 현재 사용하고 있는 화석연료를 통한 에너지도 언젠가는 이 지구상에서 모두 사라질 것이다. 하지만 우리에게는 태양, 바람 등과 같은 대자연이 제공하는 '무한 에너지'가 있다. 자연 속 무한 에너지가 진정한 의미의 '무한한 에너지'라고 생각되며, 이러한 관점에서 스마트그리드는 우리에게 시사하는 바가 크다. 앞으로 스마트그리드와 효율적인 에너지 운영 시스템으로 진정한 의미의 무한 에너지 탄생을 기대해 본다.

7. 전기의 힘, 전력

제임스 줄

전력(electric power)이란 무엇인가? 글자 그대로 '전기의 힘'을 뜻한다. 일반적인 금속에 전류가 흐르게 되면, 자유전자가 금속원자와 충돌해서 내부적으로 진동에너지가 발생한다. 발생된 진동에너지는 열에너지로 바뀌면서 금속에서는 열이 발생한다. 금속에서 발생한 열은 자유전자가 열로 되어 소비된 것이다. 즉, 전류가 흐르면 일정한 크기의 에너지가 되는 것이다. 1840년 영국의 물리학자 제임스 프레스콧 줄(James Prescott Joule, 1818~1889)은 이 같은 발열 현상에 대해 다음과 같은 수식으로 증명했다.

수식은 저항 R에 전압이 인가되어 전류 I가 t초간 흘렀다고 하면 발생하는 열량 Q를 나타낸다.

$$Q = I^2 \times R \times t$$

즉, 도체에 전류가 흐를 때, 발생된 열량은 전류의 제곱과 도체의 저항의 곱에 비례한다. 이러한 현상을 제임스 줄의 이름을 따서 '줄의 법칙'(Joule's law)이라고 하며, 열량의 단위로 줄[J]을 쓴다.

전류를 통해 일정한 크기의 발열 에너지가 발생한다는 것은 전류가 일정한 양의 일을 한 것이다. 이러한 관계를 전기적인 관계식으로 정리하면 다음과 같다.

$$P = I^2 \times R \text{ 또는 } P = I \times V$$

여기서 P는 단위 시간 동안 전기기기에 공급되는 전기 에너지이다. 전력의 단위는 단위 시간의 일량 줄[J]/초[s]의 [J/s]이다. 전기공학 분야에서는 이것을 와트[Watt, 기호 W]라는 단위로 쓰고 있다. 전기의 소비량인 전력량[W]는 전력 P와 시간 t의 곱으로 다음 식으로 표현할 수 있다.

$$W = P \times t$$

시간의 단위가 시간[h]당일 때, 와트시[Wh]로 표현하거나 초당일 때는 와트초[Ws]로 단위를 표현한다. 즉, 1와트초[Ws]의 전력량은 1줄[J]의 열량과 동일하다고 할 수 있다.

매달 청구되는 전기요금 고지서를 보면 각 가정이나 사무실 등에서 사용했던 전력 사용량을 [kWh]라는 단위로 표기되어 있는 것을 한번쯤 보았을 것이다. 그리고 전기가 사용되는 모든 기기에는 소비전력이 필수적으로 표기되어 있다. 예를 들어 겨울철에 많이 사용하는 전기난로의 정격 소비전력이 300[W]라 할 때, 한달에 300시간 사용할 경우 전력량을 살펴보자.

$$W = 0.30[kW] \times 300[h] = 90[kWh]$$

계산된 결과를 살펴보면 전기난로만으로 한달에 90[kWh]가 소비되는 것을 알 수 있다. 그리고 이 전기난로에 흐르는 전류도 앞서 살펴본 옴의 법칙을 이용하면 쉽게 알아낼 수가 있다. 우리나라의 배전 전압인 220[V]를 기준으로 잡았을 때,

$$I = \frac{300[W]}{220[V]} = 1.36[A]$$

로 쉽게 알 수 있다.

대부분의 가정 내 전기의 배선은 모두 병렬로 되어 있다. 그렇기 때문에 간단히 각 가전제품의 소비전력을 계산하여 모두 더하면 현재 사용하고 있는 전력의 총량도 쉽게 알 수가 있다.

03

전기와 자기, 그리고 빛의 삼각관계

스마트폰은 우리 생활 속 깊은 곳까지 자리를 잡고 있다. 이 만능 통신기기는 단 한 번의 손가락 터치만으로도 쉽게 정보를 주고받을 수 있다. 스마트폰의 탁월함은 늘 우리의 마음을 설레게 한다.

무선통신의 발달은 라디오나 텔레비전 기술 등을 통해서 알려진 통신 기술과 IT 기술이 융합되어 가능해졌다. 전자기파(electromagnetic radiation)를 통해 무선으로 정보를 주고받게 된 것은 채 150년이 되지 않는다. 전자기파에 대한 이론이 발표되었을 당시만 해도 아무도 오늘날과 같은 발전은 상상하지 못 했다. 그렇다면 전자기파는 어떻게 탄생되었을까?

물리학의 천재, 제임스 클러크 맥스웰

보이지 않는 힘으로 철을 들어 올리는 자석, 그리고 건조한 겨울에 어김없이 나타나는 정전기 즉, 전기(電氣)와 자기(磁氣)는 서로 어떠한 관계가 있을까? 언뜻 보기에는 비슷한 것 같지만 한편으로 전혀 다른 것처럼 보이기도 하고 정말 아리송하다.

1600년대 윌리엄 길버트의 연구 이후 자기와 전기는 전혀 다른 힘이라는 주장이 힘을 얻고 있었다. 이런 주장은 몇 세기에 걸쳐 조금씩 설득력을 잃어갔고 마침내 여러 학자들의 노력으로 전기와 자기는 깊은 연관성이 있다는 것이 증명되었다.

이러한 증명 이후 전기와 자기에 관한 연구는 계속된다. 둘로 나누어졌던 전기와 자기의 법칙을 하나로 통합하고자 하는 움직임이 시작된다. 하지만 보이지도 않는 전기와 자기를 어떻게 통합한다는 말인가? 말처럼 쉽지 않을 것이다.

불가능할 것만 같은 이 작업은 한 천재에 의해 실현되는데, 스코틀랜드 에든버러 출신 물리학자인 제임스 클러크 맥스웰(James Clerk Maxwell, 1831~1879)이다. 맥스웰은 물리학계의 영원한 스타 알베르트 아인슈타인(Albert Einstein 1879~1955)이나 아이작 뉴턴(Isaac Newton, 1642~1727)과 견주어지는 천재적 인물이다. 아인슈타인은 맥스웰 탄생 100주년을 기념하여 "그의 업적은 뉴턴 이후 가장 심원하고 풍성한 물리학의 성과"라고 극찬하기도 했다.

맥스웰은 전기와 자기를 단일한 힘으로 통합해 뉴턴 역학과 함께 과학 발전의 초석을 놓았다.

맥스웰은 패러데이와 동시대 사람이었지만, 성장 과정은 전혀 달랐다. 맥스웰의 아버지 존 클러크 맥스웰(John Clerk Maxwell)의 직업은 변호사였고, 고조 할아버지는 스코틀랜드 재무성 관리였다. 부유한 집안에서 자란 맥스웰은 수학과 물리에 재능을 보였는데, 일찍이 14살 때부터 〈난형곡선에 관한 논문〉이라는, 이름만 들어도 난해한 학술 논문을 발표하기도 했다.

이 논문을 에든버러 대학교 교수였던 제임스 포브스(James Forbes, 포브스는 맥스웰의 아버지 친구이다. 아들의 재능을 눈치 챈 아버지가 친구에게 논문을 보여준 것이다)가 영국 왕립학회에 발표했다. 훗날 맥스웰은 1854년에 케임브리지의 트리니티 칼리지를 졸업하고, 1860년에는 런던 킹스 칼리지의 교수가 되는 등 이후에도 여러 과학 분야에서 뛰어난 연구 업적을 보이며 승승장구한다.

맥스웰의 가장 위대한 성과는 전기와 자기 현상을 하나로 통합하는 기초를 마련한 것이다(패러데이도 전기와 자기를 통합하고자 했지만, 실험적 한계와 수학적 이론의 부족으로 해내지 못했다). 맥스웰은 패러데이가 연구했던 개념들을 확장하고자 했다. 서로 학문적으로 분리되어 있던 전기와 자기의 개념을 실험을 넘어 수학적 이론으로 정리하고자 했던 것이다. 이를 위해 그는 자신이 연구한 논문을 정리하여 패러데이에게 편지를 보내 조언을 구하기도 했다.

1864년 맥스웰은 마침내 전기와 자기를 수학적으로 통합하고 하나의 방정식으로 정리하게 된다. 맥스웰은 카를 프리드리히 가우스(Karl Friedrich Gauss, 1777~1855), 앙드레 마리 앙페르(Andre Marie Ampere, 1775~1836), 마이클 패러데이(Michael Faraday, 1791~1867) 등이 정리했던 전기와 자기에 관한 이론을 수식적으로 통합·정리하여 하나의 방정식으로 나타내게 되는데 이것이 그 유명한 '맥스웰 방정식(Maxwell's equations)'이다. 이 방정식은 전자기학의 기초가 되는 방정식으로 19세기 물리학이 거둔 큰 성과로 높이 평가받고 있다.

맥스웰 방정식은 4개의 방정식으로 이루어져 있다. 여기서 각 방정식이 의미하는 바를 간략히 살펴보자.

전기장에 관한 가우스 법칙 : 전기장은 전하에 의해 만들어 진다.

$$\bigtriangledown \cdot \vec{E} = \frac{\rho}{\epsilon_o}$$

자기장에 관한 가우스 법칙 : 자기장은 시작과 끝이 없다.

$$\bigtriangledown \cdot \vec{B} = 0$$

앙페르 법칙 : 자기장은 전류나 전기장의 변화에 의해 만들어진다.

$$\bigtriangledown \cdot \vec{B} = \mu_o \vec{J} + \mu_o \epsilon_o \frac{\partial \vec{J}}{\partial t}$$

패러데이의 전자기 유도법칙 : 전기장은 자기장의 변화에 의해 만들어진다.

$$\bigtriangledown \cdot \vec{E} = -\frac{\partial \vec{B}}{\partial t}$$

첫 번째와 두 번째 방정식은 가우스의 법칙을 기반으로 정리하였으며, 전기장과 자기장의 특성을 나타내는 방정식이다. 전기장과 자기장에는 일정한 힘과 그에 따른 방향이 존재하는데 이를 전기력선과 자기력선으로 표현한다. 전기장의 경우 전기력선이 (+)전하에서 (-)전하로 이동하는 특성을 가진다. 전류가 흐를 때 도선 주위에 발생하는 자기장의 경우 전기장과 달리 전류가 흐르는 주변에 싸고 돌기 때문에 극성은 없고, N극과 S극에 대한 방향만 존재한다(자석은 이러한 특성 때문에 무한히 잘게 쪼

개진다고 해도 양쪽 끝은 N극과 S극으로 되는 것이다). 전기장과 자기장 고유의 특성을 맥스웰은 미분 방정식으로 수학적으로 정리했다.

세 번째 맥스웰 방정식은 앙페르의 법칙을 일부 수정하여 정리했다. 앙페르가 정리한 법칙의 경우 자기장은 전류가 흐를 때를 제외하고는 생기지 않는다고 했다. 하지만 맥스웰은 전류의 흐름에 상관없이 전기장이 커지거나 작아질 때에도 주변에 자기장이 발생한다는 것을 발견하게 된다. 즉 전류와 전기장은 유사한 역할을 한다는 것이다. 전하의 흐름을 통한 전류와 전기장의 크기의 변화로 발생하는 **변위전류**(displacement current)인 것이다. 맥스웰의 세 번째 방정식은 전류와 전기장의 변화에 따른 자기장의 특성을 나타내고 있다.

변위전류
(displacement current)
실제로 흐르지 않지만 전류가 흐르는 것과 같은 효과가 나타나는 것으로, 전기 회로 일부에 진공, 유전체 등으로 채워진 커패시터가 삽입되는 경우에 나타난다.

맥스웰 방정식의 네 번째는 전기의 혁명을 가져 온 패러데이의 전자기유도 법칙을 기반으로 한 방정식이다. "시간에 따라 변화하는 자기장은 기전력을 발생시키고, 그 기전력의 발생은 전기장이 만들어진 것과 같다." 즉 "자기장의 변화로 전기장을 발생한다"는 것을 나타낸다.

이로써 네 가지로 정리된 맥스웰 방정식으로 인해 서로 다른 힘이라고 생각되었던 전기와 자기는 하나의 학문으로 통합된다. 그리고 전기와 자기의 모든 현상을 이해하고 설명할 수 있게 되었다.

전자기파의 다양한 얼굴

맥스웰 방정식을 통해 전기장과 자기장의 상호작용을 정리한 이후 맥

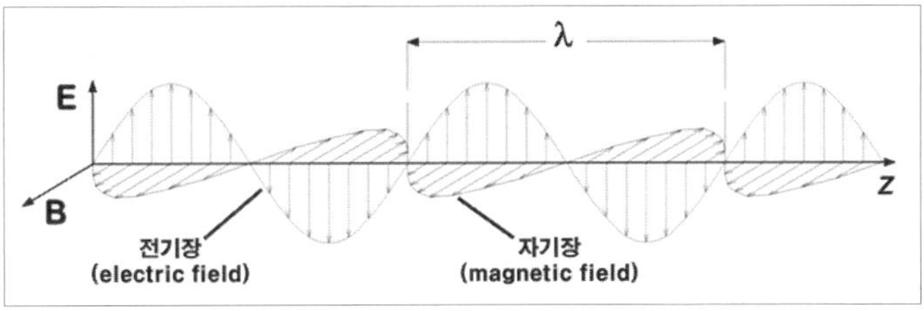

전자기파의 진행상태 전기장과 자기장의 수직 방향으로 빛이 나간다.

스웰은 네 가지 방정식을 이용해 새롭게 전자기파의 파동방정식(wave equation)을 유도한다.

그 결과 전자기파의 속도는 310,740,000[m/s]라고 도출했는데, 놀랍게도 이는 빛의 속도와 흡사한 값이다. 이를 바탕으로 맥스웰은 빛도 전자기파의 일종이라고 생각하게 된다.

변화하는 전기장은 변화하는 자기장을 만들고, 또한 변화하는 자기장은 변화하는 전기장을 만드는 것이 전자기파이다. 이러한 과정은 시간적으로 연속해서 진행되며, 전기장과 자기장이 맞물리는 형태로 다양한 공간으로 뻗어나간다.

전자기파는 시간에 따라 변화할 때 발생하는 **파동**(wave)의 일종인데, 대부분의 경우 파동을 전달하기 위해서는 **매질**(媒質, medium)이 있어야 한다. 즉, 소리의 경우도 공기를 매질로 하여 공기 중에 퍼져나가게 된다. 하지만 전자기파의 경우에는 매질 없이도 전파가 될 수 있는 특성을 가지고 있다(이것은 빛도 마찬가지다). 이 같은 전자기파 파장의 특성을 다음 그림과 같이 '전자기 스펙트럼(electromagnetic spectrum)'으로 배열할 수 있다. '전자기 스펙트럼'의 배열을 살펴보면 파장에 따라 다양한 형태로 변하

파동(wave)
진동이 시·공간을 통해 전달해 나가는 현상 또는 매질을 통해 운동이나 에너지가 전달되는 현상을 말한다.

매질(medium)
어떠한 파동 또는 물리적 작용을 한 곳에서 다른 곳으로 옮겨 주는 매개물.

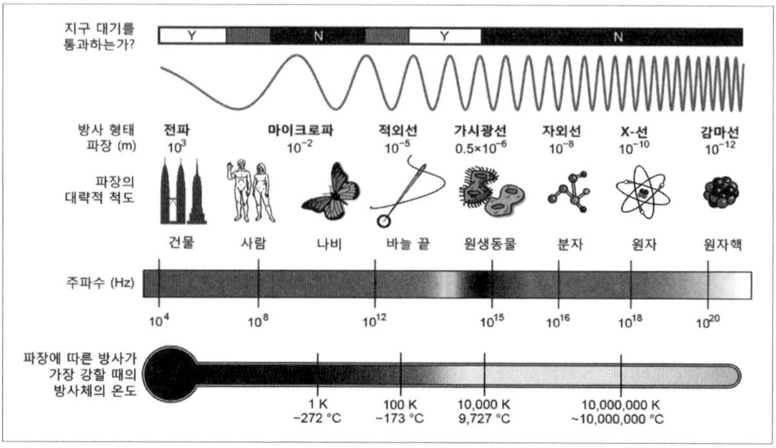

전자기파의 다양한 스펙트럼

는 전자기파를 볼 수 있다.

먼저 우리 눈으로 볼 수 있는 가시광선(visible light) '빛'이다. 빛도 전자기파의 일부분으로 아주 큰 전자기 스펙트럼에서 작은 비율을 차지하고 있다(일반적인 스펙트럼이 가시광선 영역이라면, 전자기 스펙트럼은 보다 넓은 전자기파의 범위에 관한 것이다). 빛에 관련된 파장대에서는 흔히 무지개색이라고 말하는 빨강, 주황, 노랑, 초록, 파랑, 남색, 보라색으로 구분한다. 색깔에 따라 각기 다른 파장대를 가지고 있다. 빨간색으로 갈수록 파장이 길어지고(낮은 에너지를 발생), 보라색으로 갈수록 파장이 짧아진다(높은 에너지를 발생). 이러한 빛은 약 400~700나노미터[nm](1초에 400조~700조 진동) 사이 파장대로 우리의 망막을 통해 뇌로 전달하여 우리가 시각 정보를 인식할 수 있는 것이다. 우리가 인식할 수 있는 전자기파 대역은 가시광선 대역이 유일하다.

하지만 눈으로 보이는 것이 전부는 아니다. 보라색은 가시광선 대역에서 가장 짧은 파장을 가지고 있다. 이 대역에서 한 발짝 넘어가면 인체에 유해한 자외선(UV, ultraviolet rays)이 된다(자외선은 인체에 유해하지만 살균 작용도 강해서 살균 소독에서 유용하다). 점점 파장이 짧아지면 X선(병원에서 X-ray를 찍을 때 사용한다)이고 더욱 더 짧아지면 핵폭발과 관련있는 감마선(gamma ray)이 된다.

이제 반대 방향의 분포를 살펴보자. 빨강보다 파장이 길어지면 적외선(infrared ray)이 된다. 온도가 있는 물체, 즉 열을 가진 물체는 모두 그 열을 적외선으로 방출한다. 이런 원리를 이용한 것이 적외선 카메라이다. 그 다음으로 파장이 점점 더 길어지면 마이크로파(micro wave)와 라디오파(radio wave)로 TV, 라디오, 전자레인지, 스마트폰 등 우리 생활에서 없어서는 안 될 전자제품이 모두 이 파장대역을 사용하고 있다. 이처럼 전자기파는 용도에 따라 이름은 다르지만 우리가 모르는 사이에 생활 속 깊은 곳에까지 늘 존재하고 있는 것이다.

헤르츠, 전자기파를 세상 밖으로 이끌어내다

맥스웰은 어렵게 전자기파에 관한 이론을 완성하여 발표했지만, 학계에서는 한결같이 부정적인 시각으로 바라보았다. 당시 이론은 달랐지만 전자기파에 관한 연구는 독일에서도 진행되고 있었다. 맥스웰은 전자기파는 매질이 없어도 쉽게 전파된다는 이론을 제시했다. 하지만 헬름홀츠(Hermann Ludwig Ferdinand von Helmholtz, 1821~1894)가 중심이 된 독일 학계에서는 터무니없는 이론이라고 일축했다. 그들은 맥스웰과는 다른 형태의 전자기학 이론을 주장했다. 전자기파가 파동이라면, 우주 전체에는 존재가 아직 드러나지 않는 물질, 즉 에테르(ether)가 매질

에테르(ether)
빛의 파동설에서부터 나왔으며, 파동이 진행하기 위해서 필수적으로 있어야 한다고 믿어졌던 매질이다. 이후 맥스웰 등 많은 과학자들이 발전시켜 빛과 전자기 현상을 설명하는 데 주로 사용했다. 하지만 에테르가 존재하지 않음이 밝혀졌다. 에테르 이론은 이후 아인슈타인의 상대성이론이 만들어지는 데 기여했다.

의 역할을 한다고 주장했다. 다른 한편으로는 전자기파는 파동이 아니며, 매질이 필요 없는 원격 작용에 의해 순식간에 전달된다는 가설을 세웠다.

여러 가설이 난무하는 가운데 "전자기파는 어떤 형태이며, 정말로 존재하는가?"에 대해 집중 조명이 되었다. 이런 상황에서 1879년 독일의 베를린 아카데미에서는 전자기 효과를 발견한 사람에게 현상금을 지급하기로 했다(현상금은 헬름홀츠의 제안으로 결정되었다).

전자기파의 존재를 밝혀내기 위해 많은 이들이 도전을 했다. 그 중에는 헬름홀츠 교수의 박사과정 학생인 하인리히 루돌프 헤르츠(Heinrich Rudolf Hertz, 1857~1894년)도 있었는데 당시에는 쉽게 성공하지 못했다. 현상금은 1882년을 끝으로 상금 지급 마감일이 다가왔지만 아무도 전자기파에 대해 증명하지 못했다.

하지만 미궁으로 빠질 것 같았던 전자기파에 대한 실체가 한 사람의 노력으로 1888년 드디어 밝혀지기 시작했다. 그 사람은 헬름홀츠의 제자였던 헤르츠였다. 그는 전자기파의 존재를 확인하지 못한 채 아쉽게 박사학위를 받았고, 졸업 이후 여러 해 동안 계속해서 연구에 매진했다. 그 결과 연구를 시작한 지 9년이라는 긴 시간 끝에 실험에 성공하게 된다.

루돌프 헤르츠 헤르츠는 실험으로 증명된 전자기파의 대해 "전자기파는 아무 쓸모가 없는 것이다"라고 전자파를 부정하기도 했다.

실험을 통해 전자기파에 대한 실체가 명확히 드러났다. 그런데 헤르츠는 맥스웰의 전자기파에 대한 이론을 부정하던 헬름홀츠 학파에 속해 있던 학자였고, 때문에 모든 실험은 그에 따른 이론을 기반으로 진행되었다. 당연히 결과도 헬름홀츠의 이론 기반으로 나올 것으로 예상했다. 하지만 결과는 예상을 크게 빗나가게 되는데, 원격 작용은 어디에서도 볼 수 없었다. 다만 맥스웰이 생전에 주장했던 전자기파에 대한 이론만이 실험으로 증명된 것이다(맥스웰은 1879년 48세의 나이에 사망하게 되어 전자기파 실험에 대한 결과를 확인하지 못했다).

헤르츠는 전자기파에 대한 이론을 증명하기 위해 실험 장치를 고안했다. 실험 장치는 크게 전자기파를 발생하여 수신을 할 수 있도록 발신부와 수신부로 구성되었다. 발신부는 고압을 발생시킬 수 있는 유도코일, 라이덴병(축전지 역할) 그리고 지름이 2센티미터인 금속구를 일정한 간격을 두고 고정했다. 구성된 부품들은 하나의 전기회로로 구성되어 있어 동작시키면 라이덴병과 유도코일의 각각 용량의 비율에 따라 전자기파를 발생하는 장치였다(유도코일과 축전지 역할을 하는 라이덴병이 서로 공진을 발생하여 전자기파를 발생하는 것이다). 수신부는 1밀리미터 두께의 구리선을 구부린 둥근 원 모양이며, 양쪽에는 구리합금으로 만든 소형 금속구를 매달았다. 소형 금속구의 위치는 나사를 이용해 이동할 수 있도록 설계했다.

공진(resonant)
특정 주파수에 에너지가 집중되는 현상이라고 간략하게 정의할 수 있다. 전기적 공진은 인덕터(L)와 커패시터(C)를 통해 발생하는 공진을 말한다. 공진은 특정 에너지가 밀고 당기는 힘이 평형을 이룰 때, 서로 다른 에너지 특성의 주파수가 일치할 때 일어나는 현상이기도 하는데, L과 C값의 조절을 하면 특정 주파수에 대해 선택적 공진을 쉽게 만들어 낼 수 있다.

헤르츠는 완성된 실험 장치를 이용해 실험을 시작했고, 발신부를 작동시켰다. 실험 결과 전자기파는 아무런 전선이 없는데도 허공을 날아 수신부까지 순식간에 이동하게 되고, 순간 둥근 모양의 수신부 안테나에서 전기 불꽃(spark)이 번쩍 하고 피어올랐다.

실험 장치에서 수신부의 둥근 부분이 유도코일 역할을 했고, 간격을 두고 떨어져 있는 금속구가 축전지 역할을 하도록 한 장치였다. 이런 두

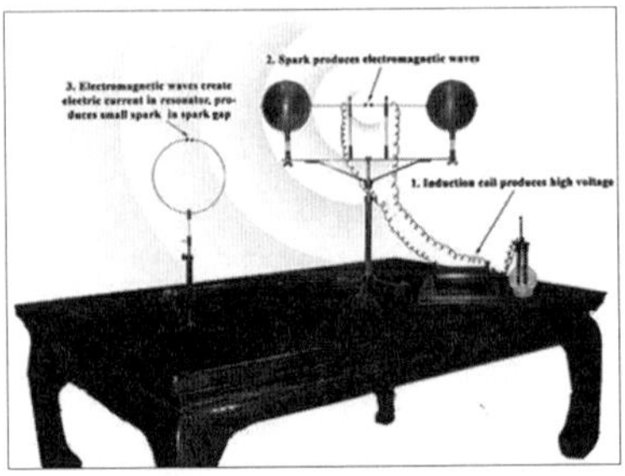

헤르츠의 실험장비 실험 장치는 수신부와 발신부로 구성되어 있으며, 수신부는 라이덴병, 코일, 스위치가 장착되어 있다.

가지 요소가 적절히 결합하여 공진을 발생하였고, 이후 전자기파에 의한 전기 불꽃이 발생한 것이다.

이 실험으로 헬름홀츠 학파인 헤르츠는 인정하고 싶지는 않았지만 본의 아니게 맥스웰이 예측한 전자기파의 실체를 증명하게 되었다.

헤르츠는 이 연구 결과를 정리해 〈전기파 : 전기 작용이 유한한 속도로 전파되는 것에 대한 연구 *Electric Wave : Researches on The Propagation of Electric Action With Finite Velocity Through Space*〉 라는 제목의 논문으로 발표한다(원문은 독일에서 발표되었고, 1893년 영국에서 영어로 번역되어 출판되었다).

하지만 헤르츠는 실험으로 증명된 전자기파에 대해 "전자기파는 아무 쓸모가 없는 것입니다"라고 일축해 버린다. 그의 발언은 맥스웰의 이론에 부정적인 견해를 가지고 있었던 헬름홀츠 학파를 의식한 발언이었는지 본인의 생각인지는 알기 어렵다(1884년에 쓴 헤르츠의 일기를 보면, '저녁에 맥스웰 전자기학에 대해 열심히 연구', '오로지 전자기학' 등 맥스웰 이론에 대한 내용이 언급되기도 하는데 이를 보면 그의 생각을 어느 정도 가늠할 수도 있을 것 같다).

어쨌든 헤르츠는 실험을 통해 전선 없이 공간을 통해 자유롭게 전자기파로 신호를 보낼 수 있는 가능성을 보여준 엄청난 발견을 한 것이다. 하지만 애석하게도 헤르츠는 앞으로 전개될 전자기파의 눈부신 발전을 보지 못하고 37세의 젊은 나이로 세상을 떠났다.

그의 죽음은 많은 과학자들로부터 애도를 받기도 하는데, 물리학자

막스 플랑크(Max Planck, 1858~1947)는 1894년 2월 16일 베를린의 독일 물리학회 모임에서 다음과 같이 그를 위한 추모사를 했다.

"이 발견이 이루어졌다는 소식에 느꼈던 그때의 그 경이롭고도 놀라운 기분을 오늘날에도 기억하지 못하는 과학자가 어디 있겠습니까? (…) 이 모든 일에 대한 증거를 준 것은 너무나 작은 불꽃들이었습니다. 캄캄한 어둠 속에서 돋보기를 쓰고서야 겨우 보일락말락할 정도로 작은 불꽃들 말입니다."

헤르츠는 짧지만 불꽃 같은 인생을 살았고, 그의 이름은 교류의 주기를 나타내는 단위 헤르츠(Hz)로 영원히 남게 되었다.

무선통신의 서막

많은 학자들에게 헤르츠의 전자기파는 상당히 매력적인 분야로 인식되었고, 이를 이용해 새로운 무선통신 방법에 관한 연구가 시작된다. 이러한 분위기를 반영하듯 많은 특허와 발명품이 쏟아져 나오기 시작했다. 그 중 무선통신의 실용화에 크게 성공한 사람은 이탈리아의 공학자 굴리엘모 마르코니(Guglielmo Marconi, 1874~1937)이다.

부유한 집안에서 태어난 마르코니는 아버지가 이탈리아의 대지주였고 어머니는 영국 귀족 출신이었다. 부유한 가정환경을 바탕으로 그는 다양한 교육의 기회를 받았다. 마르코니는 특히 전기공학에 관심을 갖게 되고 주위의 도움으로 맥스웰의 초기 수학적 연구와 헤르츠의 실험 등을 재현해 보기도 했다. 특히 전자기파의 실험에 대해 자세히 기록한 헤르츠의 논문은 마르코니에게 큰 영향을 주어, 긴 전선이 없이도 통신

마르코니는 1901년 영국에서 캐나다까지 약 3500킬로미터 거리의 대륙까지의 무선통신을 최초로 성공시킨다.

이 가능할 것으로 확신하게 된다.

마르코니는 1894년부터 본격적으로 무선통신에 관한 실험을 진행했다. 헤르츠가 사용했던 실험 장치와 유사한 형태를 이용했지만 발신부와 수신부 일부를 개조했다. 발신부는 스위치의 누르는 시간에 따라 전자기파의 길이도 변화되도록 했다. 수신부에는 변화하는 전자기파의 신호를 기록할 수 있는 종이가 있었는데, 수신된 신호의 시간에 따라 점과 선으로 기록되었다. 실험 장치를 보완해 가면서 수차례 실험한 끝에 마르코니는 1895년 마침내 실험에 성공한다. 무려 2.4킬로미터 떨어진 곳까지 무선으로 신호를 발신하고 수신까지 하게 된 것이다. 실험의 결과로 마르코니는 전자기파의 엄청난 잠재력과 상업성을 직감했다.

1896년 마르코니는 무선전신 기술에 대한 특허를 받았으며, 무선전신 기술을 상업적으로 확대 발전시키기 위해 이탈리아 정부에 연구지원 예산을 요청했다. 하지만 기술적인 가치를 판단하지 못한 정부는 그 요청을 거절했다. 여기서 포기하지 않고 마르코니는 어머니의 고국인 영국으로 건너가 마찬가지로 영국 정부에도 예산지원 요청을 했다. 이탈리아와 달리 영국 정부는 무선전신의 가치를 인정하여 적극적으로 지원했다(그 배경에는 당시 영국은 여러 곳에 식민지를 두고 있었기 때문에 우편과 케이블을 통한 전보의 이용이 많았다. 그래서 영국은 보다 효율적인 통

안테나를 실은 연을 이용한 마르코니의 무선통신 실험장치

신 수단을 필요로 했다). 그 덕분에 마르코니는 추가적인 연구를 안정적으로 진행할 수 있었다.

이후 마르코니는 보다 먼 거리의 통신에 성공하게 되는데, 1901년에는 안테나가 탑재된 대형 연을 이용하여 영국에서 캐나다까지 약 3500킬로미터의 먼 거리의 대륙까지 무선통신을 성공시킨다. 이 실험의 결과를 두고 많은 논란이 있었지만, 대륙 간 무선통신이 가능하다는 것을 증명한 공로로 마르코니는 1909년 노벨 물리학상을 수상하는 영광을 누리게 된다.

제4의 공해, 전자파

전자파는 각종 가전제품, 통신기기, 자동차, 전철, 송전탑 등 그 크기와 양에 차이가 있을 뿐 전기와 관련된 모든 기기에서 발생된다. 이러한 전자파는 기계의 오작동을 유발하기도 하고 심지어 암 발생률을 높인다는 보고도 심심치 않게 들리고 있다(아직까지 유해성에 논란과 정확한 메커니즘이 규명되진 않았지만 대체로 '유해하다'는 쪽의 의견이 우세하다). 하지만 전자파가 없다면 무선통신은 물론이고 각종 문명의 이기들을 사용할 수 없을 것이다.

전자파는 전기와 자기가 주기적으로 변화하는 진동이며, 공간으로 퍼져나가는 파동이라고 할 수 있다. 전자파는 전류가 흐르는 곳에는 어김없이 발생한다. 그렇기 때문에 우리가 생활하는 공간 어디에나 전자파가 존재한다. 스마트폰, 전자레인지, 병원에서 사용하는 X-레이 등 모두가 전자파의 발생원이다. 전자파는 짧은 파장 대역에 위치할수록 높은 에너지를 발생한다. 자외선이 피부암을 유발한다거나 방사선에 노출되면 인체에 심각한 해를 끼친다는 이야기는 학계나 언론에서 자주 언급되고 있어 많은 이들이 그 심각성을 알고 있다.

전자파는 주파수 대역이 높을수록 위험도 높아진다(그렇다고 주파수가 낮은 대역의 전자파가 안전한 것은 아니다). 흔히 말하는 전자파 장애나 전자파 공해는 일상에서 사용되는 낮은 주파수를 말하는 경우가 많다. 스마트폰을 비롯한 무선통신기기의 경우 전자파를 필수적으로 사용해야 한다. 하지만 그 외 전기·전자 기기도 전류가 흐르는 한 의도치 않게 전자파가 발생한다.

전자파는 고압선로 주변을 비롯해 우리 가정에서 사용하는 교류전원에서도 60헤르츠 저주파 성분이 발생한다. 또한 가정에서 사용하는 가전제품인 전기장판, 전기다리미, 텔레비전, 공기청정기, 전자레인지(전자레인지의 경우 약 2.45기가헤르츠의 마이크로파로 상당히 높은 주파수를 사용한다) 등 생활에서 흔히 사용하는 가전제품들 모두 전자파를 발생한다.

전자파의 유해성 때문에 대부분의 전기·전자 제품, 자동차 등은 시장에 출시하기 전 전자파에 대한 강제 인증시험 절차를 거쳐야 한다. 때문에 전자파 인증이 완료된 제품을 사용하는 것이 좀 더 안전하다(UN 산하 국제암연구기구(IARC)는 1999년에 전자파를 발암인자 2등급으로 분류했다. 즉, '발암 가능성이 있는 물질'로 규정한 것이다).

우리 주변에서도 전자파 장애를 쉽게 볼 수 있다. 텔레비전을 켜놓은 채 헤어드라이어나 진공청소기를 작동할 때 가끔 화면이 출렁거리는 모습을 본 적이 있을 것이다. 이는 헤어드라이어나 진공청소기의 전자파 장애에서 비롯된 것이다. 일상생활에서 흔히 볼 수 있는 소소한 전자파 장애 외에 일본에서는 과거 큰 사고가 발생한 적이 있다. 1984년과

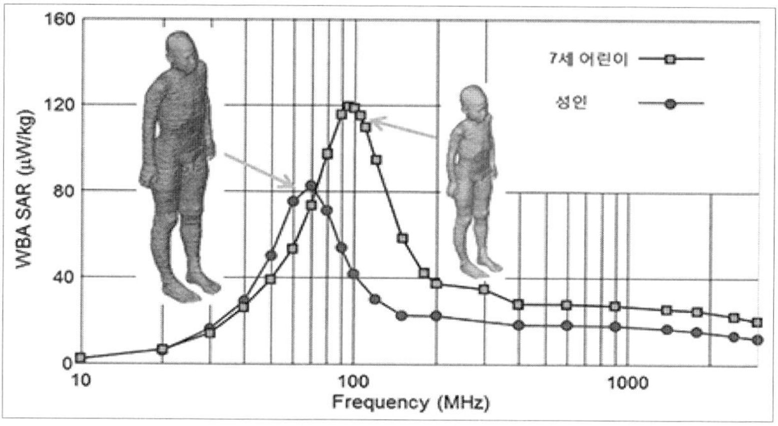

어린이에 대한 전자파 인체보호 기준의 적합성 연구결과로 10[MHz]~3[GHz] 주파수 범위에서 7세 어린이와 성인의 전신 평균 전자파 흡수율을 비교한 그래프. 연구 결과에 따르면 성인에 비해 어린이가 특정 주파수 범위에서 전자파가 더 높게 흡수되는 것으로 조사되었다. 〈출처: 연구명 '어린이에 대한 전자파 인체보호 기준의 적합성 연구', 연구기관(주관) ETRI, (공동) 한국전자파학회, ETRI 보도자료, 2012.5.21.〉

1991년에 열차끼리 충돌하여 수십 명의 소중한 생명을 앗아간 사고도 전자파 장애로 발생했다. 이 사고는 인근의 전자오락실에서 발생한 전자파 때문에 열차를 제어하는 무선 조종 컴퓨터가 오작동하여 대형 참사로 이어진 것이다. 그 외 세계 각국에서 전자파로 인한 사건 사고가 심심치 않게 보고되고 있어 이에 관련한 대책이 필요하다.

전자파로부터 자유로워지려면

그렇다면 공공의 적인 유해 전자파로부터 우리는 자유로워질 수는 없을까? 극단적이긴 하지만 방법은 있다. 전자기기를 모두 버리거나 산간오지로 피신하는 것이다. 하지만 정작 실행에 옮기는 사람은 많지는 않을 것이다.

전자파를 막기 위해서는 전기장과 자기장에 대해 각각 다른 대책이 필요하다. 전기장의 경우 도체를 가까이 해 접지시키면 노이즈 성분이 땅으로 흘러 사라지게 된다. 그리고 사람이 전기장 내에 위치할 경우 전기장은 몸 표면을 통해서 땅으로 빠져나간다. 때문에 전자파 장애를 완화시킬 수 있다. 또한 전기·전자 기기의 경우 전기장이 발생한 부위를 도전성(electro-conductive) 소재인 구리박, 알루미늄박, 철판 등을 이용해 감싸면 차폐가 가능하다. 하지만 자기장은 도전성 소재를 이용한 차폐가 어렵다. 이는 전기장과 달리 자기장은 도전성 소재 물질을 그대로 통과하기 때문이다. 자기장은 거리에 따라 급격히 약해지는 성질을 가지고 있어 고압선로 주변에서도 50미터 이상 떨어지면 자기장의 세기가 떨어지며, 가정용 전기전자 기기의 경우에도 50센티미터만 떨어지면 자기장이 약해진다.

자기장 차폐를 위해서는 근본적으로 초기 제품 설계부터 자기장을 상쇄할 수 있는 구조로 설계되어야 한다. 전자파 발생 구조와 반대 극성을 주는 상쇄장치로 보강하거나 그 외 특수 합금으로 밀폐시키는 방법이 있다. 하지만 이러한 방지책을 이용할 경우 생산제품의 제작 단가가 올라간다는 단점이 발생하여 적용에 걸림돌로 작용하고 있다.

그렇다면 우리 생활 속에서 전자파의 영향을 줄일 수 있는 방법에는 무엇이 있을까? 텔레비전이나 컴퓨터 주변에 선인장 화분을 놓아두면 전자파 흡수에 도움을 준다는 속설을 한번쯤 들어 보았을 것이다. 이는 잎이 많은 식물과 선인장의 경우 수분 함량이 많아 전자파 흡수에 도움을 줄 수는 있을 것이다. 하지만 전자파 차단을 위해서는 해당 전기·전자 기기를 완전히 둘러싸야 한다(그렇게 되면 텔레비전이나 컴퓨터 모니터의 화면을 볼 수 없게 된다). 또한 텔레비전이나 컴퓨터 주변에 10원짜리 동전을 붙여놓는 경우가 있는데, 이는 전자파 차단에 아무런 도움이 되지 않는다. 우리의 생활공간에서 전자파를 간단히 줄일 수 있는 방법을 다음과 같이 정리했다. 완전히 줄이기는 어렵지만 돈이 들어가는 것이 아니니 한번쯤 실천해 보아도 좋을 것이다.

1. 전기·전자 기기를 쓰지 않을 때는 꼭 플러그를 뽑아둔다.
2. 텔레비전은 1.5미터 이상 떨어져 시청한다.
3. 휴대전화를 사용할 때는 가능하면 머리에 대지 않고 이어폰이나 스피커폰을 이용한다.
4. 전자레인지를 사용할 때는 1미터 이상 떨어져서 사용하며, 작동 중에는 내부를 들여다보지 않는다.
5. 전자제품은 침대나 침구 주위에 두지 않고 가능한 멀리 놓아둔다.
6. 전력 소모량이 많아 비교적 강한 전자파가 나오는 가습기나 공기청정기는 가급적 집안에서 구석진 곳에 놓아 사용한다.
7. 지하철이나 전철을 탈 때 고압선로에서 되도록 멀리 떨어진다.

8. 전기회로란 무엇인가?

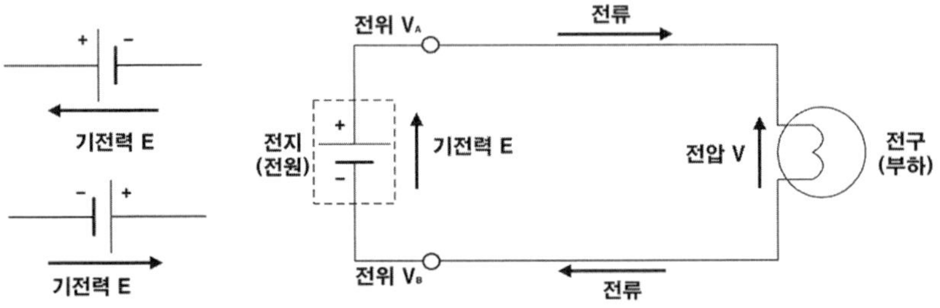

기본적인 전기회로

전지(직류)처럼 연속해서 기전력을 발생할 수 있어 전류를 흘리는 원동력이 되는 것을 전원(power source)이라고 한다. 우리 주위에는 전지 외에도 발전기, 콘센트 등 다양한 형태의 전원을 볼 수 있다.

가령 전지의 경우 왼쪽 그림과 같은 공통적인 기호로 표시하며, 그림과 같이 긴 선이 (+)극성을, 짧은 선이 (−)극성을 나타낸다. 여기서 화살표는 기전력 E의 방향을 표시한다. 오른쪽 그림과 같이 전지와 도선을 이용해 전구를 연결하면 전류가 연속해서 흐르게 되고 전구는 빛나게 된다. 이와 같이, 전원으로부터 전기를 공급받아 동작하는 전구처럼 전기를 소비하는 대상을 모두 부하(load)라고 표현한다.

이때, 전류는 전지의 (+)극에서 흘러 나와 부하를 거쳐 전지의 (−)극으로 들어가는 흐름의 구조를 갖는다. 이러한 동작은 전지의 용량이 모두 소비될 때까지 (+)극에서 (−)극 방향으로 연속해서 전류가 이동한다.

이렇게 그림과 같이 전원과 부하를 연결하여 전류의 통로를 만드는 것을 전기회로(electric circuit) 또는 줄여서 회로라고 부른다. 전기회로는 그림과 같이 간단히 구성하기도 하지만, 대부분의 회로는 일정한 전기적인 특성을 얻기 위해 저항(resistor), 커패시터, 인덕터(inductor), 스위치(switch) 등의 많은 전기부품으로 이루어진다. 그리고 이러한 부품들은 도선이나 PCB(printed circuit board)를 통해 연결된 회로로 구성된다. 전기회로와 거의 동일한 것으로 전자회로(electronic circuit)가 있다. 전자회로는 다이오드(diode), 트랜지스터(transistor), 연산증폭기(OP-Amp, operational amplifier) 등의 능동소자(active component)를 주로 사용하여 회로가 구성된다.

전기회로와 전자회로는 사용하는 부품에도 차이가 있지만, 사용하는 전압에도 차이가 있다. 일반적인 전기회로에서는 수백 볼트 이상의 높은 전압을 구성하지만 전자회로는 수십 볼트 정도이다. 이러한 회로를 사람의 인체에 비유하자면 전기회로는 혈관으로 우리 몸 구석구석 혈액을 공급하고, 전자회로는 신경으로 우리 몸 구석구석을 제어한다고 이해하면 쉬울 것이다. 여기서 전기회로나 전자회로에서 가장 기본적으로 사용하고 있는 회로부품인 저항, 커패시터, 인덕터에 대해 살펴보자.

1. 저항이란?

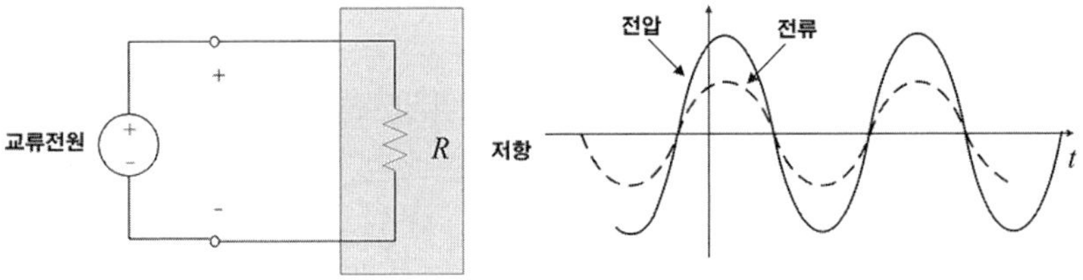

교류에 대한 저항의 특성

저항은 전기의 흐름을 방해하려는 성질을 가지고 있는 부품으로, 전류를 제한하거나 전압이나 전류를 분할하는 작용을 한다. 지구상에 존재하는 물질들은 자유전자의 이동에 따라 전기적인 성질을 가진다. 자유전자가 물질 내부를 이동할 때, 물질을 구성하고 있는 원자에 의해 흐름을 방해받게 된다. 이렇게 자유전자의 흐름을 제한하는 것이 곧, 저항이다.

저항이 작으면 전류는 보다 잘 흐를 수 있다. 구리, 알루미늄과 같은 금속은 비교적 자유전자가 쉽게 이동할 수 있는 물질이기 때문에 전기저항이 매우 작다. 이러한 물질을 도체(conductor)라고 하며, 전기를 대량으로 공급하는 송전과 배선의 전선으로 주로 사용된다.

저항은 기호로는 R로 표시하고 단위 기호로는 옴[Ω]으로 표시한다. 회로도에서 그림과 같이 기호를 사용하며, 실제 회로에서는 용도와 용량에 따라 그림과 같은 다양한 형태의 저항을 사용한다.

2. 커패시터란?

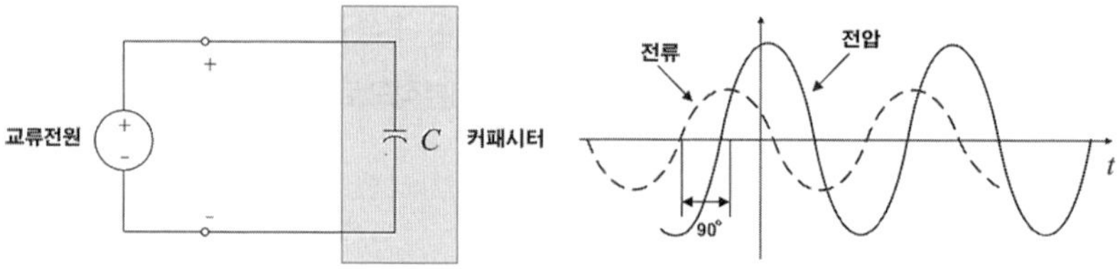

교류에 대한 커패시터의 특성
커패시터는 전압에 대해 전류가 90도 위상이 앞서는 특성을 보인다.

커패시터(capacitor)는 전류를 저장하고 그 저장된 전류를 방출하는 소자이다. 일반적으로 구성된 회로에서 전자의 흐름을 제어하거나 흐름의 안정화가 필요할 때 사용된다. 커패시터는 2장의 금속판을 서로 마주보게 평행으로 놓고 그 사이에 유전체를 끼운 형태의 기본구조를 가진다. 전하를 축적하는 작용을 하며, 커패시터의 크기를 정전용량(electrostatic capacity)이라고 한다. 단위는 전기의 아버지로 불리는 마이클 패러데이(Michael Faraday)의 이름에서 따온 것으로 패럿(Farad, 기호 F)이라 하며, 회로에서 기호는 그림과 같다.

일반적으로 사용되는 정전용량은 마이크로 패럿[μF]이나 피코 패럿[pF]의 단위로 사용되고 있다. 참고로 전기공학에서 말하는 정전용량을 커패시터 또는 콘덴서(condensor)라고 부르는데, 여기서 콘덴서라는 표현은 일본식 표현이며, 커패시터는 영어권 표현이다.

3. 인덕터란?

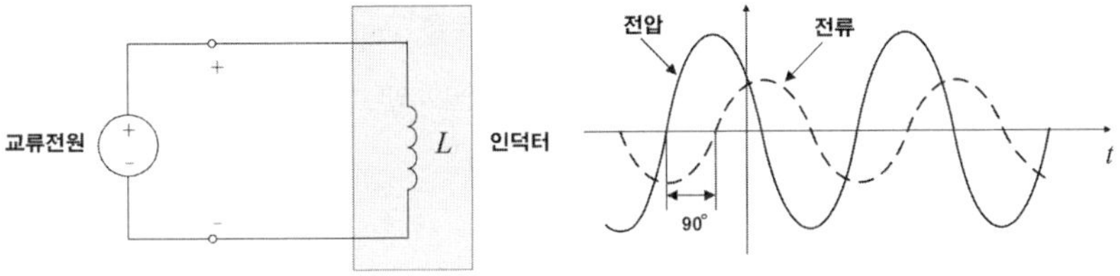

교류에 대한 인덕터의 특성
인덕터는 전압에 대해 전류가 90도 위상이 뒤처지는 특성을 보인다.

인덕터(inductor)란 도선을 원통 모양으로 감은 것으로, 생김새는 용수철과 비슷하다. 회로 기호로는 그림과 같으며, 단위는 미국의 물리학자 조셉 헨리(Joseph Henry, 1797~1878)의 이름을 따서 헨리[H]가 사용된다. 도선을 많이 감을수록 코일의 성질이 강해지며, 헨리의 값도 커지게 된다. 코일은 내부에 아무것도 넣지 않은 공심보다 자기 철심(magnetic core)에 권선을 감는 것이 보다 큰 헨리 값을 얻을 수 있다.

코일의 경우 직류전류를 흘리면 일반 도체에 전류가 흐르는 것과 마찬가지로 자유롭게 전류가 흐르기 시작한다. 하지만 코일의 경우 초기에 과도전류(transient current)가 발생하게 되는데 이로 인하여 실제 전류가 흐르기까지 약간의 지연이 생긴다. 그리고 교류전류가 흐르면 코일 주변으로 자계가 발생하게 된다.

교류의 경우 시간적으로 극성이 변화하기 때문에 발생하는 자계 방향도 주기에 따라 변한다. 코일은 내부의 전류 변화를 억제하려는 특성을 가지고 있다. 전류가 흐르고자 하면 코일은 전류를 흘리지 않으려 한다. 그와 반대로 전류가 감소하면 계속 흐르게 하려는 성질이 있다. 이 성질을 이용해 커패시터와 코일이 조합되어 교류에서 직류로 변환하는 전원의 평활회로에 사용되고 있다.

코일에 교류전류가 흐른 경우, 코일에 발생하는 자속은 변화한다. 이때 전류가 흐르는 코일에 다른 코일을 가까이 하면, 상호유도작용(mutual Induction)에 의해서 가까이 한 코일에 교류전압이 발생한다. 상호유도작용의 정도를 상호 인덕턴스로 표시하며, 단위 헨리[H]로 나타낸다. 이러한 특성을 이용한 것이 변압기(transformer)인데, 변압기의 1차측 코일과 2차측 코일이 인접해 있으면 한쪽 코일의 전력을 다른 쪽 코일에 전달 가능하다. 코일의 전압과 전류 특성은 그림과 같으며, 코일에 흐르는 전류의 변화는 전압의 변화보다도 위상이 90° 뒤져서 흐르는 것을 볼 수 있다.

코일과 커패시터의 특성을 살펴보면 전기적으로 반대의 성질이 있다는 것을 알 수 있다. 그렇기 때문에 코일과 커패시터를 서로 조합하여 회로를 구성하면, 전압과 전류 간의 위상을 임의로 조절이 가능해 필터(filter)회로나 공진(resonance)회로로 응용이 가능하다.

04

인간, 어둠을 지배하다

"1887년 어느 저녁, 작은 불씨 하나가 공중에서 깜빡깜빡하더니 순식간에 어둠은 사라지고 주위는 대낮처럼 밝아진다."

마침내 우리나라 최초로 경복궁 건청궁에 설치된 전등에 밝은 빛이 들어왔다.

전등이 보급된 이래로 동서양 할 것 없이 전기 조명은 발전을 거듭했다. 그리고 어두운 밤에도 전등불 아래에서는 다양한 활동을 할 수 있게 되었다. 전등의 발명으로 낮과 밤의 구분이 없어지고, 대낮 같은 시간이 더욱 늘어나게 된 것이다. 또한 과거와 달리 인간의 노동과 활동의 시간을 확장시키는 등 엄청난 파급 효과를 가져왔다. 전기 조명은 어떻게 해서 우리 주위를 하염없이 밝히게 되었을까?

조명이 가져다준 변화

조명의 역사는 수백만 년 전 원시시대로 거슬러 올라간다. 원시 지구의 땅에는 번개가 꾸준히 내리치고 있었다. 번개는 원시인들에게는 늘 두려움의 대상이기도 했고, 때로는 번쩍하는 섬광으로 일순간 대낮처럼 밝아지는 광경은 신비의 대상이 되기도 했다.

일상생활에서 전기를 이용하여 불을 사용한 최초의 종족은 180만 년 전 아프리카에서 살았던 호모 하빌리스(homo habilis)였다. 이들이 불을 만드는 방법은 무척이나 단순하고도 인내심이 필요한 작업이었는데, 나무에 번개가 칠 때까지 무작정 기다리는 것이었다. 예측은 할 수 없었지만 운 좋게 번개가 내리쳐서 불이 붙으면 꺼지지 않도록 소중하게 보관하곤 했다.

자연적으로 발생한 전기를 이용해 그들은 음식을 요리하고, 사나운 짐승들로부터 종족을 보호할 수 있었다. 뿐만 아니라 불은 사람들을 한 장소에 모으는 역할을 하여, 부락을 형성하고 상호간에 의사소통을 활발히 하는 문화 형성을 촉진시켰다. 이후 조명은 원시적인 발달을 거듭해 동물이나 식물에서 추출한 기름을 이용한 램프와 양초가 곳곳에 사용되었다.

18세기에 이르러 영국에서는 기술혁신으로 산업혁명이 일어났다. 대규모 공장들이 속속 들어서게 되고, 자본가들은 더 많은 이익을 위해 대량생산 체계를 구축하기 시작했다. 생산량을 높이기 위한 자본가들의 욕망에 의해 힘없는 노동자들은 야간에도 쉬지 못 하고 일을 해야만 했다. 당시 야간에 주로 사용된 조명장치는 가스등이었다. 석탄가스를 연료로 사용하는 가스등을 실용화한 사람은 영국의 발명가 윌리엄 머독

(William Murdock, 1754~1839)이었다(그는 가스등뿐만 아니라 증기기관을 개량하여 증기기관차의 모형을 처음 만들기도 했다).

1789년 영국 런던에서 가스등이 사업화되었고, 1820년에는 프랑스 파리에도 가스 가로등이 보급되었다. 그로부터 20여 년 후인 1848년에는 대서양을 넘어 미국의 백악관에까지 가스등의 빛이 밝혀진다(당시 미국에서 400개 이상의 가스등 회사가 있었을 만큼 상당히 인기가 좋았다). 가스등은 빠르게 보급되었는데, 당시 주로 사용하던 촛불이나, 등유를 이용한 조명보다 저렴해서 인기가 좋았다. 그런가 하면 가스등은 밤이나 어두운 곳에서도 쉽게 독서를 할 수 있어 상류층의 독서 인구가 늘어 19세기의 문학 발전에도 이바지했다. 하지만 밝고 빛나는 곳 뒤에는 언제나 어두움이 있게 마련이어서 공장 노동자들은 근무시간이 연장돼 더 힘겨운 삶을 살아야만 했다.

가스등에도 단점이 있었는데 불빛이 어둡고 화재 등과 같은 사고의 위험이 늘 존재하고 있었다. 그래서 사람들은 보다 밝고 편리한 조명을 원했다. 이러한 시장의 요구 속에 얼마 후 새로운 형태의 조명이 등장하게 되는데 그것은 최초의 전구라 할 수 있는 아크등(arc lamp)이다.

아크등은 마이클 패러데이의 스승이었던 험프리 데이비(Humphry Davy, 1778~1829)가 1808년 발견했다. 데이비는 탄소에 전류를 흘리면 그 중간에 아크 불꽃이 일어나서 강한 빛이 발생하는 것을 발견했고, 이를 전구 형태로 발명한 것이다. 아크등의 밝기는 실로 엄청 나서, 촛불 4천 개에 해당하는 강력한 밝기를 내뿜었다. 데이비가 발명한 아크등은 미국과 유럽 등지에서 시험 설치되었다. 특히 파리의 콩코드 광장에서 많은 수의 아크등을 점등하기 위해 2천여 개의 전지가 연일 사용되었다. 하지만 아크등은 너무나 밝고 수명이 짧았기 때문에 실용화의 한계

조지프 스완은 에디슨보다 20년이나 앞선 1860년에 전등을 발명했지만 실용화에는 성공하지 못했다.

에 부딪히게 된다. 이후 여러 사람들이 아크등의 성능, 수명 등을 개선하고자 했지만, 쉽게 문제를 해결할 수는 없었다.

가스등과 아크등은 불안정한 조명으로 평가 받았지만 그 인기는 여전했다. 그러나 언젠간 그 위세를 잠재울 새로운 조명의 불빛이 희미하게 빛나고 있었다. 잠재력이 강한 그 빛은 바로 백열등(incandescent lamp)이었다. 백열등의 잠재력은 많은 이들의 호기심을 자극하기 충분했다. 1840년 영국의 천문학자이자 화학자인 워런 드 라 뤼(Warren De la Rue, 1815~1889)는 밀폐된 유리관 속에 플래티늄 코일을 넣어 백열등 제조를 시도했다. 그리고 다음해인 1841년 8월 21일 영국의 프레더릭 드 몰레인(Frederick de Moleyns)이 최초로 백열등에 관한 특허를 취득하게 된다.

그런데 최초의 백열등의 발명자는 흔히 우리가 알고 있는 상식과는 다르다. 백열등은 1860년 영국의 물리학자이자 화학자인 조지프 스완(Joseph Wilson Swan, 1828~1914)이 에디슨보다 20년이나 앞서 개발을 했다. 스완은 유리구 안에 종이와 탄소가 잘 섞어진 필라멘트(filament)를 만들어 장착하고, 전류를 흘려보내 빛을 발생하는 방식의 백열등을 제작했다. 필라멘트는 고유의 전기저항을 가지고 있었는데, 전류가 흐르면 저항 성분을 통해 전기에너지가 열에너지로 바뀌어 온화한 빛을 뿜었다. 하지만 그가 발명한 백열등에는 심각한 결함이 있었는데, 뜨거운 열 때문에 필라멘트가 쉽게 타버린다는 점이었다.

조지프 스완의 백열등은 20년이 지난 후에도 그닥 개선되지 않았다.

대부분의 사람들은 불가능하다는 말만 되풀이했고, 곧 기술적 한계에 부딪히게 된다.

에디슨! 에디슨! 에디슨!

"백열전등을 발명한 사람은 누구?"라고 묻는다면 우리는 조건반사처럼 '에디슨(Thomas Alva Edison, 1847~1931)'이란 이름을 입 밖으로 내보낼 것이다. 어린 시절 만난 여러 위인들 중에서도 발명왕 에디슨의 이야기는 압권이었다. 그의 이름을 접하지 않고 유년 시절을 보내기란 거의 불가능할 지경이었다. 특히 에디슨의 유년시절의 일화는 어린이들 사이에서는 하나의 신화처럼 되어 있다. 달걀을 직접 품어 부화를 시도했다는 엉뚱한 모습, 기차에서 신문을 팔고(때로는 직접 만들기도 했다), 기차 한켠에서 실험을 하다 불을 내기도 했다는 등 일화도 무척이나 다양했다. 이쯤 되면 과학에 관심 있던 많은 어린이들의 우상이 되기에 충분한 조건을 가진 것 같다.

에디슨은 미국 오하이오 주의 밀락에 있는 작은 마을에서 낸시 에디슨(Nancy Edison)의 일곱 번째 아이로 태어났다. 에디슨은 성홍열에 의한 발작 증세 때문에 거의 학교를 가지 못했고 여덟 살이 되던 해 입학을 했다. 하지만 주입식으로 진행되는 학교 수업에는 쉽게 흥미를 갖지 못했다. 에디슨이 학교 교육에 흥미를 느끼지 못한 것을 알아챈 담임선생은 아버지인 사무엘 에디슨(Samuel Edison)과 진지하게 상담을 했다.

에디슨은 3개월이라는 짧은 학교생활을 마치고 학교를 떠나게 되었고, 다시는 어떠한 정규교육도 받지 않았다. 이후 에디슨의 교육 문제는

어린 시절의 에디슨

전직 교사였던 어머니 낸시의 몫이 되었다. 그녀는 본격적으로 에디슨을 가르치기 시작했는데 "책을 사랑하고, 지식을 있는 그대로 수용하라"고 늘 이야기하곤 했다. 훗날 에디슨은 "지금의 나를 만든 사람은 우리 어머니였다. 그녀는 나를 이해해주었으며 항상 내가 하고 싶은 대로 하도록 내버려두었다"라고 어머니의 가르침에 대해 회고했다.

이러한 교육 속에서 소년 에디슨은 과학에 관심을 갖게 된다. 특히 전기나 화학에 관심이 많았는데 볼타전지와 금속 조각을 이용하여 간단한 통신 장비를 만들기도 했다. 에디슨은 12살의 어린 나이에 첫 직장을 갖게 된다. 그랜드트렁크 철도회사(Grand Trunk Railway)의 통근 열차에서 신문과 간단한 먹을거리를 판매하는 일이었다. 특히 에디슨은 1862년 기차 안에서 〈그랜드트렁크 헤럴드〉라는 신문을 직접 제작하여 1부당 3센트에 팔기도 했다. 이 신문에서 에디슨은 인쇄, 판매, 광고 심지어 뉴스에 해설까지 달아놓았다. 신문의 전체적인 내용이나 철자와 문법은 부족했지만 기차 안에서는 꽤 인기가 있었다(이를 계기로 언론에 대한 속성을 잘 알게 되었고 훗날 자신의 사업에서 이를 잘 이용하게 된다). 에디슨은 평소 열차 화물칸에서 휴식시간을 이용해 여러 가지 전기나 화학실험을 하기도 했다.

이렇게 열심히 살아가던 에디슨에게 인생을 완전히 뒤바꾸어 놓은 큰 사건이 일어난다. 그것은 에디슨의 한쪽 귀에 심각한 부상을 입게 된 것이다. 이 상처로 인해 그의 인생철학과 과학관 등에도 커다란 영향을 주게 된다. 에디슨이 청력을 잃은 사고에 대해서는 여러 가지 설이 있다. 화물칸에서 실험하던 도중 화재가 나서 기차에서 쫓겨나면서 차장에게

따귀를 맞아 부상당해 청력이 나빠졌다는 얘기가 흔히 우리가 알고 있는 이야기이다(실제 에디슨 자신이 그런 주장을 하기도 했다). 하지만 어린 시절 성홍열을 앓았고 이후에 감염을 제대로 치료하지 않아 나빠졌다는 게 정설로 받아들여지고 있다.

에디슨은 훗날 이 사건을 다음과 같이 회고했다. "나는 열두 살 이후로 새가 우는 소리를 듣지 못했다."

이후 그는 책에 몰입하기 시작했고 역사, 인문, 과학 등 다양한 책을 읽어 내려갔다. 하지만 과학에 관심이 많았던 그도 수학적인 내용이 강한 아이작 뉴턴의 《프린키피아 *Principia*》와 같은 책은 싫어했다.

불편한 귀 때문에 에디슨은 날이 갈수록 세상과 단절된 것처럼 느끼면서 살았다(이러한 상황 때문인지는 모르지만, 훗날 발명가로 큰 명성을 얻게 되자 대부분의 대화는 늘 에디슨의 일방통행식으로 흘러간다). 불편한 귀로 인해 에디슨의 감각은 시각적인 부분에 집중되었고, 외부의 소리와는 단절되어 필연적으로 한 가지 일을 집중력 있게 진행할 수 있었다.

1868년 성인이 된 에디슨은 발명가의 요람인 보스턴에서 전신 기술자로 일하게 된다. 이곳에서 일하는 동안 그는 마이클 패러데이의 업적에 대해 큰 관심을 갖게 되고, 이후 패러데이에 관련된 책을 모조리 구입하여 읽기 시작했다. 책들은 수학적인 이론보다 실험에 기반을 두었기 때문에 에디슨에게는 매력적으로 다가오기 충분했다. 그런가 하면 책을 통해 패러데이의 과학에 대한 철학에도 감명을 받아, 발명가로서의 삶을 시작하기 위한 중요한 부분으로 작용하기도 한다.

에디슨은 1869년 '전기 투표기록기(electric vote recorder)'라는 발명품으로 특허를 출원했다. 에디슨이 발명가로서 처음으로 출원한 특허였는데, 기술적인 측면에서는 좋았지만 시장에서는 좋은 반응을 얻지 못한 채 곧 사라졌다. 이후 실패에 굴하지 않고, 보다 많은 발명품에 대한 특허를 출원했는데 그 수는 미국에서만 무려 1093건이었다. 에디슨은 미국의 본격적인 산업 성장과 함께 하였고 발명가로서 그의 명성도 급격하게 높아져갔다.

에디슨은 평소 불가능할 것 같은 문제에 도전하는 것을 좋아했는데 '전기 조명'은 그의 승부욕을 자극하기에 충분했다. 당시 전기 조명은 여러 가지 단점들로 대중화가 힘들었고 대부분의 조명 시장은 가스등이 장악하고 있었다. 에디슨에게는 새로운 시장을 장악할 대항마가 필요했다. 그는 잠재력이 있는 '백열등'을 개량하여 시장에 출시한다는 야심찬 계획을 세운다. 이를 위해 에디슨은 이후 가스 조명에 관한 기술적 측면과 시장상황에 대해 상세히 분석하기 시작했다.

빛을 지배한 사나이

1876년 에디슨은 미국 뉴저지의 멘로 파크(Menlo Park)에 산업 연구소를 차리면서 생애 최대의 전성기를 맞이하게 된다. 연구소에서는 20여 명의 전문 인력이 고용되어 개인적 차원이 아닌 조직적 차원의 발명을 시도했고, 이후 에디슨은 '멘로 파크의 마법사'라고 불리게 되었다. 에디슨은 조직적인 연구개발 인력과 함께 본격적으로 백열전구를 상용화하기 위한 실험에 착수했다. 실험은 수백여 가지의 각기 다른 특성을 가진 물질의 전기저항을 하나씩 측정하여 데이터를 수집하는 것부터 시작되었다.

온갖 물질을 수집해 필라멘트의 주재료로 삼았고, 이를 이용해 시제품 제작을 했다. 하지만 제작된 시제품들은 대부분 10분도 채 견디지 못하고 곧 끊어지고 말았다. 실험을 통해 단순히 전기로 불을 밝힐 수 있다는 가능성을 확인했지만, 상용화와는 거래가 먼 수준이었다(에디슨은 이런 불안정한 결과를 가지고도 언론에 과장된 홍보를 하기도 했다).

에디슨의 명언 중 하나로 '천재는 1%의 영감과 99%의 노력이다'라는 말이 있다. 실은 이 말은 당시 에디슨을 취재하던 기자의 오역에서 비롯된 말이라고 한다. 에디슨의 의도는 '천재는 1%의 영감이 없으면 99%의 노력도 소용없다'라는 의미로 표현하고 싶었다고 한다.

그 후로도 실험은 계속되었다. 그러나 큰 개선점이 없었고 에디슨은 마치 빛 한 점 없는 깜깜한 미로를 헤매기만 하는 것 같았다. 고심 끝에 에디슨은 백열등 제작에 있어서 극복해야 할 문제를 크게 두 가지로 압축했다. 그 중 하나는 백열등 내부를 진공상태로 만드는 일인데 이를 위해서는 내부의 공기를 모조리 빼내야 한다. 내부의 산소가 필라멘트의 수명을 단축시키기 때문에 반드시 진공상태를 유지해야만 했다. 하지만 에디슨이 사용하던 수동펌프는 늘 말썽이었고 좀처럼 완벽한 진공상태를 만들기에는 성능이 턱없이 부족해 결과는 늘 참담했다.

에디슨은 고민 끝에 1865년 영국에서 개발된 고성능의 슈프렝겔 수은 펌프(sprengel mercury pump)를 도입했다. 고성능 펌프의 도입으로 백열등 속의 공기를 모조리 빼내다시피 했고 최적의 진공상태를 구현하는 데 성공한다. 이로써 하나의 큰 문제를 해결하였지만 또 다른 문제가 기다리고 있었다.

두 번째로 해결해야 할 문제는 수명이 길고 일정한 밝기의 빛을 만들어 낼 수 있는 필라멘트를 개발하는 것이었다. 일정한 밝기의 빛을 발산하기 위해서는 필라멘트가 엄청난 양의 열에너지를 견뎌야 하는데, 그러한 물질을 찾는 건 '깜깜한 방 안에서 바늘을 찾는 것'과 같았다. 에디슨은 날마다 실험을 통해 다양한 재료들을 검토하기 시작했다. 아메리카 대륙은 물론이고 중국, 일본 등 전 세계를 뒤져서 수천 가지의 재료들을 이용해 테스트를 했다. 그 결과 탄화된 목화실(오븐을 이용해 인위적으로 구웠음)을 이용한 필라멘트가 선택되었다. 목화실을 이용한 필라멘트는 전기저항이 크고 고온에서도 잘 끊어지지 않아 백열등에 사용하기에 안성맞춤이었다.

1879년 11월 1일 에디슨은 탄소 필라멘트가 적용된 백열전구로 특허를 등록하게 된다. 에디슨과 멘로 파크 연구진의 힘으로 마침내 전기조명 시대의 문이 활짝 열리게 된 것이다. 하지만 에디슨은 여기서 멈추지 않고, 좀 더 고성능의 재료를 이용해 계속해서 시험을 진행했다. 그 중 하나가 대나무였다.

에디슨은 대나무를 태워서 만든 필라멘트를 이용해 무려 1200시간이나 백열등의 수명을 끌어올려 실용화에 크게 이바지한다. 이후 백열등은 미국뿐 아니라 전 세계로 보급이 확산되었다.

이 같은 백열등의 확산은 우리나라도 예외가 아니었는데, 1887년 3월 6일 경복궁 건청궁에서 최초로 백열등 설치된다. 미국에 다녀온 사절단이 깜깜한 밤에도 주변을 밝혀주는 백열등에 대해 고종에게 설명하여 설치를 건의했다. 이후 에디슨 전기회사에 전기공사를 의뢰했고, 건청궁 앞 연못

전기 시등도 1887년 봄 경복궁 안 건청궁에서 우리나라 최초의 백열등이 켜졌다. 백열등을 점등하기 위한 전기는 향원정 연못에서 끌어올린 물을 통해 발전기를 돌려 발전을 했다. 이 발전시설은 1882년 한미통상협정을 계기로 만들어진다. (출처 : 창경궁(昌慶宮)의 전등/1930년대 사진자료/전기박물관 소장)

(향원지)의 물을 이용한 증기기관으로 발전기를 돌려 전기를 만들어냈다. 발전된 전기를 이용해 백열등을 밝히게 되는데, 우리나라 최초로 백열등이 밝혀지는 순간이었다.

당시 사람들은 물을 이용하여 불을 밝힌다고 해서 '물불' 그리고 발전기가 동작할 때 발생하는 요란한 굉음 때문에 '괴불'이라 불렀다.

백열등, 추억 속으로

백열등은 높은 온도를 이용해 빛을 내는 전기 조명장치이다. 저항체인 필라멘트에 전류를 흘려주면 열이 발생하고 그 온도에 따라 밝은 빛을 내게 된다. 이것이 백열전구의 기본원리이다(이 원리는 겨울철 주로 사용하는 전열기의 동작 원리와도 동일하다). 여기서 백열등의 구조를 간략히 살펴보자.

유리구 안에 있는 스템(stem) 끝의 앵커(anchor)에 필라멘트가 고정되어 있다. 필라멘트에는 도입선(lead in wire)을 통해 전류가 공급되어 빛을 발하게 된다. 전구의 아래 부분은 나사 모양의 베이스(base)가 위치해 있다. 베이스는 외부의 전원이 전구와 직접적으로 연결되어 전류가 공급되는 통로이다. 전류가 원활히 흐를 수 있도록 황동이나 알루미늄이 주로 사용된다. 도입선은 베이스와 필라멘트를 연결해주는 역할을 하며, 봉착부·안쪽·바깥쪽 세 부분의 도입선으로 구분된다. 도입선으로 사용되는 재료들은 모두 다른 재질을 사용한다.

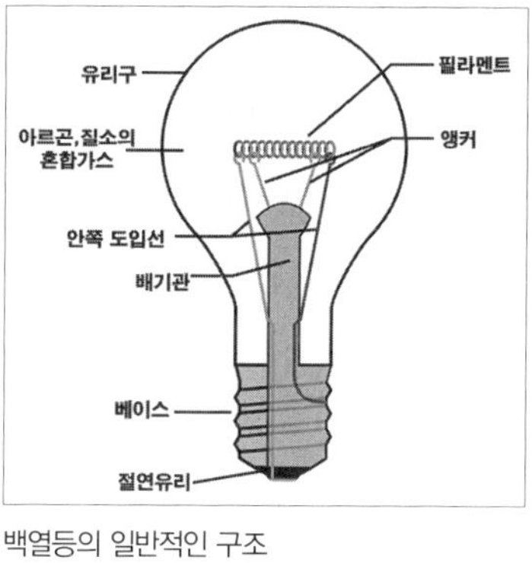

백열등의 일반적인 구조

두멧선(dumet wire)
철-니켈 합금에 구리로 피복한 선으로, 유리와의 밀착성을 높이기 위해 구리로 피복한다.

바깥쪽과 안쪽은 동선과 니켈을 주로 사용한다. 봉착부는 도입선이 유리를 통과하므로 공기가 새지 않도록 각별히 신경을 써야 한다. 그래서 유리와 팽창계수가 유사한 **두멧선**(dumet wire)이 사용된다.

백열등의 심장이라 할 수 있는 필라멘트는 녹는점이 높고, 높은 온도에서 증발성이 작아야 하는 특성이 필요하다. 이러한 조건에 가잘 잘 부합되는 필라멘트 재료가 텅스텐이다(에디슨이 사용했던 탄소재질의 재료와는 사뭇 다르다. 텅스텐은 약 3400℃의 녹는점을 가지고 있는데 이는 약 3500℃의 탄소 다음으로 높은 온도이다). 그런가 하면 팽창계수도 매우 작아 가공 후 모양이 거의 변하지 않아 텅스텐은 필라멘트로 사용하기에 매우 적합하다.

백열전구는 다른 조명 기구에 비해 발산하는 빛의 효율이 낮다. 사용전력의 5% 정도만 빛을 내는 데 쓰이고 나머지 95%는 열로 소모되기 때문이다. 장시간 사용할 때는 불필요한 전기가 소비된다는 이야기이다. 그래서 많은 환경단체들이 백열등의 사용을 반대하고 있으며, 이에 부응하듯 미국, 호주, 유럽연합 등은 백열전구의 사용을 금지하는 방침을 공식화했다.

우리나라도 2009년을 기점으로 공공기관 내의 백열전구를 형광등, 할로겐, LED램프로 교체하는 자구책을 마련했다. 그리고 정부는 백열등 퇴출 계획의 일환으로 2014년 1월부터는 백열전구의 생산 및 수입을 전면 금지하기도 했다(금지 대상은 150와트의 전구이다).

100년 넘게 전 세계의 조명시장의 왕자로 군림했던 백열등. 앞으로 우리에게 추억의 한 조각으로 기억될 날이 머지않은 것 같다.

다양한 조명의 등장

에디슨의 백열등이 시장을 장악한 이후 보다 높은 효율과 안정성이 확보된 조명들이 속속 개량되어 등장했다. 텅스텐 필라멘트를 적용하여 백열등의 수명을 끌어올리거나 필라멘트를 2중 코일 형태로 감아서 필라멘트의 증발을 억제하여 수명을 올리는 등의 다양한 제품들이었다.

그 중 새롭게 등장한 조명장치가 형광등(fluorescent lamp)이다. 형광등의 출현은 1856년 독일의 기계 엔지니어인 요한 하인리히 빌헬름 가이슬러(Johann Heinrich Wilhelm Geiβ ler, 1814~1879)에 의해 만들어진 가이슬러 관(tube)을 그 기원으로 보고 있다. 이후 1857년 프랑스의 물리학자 베크렐(Alexandre Edmond Becquerel, 1820~1891)은 전기 방전으로 빛을 낼 수 있다는 자신의 이론을 실험적으로 증명하여 형광등의 실용화에 기여했다.

형광등은 기체나 증기 속 전기방전(discharge)을 통해 환한 빛을 내보낸다. 전기의 방전과 형광 작용을 이용하기 때문에 필라멘트의 발열을 통해 빛을 내는 백열등과는 다른 형태의 조명기기이다. 주변에서 흔히 볼 수 있듯이 형광등은 일반적으로 가늘고 긴 형태를 기본 모양으로 가지고 있다. 이 형광등의 내부 진공 유리관에는 소량의 수은 증기와 아르곤 가스가 밀봉되어 있다.

형광등의 양끝에는 짤막한 전극이 양쪽에 쌍을 이루고 있다. 이 전극 사이에 전압을 걸면 방전이 일어나 빛을 발하게 된다. 이때 유리관 내부에서 일어나는 방전에 의해 방사되는 빛은 90% 정도가 눈에 보이지 않는 자외선이다. 나머지 10%가 눈에 보이는 청록색의 가시광선인데, 유리관 내벽에 칠해진 형광 물질에 자외선이 닿아 가시광선을 방사하도록

연색성
(color rendering index)
빛의 분광 특성이 색의 보임에 따라 미치는 효과를 연색성이라 하며, 태양광선 밑에서 본 것보다 색의 보임이 멀어질수록 연색성이 떨어진다고 한다. 즉 연색지수가 높을수록 자연광과 비슷하다고 할 수 있다.

했다. 이러한 구조와 원리 때문에 형광등은 백열등에 비해 **연색성**(演色性, color rendering index)이 높고, 수명이 길기 때문에 일반 주택 및 사무실, 학교의 교실 등에서 많이 사용한다. 하지만 형광등도 곧 퇴출될 위기에 놓여 있다. 주재료인 수은은 현재 유해 중금속으로 분류되어 있어, 정부는 2020년부터 형광등의 수출과 수입을 금지하기로 결정을 내렸다.

한편 형광등과 같은 새로운 조명기기의 등장에도 불구하고 보다 높은 효율의 백열등 계열의 전등이 계속해서 등장했다. 그 중 하나가 1959년 GE사의 엔지니어를 통해 탄생한 할로겐등(halogen lamp)이다.

할로겐등은 진공 상태의 전구 안에 아르곤, 질소와 같은 비활성 가스(inert gas)와 요소(urea), 브롬(bromine), 염소(chlorine)와 같은 할로겐 화학물(halogenide halide)이 조금 첨가된 구조를 가지고 있다. 이러한 구조로 텅스텐의 증발을 억제할 수 있고, 결국 백열전구에 비해 더 높은 온도에도 필라멘트가 견딜 수 있다. 때문에 높은 발광 효율을 내면서도 백열전구에 비해 수명이 2~3배 늘어나 실용적인 수명을 유지할 수 있다. 할로겐등은 백열등에 비해 크기가 작고 연색성이 우수해 자동차 헤드라이트에 많이 사용되고, 백화점, 상점의 인테리어 조명과 같이 제품의 화려함을 부각시킬 때 사용되기도 한다.

머지않아 우리의 생활공간에 존재하는 대부분의 조명기기들이 사라질지도 모른다. 백열등, 형광등, 할로겐등 같은 기존에 사용해 왔던 조명기기들은 전력소비와 환경오염의 문제를 가지고 있다. 이러한 문제의 대안으로 많은 전문가들은 LED(발광다이오드, light emitting diode)를 꼽고 있다.

LED는 효율적으로 에너지 절감이 가능해 여타 조명기기보다 친환경적인 조명장치로 각광을 받고 있다. 차세대 조명으로 주목받는 LED 조명은 향후 급격한 시장 성장으로 기존 조명을 모조리 삼켜 버릴지 모른다.

9. 직렬회로와 병렬회로

1. 직렬회로

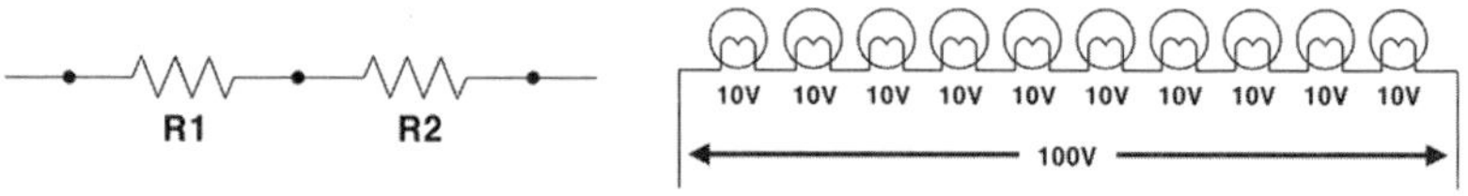

직렬회로의 예시

직렬(series)이란 말 그대로 직접 연결되었다는 뜻으로, 위의 그림과 같이 일직선으로 연결하여 (+)극과 (−)극이 서로 닿아 있는 구조를 가지고 있다. 그림을 보면 예상할 수 있듯이 직렬회로에서 전류는 오직 하나의 경로만으로 이동할 수 있다.

직렬회로에서 전류는 일직선으로 연결된 저항을 모두 거치기 때문에 전체 저항을 나타낼 때는 그 개수만큼 하나씩 더해가면서 간단히 계산한다.

$$R_0 = R_1 + R_2 + \cdots\cdots R_n [\Omega]$$

즉, '직렬회로의 합성저항은 각 저항의 합과 같다'는 것을 알 수 있다. 이때 회로에 흐르는 전류는 회로에 걸린 전압을 총 저항으로 나눈 것과 같다.

$$V = R_0 \times I, \quad I = \frac{V}{R_0} = \frac{V}{(R_1 + R_2 + R_3 + \cdots + R_n)}$$

직렬회로의 총 전압은 각 소자에 걸리는 전압의 합과 같다. 예를 들어 전구 10개를 직렬로 연결했을 경우 각 전구에 10[V]의 전압이 걸리고 직렬회로 전체 전압은 100[V]가 되는 것과 같다. 이러한 계산은 모두 옴(Ohm)의 법칙을 이용해 쉽게 계산이 가능하다.

직렬회로를 이용할 경우 전원에 연결된 기구를 한꺼번에 켜거나 끌 수 있어 전원이나 전기와 관련된 부품을 쉽게 조작할 수 있다. 그러나 직렬로 연결된 전구가 있고 그 개수가 점점 늘어난다면, 전구의 밝기가 점점 어두워진다. 또한 직렬회로의 어느 한 곳이 끊어지면 회로 전체가 작동하지 않게 되는 단점을 가지고 있다.

직렬회로의 이러한 특성은 우리 생활 속에서도 응용되고 있다. 주로 지나치게 센 전류가 흐르는 것을 방지하기 위한 보호장치로 사용된다. 일례로 각 가정의 벽에 달려 있는 누전차단기와 전자제품 내부에 들어 있는 퓨즈(fuse)가 생활 속 직렬회로이다.

2. 병렬회로

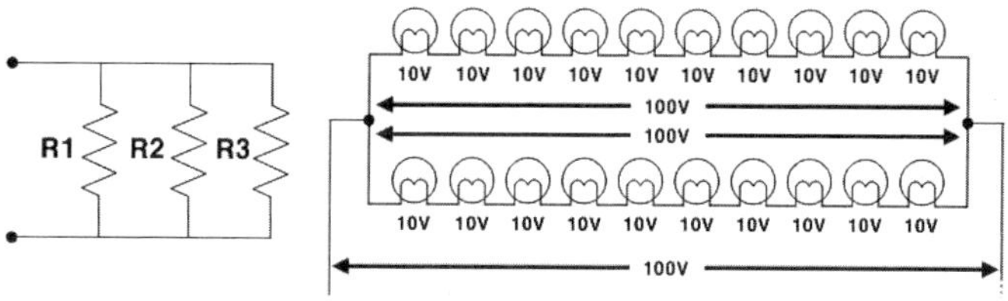

병렬회로의 예시

병렬(parallel)이란 '나란히 연결'이라고도 하며, 같은 극끼리 연결하는 전기 회로를 뜻한다. 각 소자는 회로 내의 같은 극성이 연결된 두 점에 연결되어 있다. 그렇기 때문에 각 소자에 걸린 전압의 크기는 모두 동일하다.

병렬회로의 총 전류는 병렬 분기점에서 나누어진다. 병렬회로의 각 분기점에 흐르는 전류의 비는 각 분기점의 저항이 갖는 역수의 비와 같다.

$$I_1 = \frac{V}{R_1}$$

$$I_2 = \frac{V}{R_2}$$

$$I_n = \frac{V}{R_3}$$

또한, 병렬회로의 합성저항은 각 저항의 역수의 합의 역수와 같으며, 다음 식으로 나타낼 수 있다.

$$R_0 = \frac{1}{\frac{1}{R_1}+\frac{1}{R_2}+\frac{1}{R_3}+\cdots+\frac{1}{R_n}} [\Omega]$$

병렬회로는 직렬회로와는 다르게, 한 개의 전구가 끊어지더라도 다른 전구는 아무런 영향을 받지 않는다. 또한 병렬회로에 여러 개의 전구를 추가 연결하여도 다른 쪽 회로에 영향을 미치지 않고 전구의 밝기도 변하지 않는다. 그림은 직렬회로 두 개를 다시 병렬회로 형태로 구성한 것이다. 각 회로에는 모두 100[V]의 전압이 걸리게 되고 전체 전압은 큰 변화

없이 100[V]로 일정하게 인가된다.

병렬회로는 직렬회로와는 달리 연결된 전기 기기를 개별로 켜거나 끌 수 있으며, 다양한 종류의 전기 기기들을 동일한 전압으로 사용 가능하다. 그러나 상대적으로 회로 전체의 통제가 어렵고, 경우에 따라 거미줄처럼 전선이 늘어나 회로가 복잡해지기도 한다.

가정이나 사무실 등의 조명 장치나 콘센트는 모두 병렬회로를 기반으로 설치되어 있다. 때문에 여러 개의 가전제품과 천장의 형광등 중 한 가지를 켜거나 끌 때 다른 제품들의 전원에 영향을 주지 않는다.

05

전력을 팝니다

서울 지하철을 타다 보면 "전력공급 방식 변경으로 전등과 냉난방 장치가 잠시 멈춥니다"라는 안내방송을 들을 수 있다. 안내방송 이후 전동차는 서서히 느려지고 잠시 후 내부를 환히 비추던 전등과 에어컨이 순간 작동을 멈춘다. 이것은 전동차에 전력을 공급하는 방식 때문에 발생하는 불편인데 서울 메트로에서 운영하는 일부 구간에서는 '직류'를 사용하고, 코레일이 운영하는 나머지 구간은 '교류'를 사용하고 있기 때문이다.

일부 구간을 지날 때 전류 공급 방식이 달라 잠깐 끊고 다른 방식으로 바꿔주는 것이다. 직류 방식은 단거리인 도심 구간에 적합하고, 교류 방식은 장거리 외곽 구간에 적합한 장점을 가지고 있다.

그렇다면 도대체 직류와 교류가 뭐길래 이처럼 구분해서 사용해야 하는 걸까?

전력을 어떻게 전송할 것인가?

에디슨의 백열등은 출시되자마자 선풍적인 인기를 끌었다. 출시 첫해만 해도 공공기관을 필두로 당시 4천 개가 팔려나가 요즘 말로 완판이 된 것이다. 에디슨은 여세를 몰아 보급률을 높이기 위해 원가보다 낮은 가격으로 공급하는 등 특유의 공격적인 마케팅을 진행했다. 하지만 백열등의 보급에 큰 걸림돌이 하나 있었다. 그것은 다양한 지역과 환경에서도 전력을 원활히 공급할 수 있는 발전시스템이 필요했던 것이다.

이를 위해 1881년 에디슨은 한 건물을 매입해 소형 발전소(이것은 미국 최초의 발전소였다)를 짓는다. 발전소에서는 110볼트의 직류 전류를 생산했는데, 1제곱마일(약 2.5km^2) 지역 내에서만 한정적으로만 전력 공급이 가능했다. 그 외의 방법으로 보다 넓은 지역에 전력을 공급하기 위한 또 다른 대안으로 전선의 두께를 변경하는 방법이 있었다. 하지만 설치 단가가 너무 높아져 고려 대상이 되지 않았다.

1882년 에디슨의 발전소가 첫 가동을 했다. 전력은 미리 선정된 49곳에 공급되었다. 재미있는 것은 당시에는 전류 사용량을 정확히 측정할 계량기가 없어 개통 초기에는 소비자들에게 사용료가 청구되지 않았다.

점보다이나모 에디슨이 세운 최초의 직류 발전시설로 뉴욕의 펄스트리트에 위치해 있었다. 27톤의 무게로 100킬로와트의 전력을 발생할 수 있었다. 이는 60와트 백열등을 1600개 밝힐 수 있는 용량이다.

이후 '에디슨 계량기'라는 장치가 개발되어 사용료가 청구되었다. 처음 몇 년 동안 적자가 심했지만 3년이 지나면서 서서히 흑자로 돌아서기 시작했다. 이후 에디슨의 직류를 이용한 발전소는 미국 전역으로 확산되어 1884년에는 보스턴,

필라델피아, 뉴올리언스 등 18개 도시에 건설되었다. 시장은 점점 커져만 가고, 보급률이 높아짐에 따라 사람들은 백열등에 크게 매혹하고 직류에 압도 당했다. 에디슨의 전기 왕국은 순조롭게 건설되는 것만 같았다.

골라르-깁스 변압기 변압기의 1차측과 2차측은 전압을 가변할 수 있도록 유도코일(induction coil)이 감겨져 있어 교류전류를 쉽게 승압이나 강압을 할 수 있었다.

직류 발전소는 영국, 독일 등 세계 곳곳에도 건설되어 전력 공급을 시작했으며, 전력 전송에 대한 기술도 날로 발전했다. 하지만 낮은 효율과 장거리 전력 전송이 어렵다는 문제는 여전히 직류의 치명적인 단점으로 남아 있었다.

이러한 문제점을 해결하기 위해 과학·기술계에서 많은 아이디어가 제시되었다. 1882년 프랑스 과학자 루시앙 골라르(Lucien Gaulard, 1850~1888)와 영국인 사업가 존 깁스(John Dixon Gibbs, 1834~1912)가 함께 전력 전송에 관한 특허를 출원하게 된다. 이 특허로 송전 효율을 개선할 수 있는 가능성을 엿볼 수 있었는데, 에디슨이 건립한 발전소와는 전혀 다른 방식으로 전기를 공급하는 방식이었다.

골라르와 깁스가 고안한 시스템은 전기의 아버지 마이클 패러데이의 변압기의 원리를 응용한 전력변압기였다. 1883년 런던에서 열린 전기 전시회에서 그들은 자신들이 발명한 변압기를 공개했다. 변압기의 1차측(전력이 입력되는 부분)과 2차측(전력이 출력되는 부분)에는 전압을 가변할 수 있도록 유도코일(induction coil)이 감겨져 있었다. 골라르와 깁스는 전시회에서 변압기에 대한 작동 시연을 했다. 변압기의 1차측에는 지멘스 발전기(siemens generator)를 연결했고 출력이 되는 2차측에는 백열등, 소형 전동기와 그 외 다양한 형태의 전기 기기들을 나란히 연결했다. 모두 부하(load)의 특성이 달랐지만 큰 무리 없이 작동되었다.

교류 송전의 가능성을 충분히 확인한 골라르와 깁스는 1883년 말 런던의 메트로폴리탄 철도(metropolitan railway)에 변압기를 설치하여 전력을 공급하게 된다. 이는 단순한 소규모 실험을 넘어 교류가 실생활에서 적용 가능 여부를 확인하기 위한 실험이었다. 실험에서 전력이 전송된 거리는 약 25.7킬로미터에 달했으며, 4개 구간의 철도역에 백열등과 아크등을 동시에 밝힐 수 있었다. 전력이 공급된 4개의 철도역에는 각각의 변압기가 설치되어 있어 전압을 쉽게 올리거나 내릴 수 있었다.

그들은 실험의 결과를 바탕으로 이듬해인 1884년에는 이탈리아의 토리노(Torino)에서 열린 국제박람회에 전력전송 시스템을 출품하여 그 기술력을 인정받았다.

골라르와 깁스의 전기공급 시스템은 직류가 아닌 교류를 이용했는데, 이는 에디슨이 개발한 전기공급 시스템과는 전혀 다른 것으로 직류 전력 전송이 가지고 있던 단점들을 크게 보완한 것이었다.

발전(發電)된 전기가 가정과 공장에 전송될 때 도선의 저항 때문에 에너지의 일부가 불필요하게 열로 소비된다. 즉 전력 전송의 효율이 나빠진다는 의미이다. 효율을 높이는 방법 중 하나가 높은 전압으로 전기를 전달하는 것이다. 교류 시스템의 경우 발전소에서 고전압으로 송전하여도 가정이나 공장에 필요한 전압을 변압기로 강압시켜 비교적 쉽게 배전할 수 있다. 하지만 직류 시스템은 전압을 쉽게 변화시키는 것이 어려웠다. 그렇기 때문에 낮은 전압으로만 전력 전송이 가능하여 효율도 떨어지고 전기 공급이 가능한 지역도 3킬로미터 이하로 제한된 것이다.

골라르-깁스 변압기를 통해 교류를 이용해 보다 효율적으로 전력 전송이 가능하다는 것이 입증되었다. 그 후로 많은 이들로 하여금 전력 전송 시장을 차지하기 위한 도전의 불씨가 일어나기 시작한다.

별에서 온 천재 니콜라 테슬라

전기의 발명을 얘기할 때 제일 먼저 떠오르는 인물이 토머스 에디슨이라는 이름이다. 이렇게 뛰어난 발명가로 인정받았던 에디슨에게도 영원한 라이벌이 존재했다. 크로아티아 출신 공학자 니콜라 테슬라(Nikola Tesla, 1856~1943)이다. 그는 에디슨에 비해 전혀 부족함이 없는 공학자로 무선통신, 리모컨, 형광등, 전자레인지 등 800여 개의 특허권을 보유했다(무선통신 특허의 경우 마르코니에 비해 10년이나 앞서 특허를 출원했다).

니콜라 테슬라는 1856년 크로아티아의 스밀란(smijan)이라는 작은 마을에서 아버지 밀루틴 테슬라(Milutin Tesla)와 어머니 두카 만디치(Duca Mandic) 사이에서 태어났다(같은 해 태어난 유명인은 프로이트(Sigmund Freud, 1856~1939)와 노벨문학상을 받았던 극작가 조지 버나드 쇼(George Bernard Shaw, 1856~1950)가 있다). 아버지 밀루틴은 교회의 성직자였으며, 신문에 글을 기고하는 등의 활동도 했다. 어머니 두카는 정식 교육을 받은 적이 없었고 글을 읽지도 쓰지도 못했다. 하지만 손재주가 남달랐던 그녀는 집안의 가재도구를 개량하기도 했고, 기억력이 매우 뛰어나 성서 구절을 쉽

에디슨의 라이벌이기도 했던 테슬라는 전기가 상업적으로 보급되는 데 큰 기여를 했다. 또한 교류전동기 교류발전기 등 현대 교류 시스템의 기반을 완성했다.

게 암송하기도 했다. 어머니의 영향을 받아서일까? 어린 나이였지만 테슬라는 발명가의 자질을 보이기 시작하는데 그의 첫 발명품은 물레방아였다. 흔히 볼 수 있었던 물레방아와는 차이가 있었지만, 물의 흐름에 따라 일정한 속도로 돌아갔다.

테슬라는 어린 시절부터 이상한 환영에 시달리기 시작했다. 정체 모를 환영이 그의 눈앞에 희미하게 보였던 것이다. 그런가 하면 '강박성 성격장애(obsessive compulsive disorder)'를 앓아 성인이 되어서는 사람들과의 악수를 피하거나 식당에서는 포크와 나이프를 소독해달라고 요구하고, 소독된 포크와 나이프를 수십 장의 냅킨을 이용해 다시 닦아내는 등 특이한 행동을 했다. 테슬라가 겪었던 알 수 없는 병적인 환영과 강박증은 평생 그를 그림자처럼 따라다녔다. 하지만 아이러니컬하게도 그 강박증은 훗날 누구도 상상할 수 없었던 발명품을 만들어내는 원동력이 되기도 한다.

테슬라의 발명품 테슬라는 무선으로 작동하는 소형잠수정(위), X선(아래) 등 당시로서 상상하기 힘든 발명품을 만들어 냈다. 하지만 시대를 앞서갔던 발명품으로 당시에는 상용화되지 못했다.

테슬라는 1875년에 오스트리아의 그라츠에 있는 종합기술학교(Ploytechnic Institute)에 진학을 한다. 가정형편이 어려웠던 테슬라는 군 당국으로부터 장학금을 받고 생활했는데, 전 과목에서 뛰어난 성적을 받을 만큼 우수한 학생이었다. 하지만 이듬해 장학금이 끊겨 더 이상 학교를 다닐 수 없게 된다. 짧은 기간이었지만 테슬라는 종합기술학교에서 훗날 전기의 역사를 크게 바꾸어놓을 엄청난 발명의 첫발을 내딛게 된다. 그것은 교류로 구동하는 전동기였다.

학교에서는 당시 최신 기술로 취급받던 직류 전동기를 이용한 물리 수업이 한창이었다. 물리 수업에서 실험용으로 사용된 직류 전동기는 회전할 때마다 정류자와 브러시가 반복적으로 스파크를 일으켰고, 이내 멈추고 말았다. 테슬라는 정류자가 없다면 전동기의 효율을 좀 더 높일 수 있을 것이라 생각했다. 그날 이후 교류 전동기에 대한 생각이 테슬라의 뇌 속을 헤집고 다녔다. 하지만 교류 전동기 개발에 대한 해답은 쉽게 떠오르지 않은 채 5년이라는 세월이 훌쩍 지나갔다.

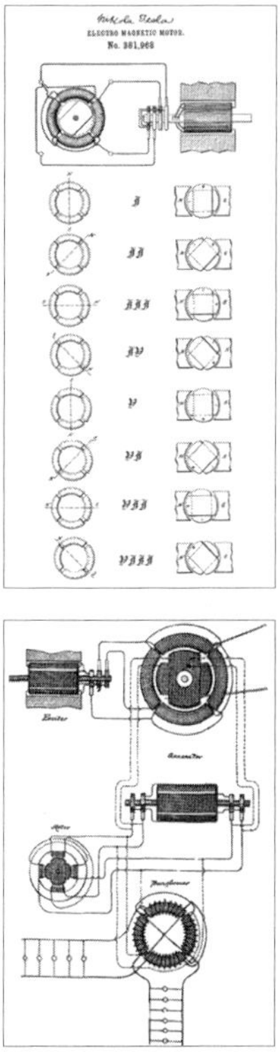

테슬라의 주요 특허 테슬라가 1888년에 출원한 교류와 관련된 전기기기에 관한 특허. 교류전류를 이용한 유도전동기(위)와 교류전류를 발전할 수 있는 교류발전기(아래)에 관한 내용으로 출원되었다.

학업을 중도에 하차한 테슬라는 1880년 체코 프라하로 이주하여 전화회사의 수석 전기기사로 일하게 된다. 물론 시간은 흘렀지만 테슬라의 뇌 속에서는 언제나처럼 교류 전동기가 맴돌고 있었다.

프라하 시절 테슬라는 여느 때처럼 절친한 친구 아니탈 시게티(Anital Szigeti)(신비롭고 지적인 테슬라와 친분이 있었던 사람들은 많았지만 친구로서 마음이 통했던 사람으로는 시게티가 거의 유일했다고 한다)와 공원을 산책하며 괴테의 〈파우스트〉의 한 구절을 암송했다. 그때 테슬라의 머릿속에서 번쩍하는 섬광이 지나갔다. 그 즉시 땅에 주저앉아 무언가 그림을 그리기 시작했다. 그것은 테슬라가 그토록 바라던 교류 전동기였다.

1883년 테슬라는 자신의 아이디어를 바탕으로 정류자 없이 회전하는 최초의 교류 전동기를 발명하게 된다. 이후 1888년에는 전자기 전동기(Electro Magnetic Motor, U.S. patent #381968)로 특허를 출원하기도 한다.

이듬해 테슬라는 교류 전동기의 아이디어를 간직한 채 또 다시 이직해 프랑스 파리의 콘티넨털 에디슨 회사에 취직하게 된다. 이곳에서 테슬라는 전기 분야에 있어서 남다른 두각을 나타내었고, 지사장 찰스 배철러(Charles W. Batchelor, 1845~1910)는 테슬라의 천재성을 한눈에 알아본다. 배철러는 테슬라에게 미국으로 건너가 에디슨과 함께 일할 것을 권하며 추천서를 써주었다.

이후 테슬라는 배철러의 추천서와 단돈 4센트를 가지고 미국행 여객선에 몸을 싣게 된다. 추천서의 내용은 다음과 같았다.

"제 주변에는 위대한 인물이 두 사람 있습니다. 그 중 한 명은 물론 당신(에디슨)이고, 나머지 한 사람이 바로 이 청년입니다."

영원한 라이벌 : 에디슨 vs 테슬라

배철러의 추천서 덕분이었을까? 테슬라는 큰 어려움 없이 에디슨과 함께 일을 시작하게 된다. 깐깐한 에디슨조차도 테슬라의 능력과 집중력을 인정하는 분위기였다. 하지만 에디슨과 테슬라에게는 공통점이라고는 찾아보기가 정말 어려웠다. 에디슨의 경우 99% 노력에 기반한 사고방식을 가졌지만, 테슬라의 경우 99% 영감이 그의 사고방식을 지배했다(물론 테슬라도 노력에 관해서는 에디슨 못지않아, 연구를 위해서는 밤과 낮 구분 없이 연구에 몰두했다).

이러한 사고방식의 차이는 급기야 직류와 교류에 대한 차이로까지 번져 두 사람은 격돌하게 된다. 테슬라는 자신이 개발한 교류 전동기를 에디슨에게 보여준 적이 있었다. 하지만 교류를 극도로 혐오했던 에디슨은 어설픈 이론과 아직 검증되지 않는 시스템이라고 폄하하며 쳐다보지도 않았다. 테슬라는 에디슨과 여러 가지 견해 차이로 1885년 봄, 급기야 회사를 그만두었다. 이후 테슬라는 1년 동안 별다른 연구 활동을 못한 채 생계를 위해 막노동 현장을 전전하게 된다. 훗날 테슬라는 그때가 생애에서 가장 힘든 시기였다고 회고했다.

다행히 어려움은 오래가지 않았다. 1887년 새로운 협력자의 도움으로 자본금 50만 달러가 확보되었고 이를 기반으로 테슬라는 자신의 전기회사를 설립하고 그 동안의 어려움을 한방에 날려버린다(테슬라의 전기회사는 에디슨의 작업실과는 불과 몇 블록 떨어져 있었다).

테슬라는 준비된 천재였다. 그의 머릿속에는 항상 교류 시스템에 대한 이미지들이 둥둥 떠다니곤 했다. 테슬라의 끝없는 아이디어는 곧 실용 가능한 특허로 확장된다. 그가 출원한 특허는 단상, 삼상 교류시스템을 기본으로 하고 각 시스템에 필요한 발전기, 전동기, 변압기, 자동 조절 장치 등이었다(테슬라는 1891년까지 40개의 특허를 획득했다).

무명에 가까웠고, 게다가 이민자였던 테슬라의 명성은 점점 올라가기 시작했다. 이러한 명성을 말해주듯 1888년에는 미국 전기공학자 협회(AIEE, American Institute of Electrical Engineers)의 초청으로 '새로운 교류 모터와 변환 시스템(A New System of Alternate Current Motors and Transformer)'에 관한 주제로 강연을 하게 된다. 이것을 계기로 전기공학에 대한 테슬라의 전문성과 명성은 하늘 높이 치솟았다.

전류전쟁이 선포되다

웨스팅하우스 미국의 발명가이자 사업가로 니콜라 테슬라의 동료이면서 사업 파트너였다. 테슬라와 함께 상업적으로 교류송전이 보급될 수 있도록 크게 공헌했다.

테슬라의 강연 등을 접한 뒤 교류 시스템의 우수성을 간파한 사람이 있었다. 그는 미국의 발명가이자 웨스팅하우스 전기회사의 창립자인 조지 웨스팅하우스(George Westinghouse, 1846~1914)였다(풍문으로 전해지는 이야기지만 웨스팅하우스는 테슬라에게 교류에 관한 특허를 사는 대가로 100만 달러의 로열티를 제안했다고 한다). 웨스팅하우스는 일찍이 교류 시스템에 대한 성공을 직감하고 꾸준히 교류 전력 공급 사업을 준비하고 있었다. 교류의 대한 웨스팅하우스의 큰 관심이 반영되듯 웨스팅하우스 사에서 일하던 윌리엄 스탠리(William Stanley, Jr., 1858~1916)는 교류로 변환이 가능한 변압기를 개발한다.

스탠리는 개발된 변압기를 이용해 교류전압을 3000볼트까지 높여 송전하고 이를 다시 변압기를 이용해 500볼트로 낮추는 데 성공하기도 했다.

이렇듯 직류와 교류 송전에 대한 기술이 어느 정도 마련된 시점에서 전력시장을 선점하기 위한 움직임이 꿈틀거리고, 직류와 교류의 전쟁이 시작되었다. 직류와 교류 양 진영에는 에디슨과 테슬라라는 당대의 천재

나이아가라 폭포에 건설된 세계 최초의 교류발전을 위한 수력발전소

들이 포진해 있었다. 막이 오른 전류전쟁에서 에디슨은 미친 듯이 교류의 위험성을 알리기 시작했다.

교류는 같은 전력을 송전할 때 직류에 비해 전압이 1.4배 더 높다. 에디슨은 이러한 교류의 특성을 악용하는 경우가 많았는데, 언론인들을 모아 놓고 개나 고양이를 교류로 감전사시키는 등 교류의 위험성을 강조하고 직류를 홍보하기 위해서는 파렴치한 행동도 서슴지 않았다(에디슨은 전류전쟁에서 동물실험 등과 같은 추악한 실험은 직접 진행하지 않았으며, 대부분 해럴드 브라운(Harold Pitney Brown, 1857~1932)이라는 사람이 대신하게 된다. 아이러니컬한 이야기 같지만 훗날 에디슨은 브라운과는 아무런 관계가 없고 그저 브라운 자신이 좋아서 전류전쟁에 뛰어들었다고 일축하곤 했다).

전류전쟁은 극단적인 상황까지 치닫는다. 에디슨이 사형수들에게 집행할 사형 방식으로 교류가 적용된 전기의자가 채택될 수 있도록 각계각층에 로비를 시작한 것이다. 에디슨의 끈질긴 로비 끝에 교류방식의 전기의자가 사형집행 도구로 채택되었고, 최초의 대상자는 아내를 무참히 도끼로 살해한 살인마 윌리엄 케믈러(William Kemmler)였다.

하지만 이렇게 추악한 직류 진영의 무차별 공격에도 교류 송전의 장점을 뛰어넘을 수는 없었다. 1895년에 완성된 나이아가라 폭포 발전소에 교류 시스템이 채용됨으로써 추악한 전류전쟁은 니콜라 테슬라와 웨스팅하우스의 승리로 끝이 났다. 이후 교류 전력전송에 밀려 에디슨의 직류 전력전송은 서서히 수면 아래로 가라앉아 갔다.

19세기 사형집행을 위해 사용되었던 전기의자

변전소, 무엇하는 곳?

우리 생활 주변에는 다양한 전기시설이 있다. 가정에 전력을 공급해주는 전신주, 시외 지역 산이나 들판에 높아 솟아 있는 송전 철탑을 볼 수 있다. 최근에는 도심 주변에도 열병합 발전소와 같은 시설이 있어 쉽게 전기와 관련된 시설을 볼 수 있다. 하지만 일상적인 전기시설 외에 가끔 우리의 호기심을 자극하는 시설이 더러 있다. 그 곳에는 대형 전기 기기들이 줄을 지어 있고 그 주위에는 출입을 통제하기 위한 철조망과 함께 '출입금지', '고압주의' 문구만 덩그러니 표시되어 있을 뿐이다. 그 외의 인기척은 없고 가끔 들리는 "찌리릭~" 하는 기분 나쁜 전기적 소음만 들릴 뿐이다. 그곳은 아마도 대부분 변전소(substation)라고 불리는 곳이었을 것이다.

변전소는 발전소에서 생산되는 전력을 전송하기 위해 송전선로와 배전선로의 사이에 위치해 있다. 변전소(變電所)는 이름 그대로 전기를 변화시키는 곳으로, 교류를 높이거나 낮추어서 전압을 조정해 전기를 안전하게 공급해주는 역할을 하고 있다. 이곳에는 고압의 송전계통에 사용되는 기기를 보호하기 위한 장치들도 구성되어 있다. 우리가 편리하게 전기를 사용할 수 있도록 교류를 가공하는 중요한 관문인 것이다.

변전소의 주요 역할 중 하나는 교류를 유연하게 변화시키는 것이다. 먼 지역으로 고효율의 전력을 전송하기 위해서는 송전된 전압을 큰 전압으로 승압을 해야만 한다. 이를 위해 보통 초고압(우리나라는 송전전압을 22.9~765킬로볼트 범위로 사용 중이다)으로 높여 송전을 하게 된다.

하지만 일반 가정, 사무실, 공장 등에 전력을 공급하기 위해서는 전압을 반대로 낮추어야만 한다. 또한 발전소의 경우도 위치와 발전 용량이 다르

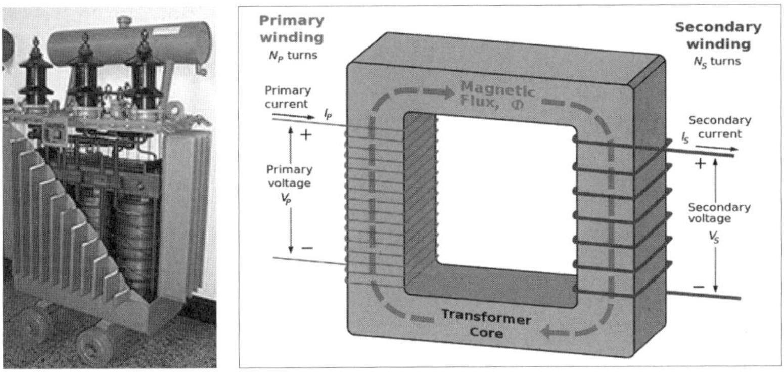

실제로 사용되는 변압기의 단면(왼쪽)과 일반적인 변압기의 구조와 원리를 나타내는 그림. 사용되는 전기적인 용량에 따라 다양한 크기와 구조를 가진다.

기 때문에 송전 이후 변전소에서 전압을 변화시키는 것이 필수적이다.

변전소에서 전압을 유연하게 변화시킬 수 있는 것은 마이클 패러데이의 '전자기유도 법칙'을 기반으로 한 변압기(transformer)를 이용하기 때문이다. 주변에서 흔히 볼 수 있는 변압기는 주요 부품인 철심(core)과 권선(induction coil)에 따라 내철형과 외철형, 크게 두 가지로 구분할 수 있다. 즉 철심의 바깥쪽을 기준으로 권선이 감겨져 있는 것은 내철형, 권선 주위를 철심회로가 둘러 싼 것이 외철형이다. 두 가지 변압기 중 주로 내철형이 사용되고 있다.

변압기가 전압을 가변하는 원리를 간략히 살펴보자. 1차측 코일(입력측)에 전류가 흐르면 자력선이 발생한다. 발생된 자력선은 철심을 거쳐 2차 코일을 통과하게 된다. 즉 1차측 코일의 전류가 2차측의 코일에 유도되어 전류가 전달되는 것이다. 이때 변압기에 감겨진 코일인 1차측과 2차측이 같은 회전수로 일정하게 감겨져 있다면, 1차측에서 2차측으로 동일한 전압이 전달된다. 만약 2차측 전압을 1차측보다 7배로 높이고 싶다면, 2차측의 코일을 1차측 코일 수의 7배만큼 더 감아주면 된다(1

차측보다 2차측을 낮게 하고 싶다면 1차측 코일을 더 많이 감아주면 된다).

변전소는 단순히 전압을 변환하는 목적 외에 또 하나 중요한 역할을 하는데, 다양한 송전선로가 모여들고 나가게 하는 역할이다. 교차로와 유사하다고 할 수 있다. 도심 내의 교차로에는 많은 차량들이 원활하게 소통할 수 있도록 일정한 규칙을 내보내는 신호등이 있다. 이러한 신호등이 제 역할을 해야 교통이 원활하게 소통된다. 자칫 신호 체계가 무너지게 된다면 도로는 순식간에 아수라장이 돼버릴 것이다.

변전소에도 안전하게 전력을 공급할 수 있도록 별도의 보호 장치 역할을 하는 차단 스위치들이 있다. 송전선로에 벼락, 태풍과 같은 자연재해나 기타 비상사태가 발생하면 재빨리 선로를 차단해야만 연속적인 피해를 줄이는 것이다. 하지만 송전선로에 흐르는 전류는 수천 암페어가 넘기 때문에 일반적인 스위치로 차단한다는 것은 어림도 없다.

그렇다면 높은 전압과 전류를 가지고 있는 송전선로 전력을 어떻게 안전하게 차단할 수 있는 것일까? 고전류를 차단할 때는 아크(arc)가 발생하는 데 아크 소호(아크 방전을 없앰) 능력이 우수한 SF6 가스 절연 개폐장치(SF6 Gas Insulated Swich-gear: GIS)가 많이 사용되고 있어 송전선로에 이상이 생기면 신속하게 전류를 차단한다(최근 SF6 가스는 온난화를 일으키는 가스로 지목되어 대체 가스에 대해 활발히 연구 중이다).

이 스위치의 또 다른 장점은 속도이다. 송전라인에 이상 상태가 감지될 경우 즉각적으로 반응해 차단되어야 하기 때문에 1분, 1초가 중요하다. 그런데 스위치의 동작은 정말 눈 깜짝할 사이에 동작한다. 송전라인에 이상이 발생할 경우 먼저 보호계전기가 동작하여 이상 신호를 감지하고, 차단기에 신호를 전달하여 스위치가 즉각 작동한다. 사고부터 차단까지 약 0.1초밖에 걸리지 않는다.

에디슨이 돌아왔다

20세기 이후 전기에너지 시장은 교류가 주도하게 된다. 교류의 최고 장점은 유연하게 전압을 승압하거나 강압할 수 있고, 이로 인해 원거리에도 높은 효율로 전력을 공급할 수 있다는 점이다. 이러한 장점 때문에 단 몇 개의 발전소만으로도 방대한 지역에 원활히 전력 공급을 할 수 있다. 하지만 무결점이라고 생각했던 교류도 속속 약점이 노출되기 시작한다.

교류를 이용한 전력 네트워크는 마치 거미줄처럼 얽히고설켜 있는 구조를 가지고 있다. 이로 인해 천재지변 등으로 고압 송전선이 끊어지기라도 하면 극단적인 경우 전력 네트워크가 연쇄적으로 정전되는 '블랙아웃(black out)'이 발생하기도 한다. 물론 곳곳에 보호장치들이 배치되어 있지만 때로는 보호장치마저도 힘없이 무너지기도 한다(우리나라에서도 2011년 9월 15월 대정전이 발생한 이력이 있다).

이런 교류의 치명적인 단점을 극복하는 건 정말 불가능한 것일까? 해답은 이미 19세기에 나와 있었다. 그것은 에디슨이 그토록 원했던 직류 전력전송으로 HVDC(고압직류송전, High Voltage Direct Current Transmission)을 이용한 것이다.

고압직류송전(HVDC)를 이용한 전력전송은 주어진 거리에서 최대의 전력전송이 가능하며, 장거리 송전 시 교류를 이용한 송전보다 경제적이다.

전류전쟁에서의 패배 이후에도 직류는 계속해서 진화하고 있었는데, 직류의 최대 단점인 전송 거리의 한계를 극복한 것이다. 이러한 개선의 뒤에는 '사이리스터 밸브(thyristor valve)'라는 장치가 단단히 한몫을 했는데, HVDC 시스템의 변환 설비 중 심장 역할을 하는 장치이다. 이 장치는 교류의 강력한 지원군인 변압기와 유사하게 전류를 쉽게 변환시킬 수 있다. 사이리스터 밸브를 통하면 교류를 직류로 변환하거나 다시 직류를 교류로 변환시켜 교류 계통의 전력 공급을 가능하게 한다. 사이리스터 밸브는 마치 에디슨의 후예들이 직류 세상을 꿈꾸며 개발한 장치처럼 느껴진다. 1950년대에 처음 출시된 이후로 장치의 개량을 거듭해 직류 전력을 훌륭하게 전달하는 메신저 역할을 하고 있다.

HVDC는 송전 효율이 우수하고, 전류가 낮아 절연체의 수량과 철탑 높이를 줄일 수 있어 전체적인 건설 비용을 줄일 수 있다. 그렇기 때문에 섬이나 국가 간 송전 등 장거리 송전에 유리하다.

HVDC는 1954년 스웨덴 본토와 동남쪽 발트해에 위치한 고틀란드(Gotland) 섬을 연계한 것이 첫 시작으로 알려져 있다. 해저 케이블로 전기를 전송할 때 교류의 경우 정전 용량이 커져 전력 손실이 발생한다. 하지만 고전압 직류는 이런 문제가 적기 때문에 유럽 각국을 연결하는 전력시스템으로 각광 받고 있다. 현재 전 세계적으로 60여 개 국가에서 고압직류 시스템이 운영되고 있으며, 수십 여 개의 프로젝트가 추진 중이다(현재 우리나라에도 제주-해남, 진도-제주를 연계한 고전압 직류 시스템이 운영 중이며, 내륙 지역에도 북당진-평택 고덕 간 2018년 완공을 목표로 건설 중이다).

직류는 19세기 전류전쟁에서 교류에 패했다. 하지만 지난 100년 동안 직류는 서서히 교류시장을 잠식해왔다. 앞으로 100년 후에는 직류가 전기의 왕국을 지배할지도 모른다.

10. 키르히호프의 법칙

키르히호프

우리가 사용하는 각종 전기기기나 전자제품은 저항, 커패시터, 인덕터 등 다양한 부품들과 함께 복잡한 회로로 구성되어 있다. 때문에 구성된 회로의 전류나 전압을 구하는 것도 쉽지 않다. 전기와 관련된 학문에서 가장 기본적인 법칙 중 하나로 옴의 법칙을 떠올릴 수 있다. 전기에서만큼은 만능 법칙처럼 보이는 옴의 법칙이지만, 복잡한 회로를 계산하는 것이 쉽지 않다. 하지만 옴의 법칙을 확장한 또 다른 법칙인 키르히호프 법칙(Kirchhoff's law)을 이용하면 많은 도움을 받을 수 있다. 독일의 물리학자 구스타프 로베르트 키르히호프(Gustav Robert Kirchhoff, 1824~1887)가 1849년 발표한 전기 회로에 관한 이 법칙은 크게 두 부분으로 구성된다.

1. 제1법칙(전류의 법칙)

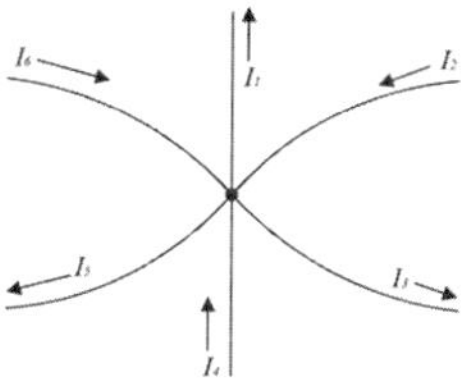

$$I_1+I_3+I_5=I_2+I_4+I_6$$

키르히호프의 제1법칙(전류의 법칙)

제1법칙은 전류에 관련된 내용으로 전류의 법칙이라고도 한다. 직렬회로에서의 전체 전류는 각 저항을 통해 흐른 후 다시 합해져 흐르게 된다. 또한 직·병렬회로에서는 2개소 이상의 통로로 구성되어 있으며, 다른 어떤 부분은 1개소의 통로만으로 구성되어 있다.

이렇듯 복잡한 회로에서 회로의 연결과 상관없이 "회로 내의 어떤 한 점에 유입된 전류의 총합과 유출한 전류의 총합은 같다"는 것이다. 즉, 회로의 접속점에서는 흐르는 전류를 저장할 수 있는 능력이 없으므로 입력된 전류는 모두 흘러나간다는 것을 나타내는 법칙이다.

2. 제2법칙(전압의 법칙)

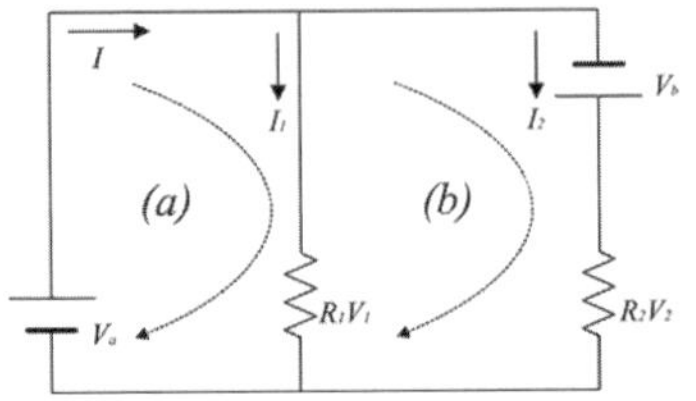

닫힌 회로 (a)에 대해서
$V_a=I_1R_1$

닫힌 회로 (b)에 대해서
$V_a=I_1R_1+I_2R_2$

키르히호프의 제2법칙(전압의 법칙)

제2법칙은 전압에 관한 내용으로 전압의 법칙이라도 한다. "기전력(전압)은 저항에 대한 전류가 흐르는 회로에서는 모든 전압의 합은 동일해야 된다"는 것이다. 이는 회로 내의 어떤 점에서든지 시작하여 어떤 방향으로나 전압을 합해 나가 출발점까지 돌아오면 그 합은 항상 동일해야 한다는 것이다. 즉, "임의의 폐회로에 있어서 기전력의 총합과 저항에 의한 전압 강하의 총합은 같다"는 것을 의미한다.

06

라디오 스타의 탄생

누구에게나 라디오에 대한 추억 하나쯤 있을 것이다. 감수성 예민했던 학창시절에는 사연도 보내고 신청한 노래가 나오길 손꼽아 기다리기도 했다. 한때 라디오가 텔레비전과 함께 가전의 왕자로 군림했던 시대가 있었다. 최근에는 점점 다양해지는 텔레비전 프로그램과 스마트폰에 밀려서 일반 가정에서 라디오를 듣는 경우가 많이 줄었다. 그래도 예전만큼은 아니지만 라디오는 낮과 밤을 가리지 않고 여전히 사람들의 귀를 즐겁게 해주고 있다. 오래된 친구와 같은 라디오는 어떻게 우리 곁으로 다가오게 되었을까?

에디슨 효과(Edison Effect)

19세기 말부터 시작된 전기 혁명으로 조명과 통신이라는 새로운 분야

슬픔과 기쁨을 함께한 따뜻한 친구 라디오

가 탄생되었고, 산업과 생활 전반에 엄청난 변화를 가져왔다. 특히 통신 분야는 마르코니를 필두로 무선 통신의 상업화로 이어졌고, 1초에 30만 킬로미터를 달리는 전자파의 속도처럼 빠르게 성장했다. 이러한 통신 분야의 발달 뒤에는 진공관(vacuum tube)이라는 혁신적인 부품이 큰 몫을 하게 된다.

진공관의 탄생에 관한 배경은 토마스 에디슨과 그의 조수였던 프랜시스 업튼(Francis Robbins Upton, 1852~1921)으로부터 시작된다.

1883년 에디슨은 백열전구의 성능과 수명을 향상시키기 위한 연구를 한창 진행 중이었다. 특히 필라멘트의 수명이 중요한 요소로 작용했던 터라 이를 위해 많은 실험이 진행되었다. 실험은 조수였던 업튼도 함께 참여했다. 당시 업튼은 대나무 탄소 필라멘트를 이용해 실험을 진행했는데, 전구 안쪽이 검게 변하는 현상을 자주 목격하게 된다. 업튼은 이 기묘한 현상을 즉시 에디슨에게 보고했다.

열이온 방출(thermionic emission)
금속이나 반도체를 고온으로 가열하면, 고체 내의 전자가 열적으로 자극을 받는다. 이때 고체 내부의 속박에서 자유로워져서 일정한 에너지를 얻어 외부로 나오는 현상을 말한다. 1873년 영국의 과학자 프레데릭 구드리(Frederick Guthrie,1833~1886)에 의해 처음 알려졌다. 하지만 당시에는 반향 없이 묻혀 있다가 에디슨에 의해 다시 부각된 것이다.

업튼이 보고한 이 현상은 탄소원자들이 필라멘트 고리의 한쪽에서 밀려나와 그 고리의 다른 쪽에 흐린 그림자가 발생한다는 것이었다(이들이 발견한 것은 **열이온 방출**(thermionic emission) 현상이었다).

이러한 현상은 백열등의 성능에 걸림돌로 작용했기 때문에 이를 제거하기 위한 개선책이 필요했다. 그 개선책으로 에디슨과 연구팀은 작은 금속판을 전구 필라멘트 안쪽에 넣을 것을 생각한다. 탄소 입자가 유리까지 날아가기 전에 정전기로 붙여

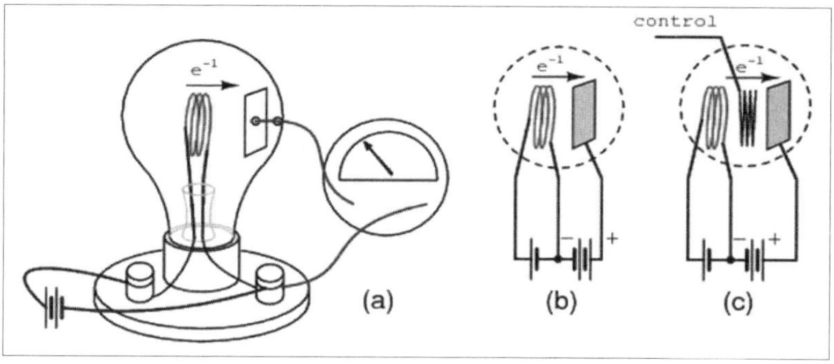

에디슨은 백열전구의 내면의 그을림 현상을 없애기 위해 그림(a)와 같이 필라멘트 사이에 금속판을 봉입하게 된다. 제작된 실험장치는 훗날 진공관 탄생에 큰 영향을 끼쳤다. 〈출처 : http://www.allaboutcircuits.com〉

버린다면 문제를 쉽게 해결할 것으로 생각한 것이다. 이를 위해 에디슨은 백열등의 필라멘트 옆에 금속판을 설치하고 전압을 공급했다. 그런데 또 다시 신기한 현상이 발생했다. 금속판이 필라멘트의 전압보다 높거나 낮을 경우 금속판 사이에 전류가 흐르기도 하고, 흐름이 멈추기도 한 것이다. 이 실험을 통해 에디슨은 진공상태에서도 전류가 흐를 수 있다는 것을 발견하게 된다.

당시만 해도 "진공상태에서는 전류가 흐르는 것이 불가능하다"는 이론이 정설로 되어 있었는데 에디슨이 그러한 이론을 뒤엎어버린 것이다. 하지만 에디슨은 이러한 현상에 대한 중요성을 알지 못했고 단순히 검은 그을음을 없앤 것에 대해서만 기뻐할 뿐이었다. 새로운 현상에 대해서는 단순히 특허를 획득한 것으로만 마무리되었다.

이 현상에 대해 1884년 영국 우편국의 수석 엔지니어 윌리엄 프리스(William Henry Preece, 1834~1913)가 에디슨의 실험을 재현했고, 이러한 현상을 에디슨 효과(edison effect)라고 이름 붙였다. 하지만 에디슨 효과는 그저 그렇게 잊혀지는 듯했다.

새로운 문명의 불씨, 진공관

플레밍 플레밍의 왼손·오른손 법칙을 고안했으며, 런던에 있는 에디슨전등 회사에서 자문역으로 일하기도 했다. 페니실린을 개발한 플레밍과는 다른 인물이다.

에디슨전등 회사 런던 지사에서 자문과 무선수신기기의 검파장치(detector)를 연구하던 영국의 전기공학자 존 앰브로즈 플레밍(John Ambrose Fleming, 1849~1945)은 신기한 에디슨 효과에 대해 큰 관심을 갖게 된다. 플레밍은 에디슨이 개량한 백열등을 입수해 실험을 진행했는데, 그 방법이 기존과는 달랐다. 백열등에 직류가 아닌 교류를 흘려 보내는 것이었다.

플레밍의 실험은 전혀 예상치 못한 놀라운 결과를 보여주었다. 교류의 경우 일정한 간격으로 (+)와 (-)극성을 바꾸어 가면서 흐르게 된다. 하지만 필라멘트 주변에 있던 금속접시를 통과할 때는 한쪽 방향으로 일정하게 흐르는 것이었다. 즉, 교류가 직류로 순식간에 변했던 것이다.

플레밍은 이를 바탕으로 〈대기와 고진공 상태에 있는 전극들 간에 보이는 전기방전에 대해 *On Electric Discharge Between Electrodes at Different Temperatures in Air and in High Vacua*〉라는 제목의 논문을 영국 왕립학회에 제출하여 1890년 출판하게 된다. 이후 플레밍은 보다 효율적인 전파 수신기에 대한 연구에 매진했다.

당시 전파 수신기는 수신 시간이 오래 걸렸고, 바다 한가운데를 항해하는 배에서처럼 흔들리는 장소에서는 수신이 잘 되지 않는다는 단점이 있었다. 플레밍은 과거 자신이 연구했던, 에디슨 효과를 기반으로 한 발명품인 진공관을 이용해 이러한 문제점을 개선하고자 했다.

플레밍의 예상은 적중했다. 진공관을 이용해 전기회로를 구성한 상태

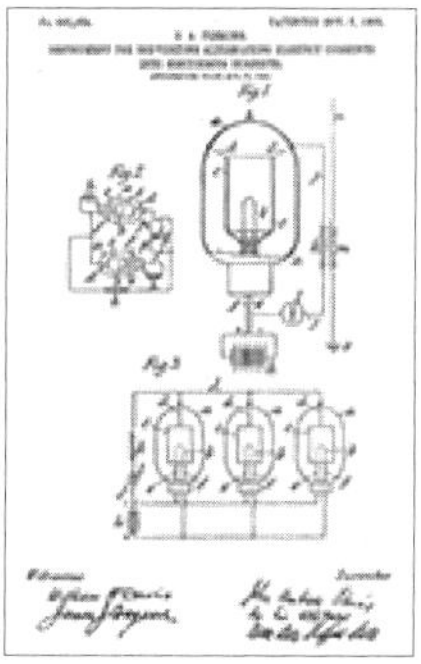

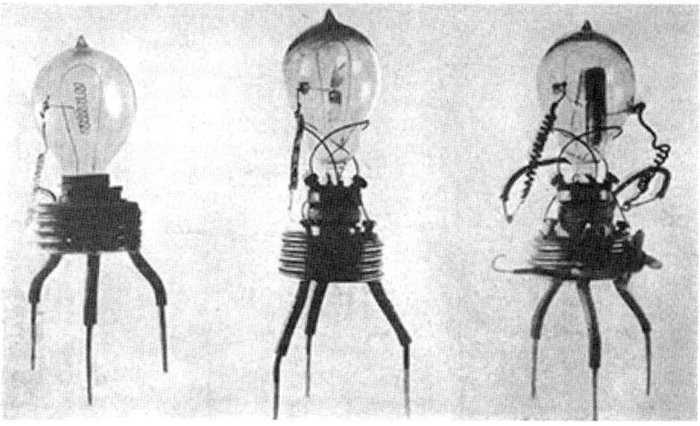

플레밍 밸브의 특허와 초기 개발품

로 실험을 진행했더니 출렁거리고 민감한 고주파 신호의 전류가 깨끗하게 정류(rectification)된 것이다(진공관을 통해 완벽하지는 않지만 비교적 쉽게 교류가 직류로 바뀐 것이다). 1904년 플레밍은 획기적인 이 발명품을 영국과 미국에서 플레밍밸브(fleming valve)라는 이름으로 특허를 획득한다.

플레밍의 발명은 당시 시장에서 주로 사용되었던 코히러(coherer)나 매기(maggies) 수신기에 비해 구조가 간단하고 수신수율도 좋아 기존의 수신기를 대체할 것으로 예상되었다. 하지만 플레밍은 '플레밍밸브'에 대한 중요성을 인식하지 못한 채 평소 친분이 있던 마르코니에게 특허를 쉽게 넘겨버린다. 사업 수완이 뛰어났던 마르코니는 플레밍밸브의 상업성을 인지하고 진공관을 생산하기 시작한다.

플레밍의 진공관이 발명된 이후 많은 이들이 무선통신기기에 대한 연구를 진행했다. 그 중 예일대에서 무선 전파에 관한 논문으로 박사학위를 받은 드 포레스트(Lee de Forest, 1873~1961)는 단순한 모스부호를 이용한 무선통신을 넘어 사람의 음성을 전달할 수 있는 무선통신기기를 연구하고 있었다.

드 포레스트는 삼극 진공관을 개발함으로써 전자 시대의 문을 열었다.

이를 위해 드 포레스트는 플레밍밸브를 좀 더 발전시킨다면 사람의 목소리도 무선통신으로 충분히 전달할 수 있을 것으로 확신했다. 1906년 드 포레스트는 플레밍밸브를 변형한 3극 진공관을 개발하고, 이를 오디온(Audion)이라고 이름지었다. 오디온은 내부에 금속 망(grid)이 들어 있다는 것이 기존 진공관과의 차이점이었다. 오디온은 발진반응기기(oscillation responsive device)라는 제목으로 특허를 획득하게 된다. 오디온의 망에는 외부에서 전압을 공급하는 전극이 연결되어 있어 전류의 조절이 용이했다. 즉 금속 망에 전압을 걸어주면 그 전압과 비례하여 전류를 조절할 수 있었다.

그런가 하면 오디온을 통하게 되면 작은 전기 신호를 크게 증폭할 수도 있었다. 주기능이 정류작용인 플레밍밸브와는 차별화된 기능으로 무선통신 발전에 큰 기여를 할 것으로 예상되었다. 초기에 개발된 오디온은 고가에다 수명도 짧아 상업적으로 성공을 거둘 수 있을지는 장담할 수 없는 상황이었다. 하지만 당시 아마추어 발명가들은 오디언에 크게 매료되어 있었는데, 그들로 인해 단점들이 조금씩 개선되어갔다.

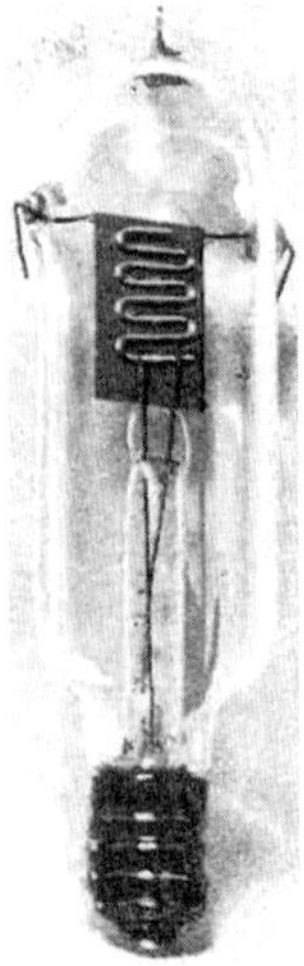

초창기 개발된 오디언(왼쪽)과 개선된 오디언(오른쪽)

음악 애호가였던 드 포레스트는 늘 그랬듯이 오페라 극장을 찾았다. 당시 그는 주머니 사정이 여의치 않아 입석

1916년 〈일렉트릭컬 익스퍼리먼터〉지에 실린 드 포레스트 라디오 전화전신 회사의 오디온 광고

밖에 입장권을 구할 수 없었다. 아쉬움과 함께 드 포레스트는 금전적으로 풍요롭지 않아도 누구나 오페라와 같은 좋은 음악을 들을 수 없을까? 라는 물음에 대해 심각하게 고민한다. 고민 끝에 자신의 발명품 오디언이 불현듯 뇌리를 스쳐 지나갔다. 오디언을 이용한 라디오폰을 개발한다면 누구나 쉽게 오페라를 들을 수 있다고 생각했던 것이다. 자신의 계획에 확신을 가진 드 포레스트는 오페라라는 물론이고 뉴스와 광고도 집집마다 울려 퍼질 날이 머지않았다는 계획을 〈뉴욕 타임즈〉에 소개하기도 했다.

이를 위해 그는 1907년 드 포레스트 라디오 전화전신 회사(the De Forest Radio Telephone & Telegraph Company)를 창업한다. 이듬해인 1908년에 드 포레스트는 건축가였던 두 번째 아내 로라 스탠튼 브래치(Nora Stanton Blatch Barney, 1883~1971)와 함께 라디오 음악 방송을 시작한다(드 포레스트는 3번의 이혼과 4번의 결혼을 했다).

드 포레스트는 뉴욕과 파리에서 라디오 방송을 시작했다. 레코딩 된 최신 음악들을 축음기로 틀어 전송하거나 스튜디오에 가수를 초대하여 직접 노래하는 등으로 방송을 전송했다. 하지만 그의 노력과 달리 라디오 방송은 상업적으로 참패하게 된다. 전송된 음악 대부분이 끊기거나 잡음이 너무 심해 청취자가 편하게 들을 수 있는 상태가 아니었다. 고품질의 음질을 기대했던 청취자들은 실망과 함께 마음의 문을 닫았고, 드 포레스트의 회사도 문을 닫았다.

비록 드 포레스트는 실패했지만, 그의 방송 실험 덕분에 모스부호와 같은 단순 무선통신에서 사람의 목소리를 전달할 수 있음을 보여준 사례였다.

최초의 라디오 방송

진공관의 발명으로 무선통신기기의 성능이 날로 향상되는 가운데 많은 공학자와 발명가들은 전파에 소리를 실어 보내는 연구를 활발히 진행했다.

1906년 12월 24일 밤, 캄캄한 바다 한가운데를 항해중이던 선박의 통신기기에서 난데없이 한 남자의 목소리가 들려왔다. "안녕하세요. 제 목소리가 들리나요?" 선원들은 유령에 홀린 듯 자신의 귀를 의심했다. 곧 이어 원통형 에디슨 축음기에 녹음된 헨델의 라르고(largo)가 울려 퍼지자 선원들은 넋이 나간 채 흐르는 음악에 귀를 기울였다. 음악이 끝나자 통신기기에서는 다시 한번 남자의 흥분된 목소리가 들려왔다. 그 목소리는 "메리 크리스마스~!"라는 인사를 끝으로 사라진다. 선박의 통신기사는 의문의 남자에게 음악을 잘 들었다는 화답으

페슨던은 최초로 음성 메시지를 무선으로 전송하는 데 성공했다.

로 '삑삑' 모스부호를 보냈다.

목소리의 주인공은 캐나다 출신 발명가인 레지날드 페슨던(Reginald Aubrey Fessenden, 1866~1932)이고 세계 최초의 라디오 방송은 이렇게 시작됐다. 페슨던은 평소 단순한 방식의 모스신호 통신이 아닌 소리를 전달할 수 있는 통신을 열망했다. 열정 가득한 페슨던의 마음을 산타클로스가 알아채고 크리스마스 선물을 준 것이라는 생각이 든다.

1910년 우편엽서에 등장한 페슨던의 브랜트락 라디오타워

당시 전파를 만드는 유일한 방법은 마르코니가 주로 사용했던 불꽃방전 송신장치였다. 불꽃방전 송신장치는 모스신호의 송신·수신에는 문제가 없었다. 하지만 소리를 송·수신하는 것은 불가능해 보였다. 페슨던은 이러한 단점을 보완하기 위해 교류발전기를 무선통신의 발신기로 이용할 것을 생각해냈다. 즉, 높은 품질의 라디오파 전송을 위해서는 일정한 형태의 단일 주파수를 송신 방식으로 생각한 것이다.

페슨던은 자신의 아이디어를 기반으로 로터리 스파크 전송기(rotary spark transmitters)라는 혁신적인 무선통신 장치를 개발해낸다. 개발된 전송기는 카본 마이크로폰과 연결하여 음성 신호와 같은 여러 가지 소리를 전달할 수 있었다.

역사적인 첫 라디오 방송 이후 페슨던은 뉴욕 메트로폴리탄 극장 오페라 공연의 라디오 생중계 방송을 계획했다. 공간의 제약 없이 쉽게 음악을 들을 수 있기 때문에 엄청난 호응을 기대했다. 하지만 결과는 참담했다. 무선통신 시장의 분위기는 모스신호 외에는 큰 관심이 없었던 터라 대부분 사람들은 새로운 형식인 라디오 방송을 쉽게 받아들이지 못

사노프는 텔레비전, 라디오 방송 사업의 개척자 중 한 사람으로 NBC 회장, RCA 회장 자리에까지 올랐다.

했고, 청취를 위해서는 반드시 수신장치(라디오)가 필요했다. 하지만 당시에는 수신장치 보급이 쉽지 않는 환경이었기에 음성이 가미된 무선통신의 확산은 더디기만 했다.

한편 마르코니 통신회사에서 일하던 데이비드 사노프(David Sarnoff 1891~1971)는 16년 전 페슨던이 개발한 전송기에 흥미를 갖게 된다. 페슨던의 전송기를 개량하여 방송 수신기(라디오)를 만들고 음악 방송을 하면 큰 수익을 창출할 것이라고 경영진에게 보고한다. 하지만 예상외로 마르코니 통신회사는 큰 관심을 갖지 않았다.

이후 사노프는 RCA(Radio Corporation of America) 회사로 이직하게 되었고, 그는 마르코니 통신회사에서 제안했던 계획안을 RCA 경영진에게 다시 제출했다. 방송 산업이 훗날 황금알을 낳을 산업이라고 예상한 RCA 경영진은 사노프의 계획안을 받아들였다. 이후 사노프의 예상은 적중해 RCA의 음악방송 사업은 대성공을 거두게 된다. 또한 음악방송 사업의 성공과 함께 수신장치인 라디오의 판매량도 크게 증가했다.

1921년 아인슈타인을 비롯한 많은 과학자와 공학자들이 사노프와 함께 RCA의 무선통신 방송국을 견학하고 있다.

사노프는 관련 산업으로 승승장구하게 되었으며, 1920년에는 미국의 전기공학자인 프랭크 콘래드(Frank Conrad, 1874~1941)와 함께 KDKA라는 최초의 라디오 방송국을 세웠다.

프랭크 콘래드는 KDKA 방송국에서 방송을 하던 중에 'broadcast'란 신조어를 만드는데 이 단어는 '방송하다'란 뜻의 어원이 되었다.

전자시대의 선봉장, 진공관

진공관의 외형은 백열등과 흡사하다. 진공 상태의 유리관 내부에는 전극이 있고 외부에는 전원을 공급할 수 있는 단자가 있다. 육안으로도 쉽게 내부를 볼 수 있는데 오늘날의 전자부품과 비교하면 비교적 구조가 단순한 전자부품이라 할 수 있다. 플레밍의 '2극 진공관'과 오디온이라 불리었던 드 포레스트의 '3극 진공관'의 발명으로 오늘날과 같은 전자의 시대가 열리게 된 것이다.

진공관은 (+)극성인 애노드(anode)와 (-)극성인 캐소드(cathode)를 기본 구조로 하고 있으며, 2극 진공관과 3극 진공관은 유사한 구조를 가지고 있다. 3극 진공관은 애노드와 캐소드 2개 극성과 양극 사이에 금속 망(grid)이 별도의 극성으로 위치해 있는 것이 중요한 특징이다. 추가된 망은 일종의 댐의 수문과 같은 역할을 하는데, 금속 망을 통해 전자의 흐름을 조절할 수 있기 때문이다. 즉 망으로 전달되는 전압에 따라서 애노드에

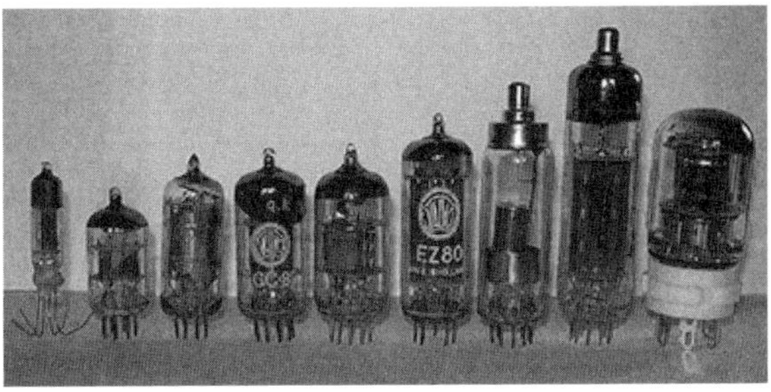

다양한 종류의 현대식 진공관

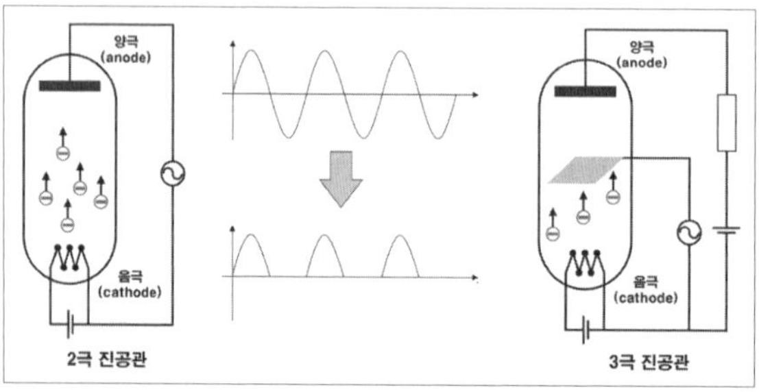

2극 진공관과 3극 진공관의 동작원리

서 캐소드로 흐르는 전류의 양을 조절하는 것이다.

3극 진공관은 망으로 전달되는 낮은 전압으로 전류의 크기를 쉽게 조절할 수 있다. 미약한 전파 신호를 크게 증폭(amplification)이 가능하여 20세기의 무선통신에 획기적인 기여를 하게 되었다.

초창기 진공관의 개발 이후에도 4극, 5극 진공관이 속속 개발되었다. 하지만 새로운 기술이 접목된 다이오드(diode), 트랜지스터(transistor) 등처럼 작고 효율이 우수한 반도체가 출현하자 진공관은 과거의 영광을 뒤로 한 채 왕좌에서 내려오게 된다. 진공관은 전자산업 전반에서 그 중요도가 낮아졌지만, 많은 음향기기 애호가들에게 여전히 큰 사랑을 받고 있다. 이는 트랜지스터가 장착된 음향기기에서는 따라 올 수 없는 진공관 특유의 따뜻한 음질이 우리의 청각을 매료시키기 때문이다.

비디오가 라디오 스타를 몰아냈다

라디오가 탄생한 지 어느덧 100년이 훌쩍 넘었다. 텔레비전은 소리와 영상을 동시 보여주는 강력한 무기로 라디오를 위협했다. 하지만 라디오는 여전히 건재하다. 텔레비전과는 또 다른 매력으로 사람들을 끌어당긴다. 텔레비전을 보면서는 자동차를 운전할 수 없다. 그러나 라디오는

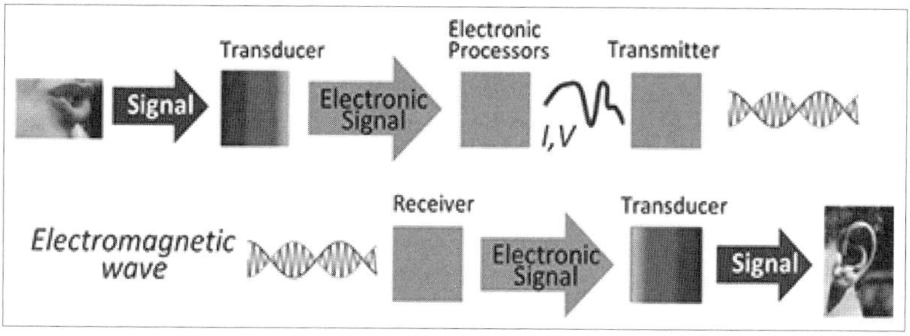

라디오 방송의 원리

운동을 하거나, 자동차를 운전하거나 집안일을 할 때도 쉽게 청취할 수 있어 장소의 제약을 받지 않는다.

그렇기 때문에 첨단으로 무장된 전자제품이 난무하는 21세기에도 묵묵히 자리를 지키고 있다. 매력 만점 라디오! 라디오는 어떻게 소리를 내는 것일까?

사람의 음성이나 악기에서 발생하는 소리는 공기나 물과 같은 매질을 거쳐 진동으로 퍼져나간다. 하지만 공기 중으로 전달되는 음파는 1초에 340미터의 느린 속도로 전달되며, 거리가 멀어질수록 음파의 감도는 서서히 줄어든다. 그에 반해 전파는 1초에 30만 킬로미터의 빠른 속도(빛의 속도와 거의 같다)로 넓은 공간으로 퍼져나간다. 그렇기 때문에 음파를 빠르고 멀리 보내기 위해서는 몇 단계의 변환이 필요하다. 먼저 음파를 전파로 변환하여 송신기를 통해 보내야만 한다. 그리고 송신된 전파는 수신기를 통해 수신된 전파를 다시 음파로 변환한다. 마지막으로 변환된 음파가 스피커를 거치면 우리는 음성이나 아름다운 음악을 듣는 것이 가능하다. 라디오는 이러한 기본 과정을 반복해 동작하는 것이다.

라디오 방송에 대해 좀 더 살펴보자. 방송국에서 방송이 시작되면 라디오 방송 진행자가 무언가 말을 하게 된다. 그 음성은 마이크로폰을 통

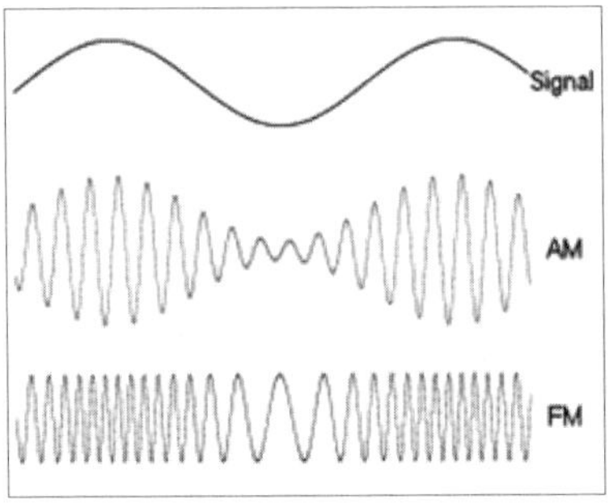

라디오 방송에 사용되는 변조방식으로는 크게 AM 변조와 FM변조로 나누어진다.

해 소리가 전압 신호로 변환된다. 음파의 경우 일반적으로 20~2만 헤르츠의 낮은 주파수를 발생하기 때문에 별도의 증폭장치(amplifier)를 사용해도 먼 곳까지 전파를 전달하기 어렵다.

그렇기 때문에 거리에 제한 없이 라디오 방송을 자유롭게 하기 위해서는 100킬로헤르츠 이상의 고주파를 갖는 파형에 음성이나 악기 소리를 실어서 보내야만 한다. 이러한 고주파의 전파를 반송파(carrier wave)라고 한다(반송파는 빠르게 달리는 고속철이며, 소리 신호를 승객이라 생각하면, 고속철을 타고 간다면 거리에 상관없이 이동이 쉬워진다. 하지만 사람이 직접 특정 위치로 이동한다면 가까운 거리 외에는 이동이 어려운 이치와 비슷하다).

반송파에 소리 신호를 싣는 단계를 변조(modulation)라 하는데, 변조에는 AM변조(amplitude modulation), FM변조(frequency modulation) 두 가지 방식을 사용한다. 이들 두 가지 변조 방식은 현재 라디오 방송에서 모두 사용되고 있다.

AM변조는 진폭변조를 말하며, 소리 신호가 강하거나 작을 때 진폭의 높낮이를 조절하는 방식이다. FM변조는 주파수를 이용해 변조하는 방식이다. 소리 신호인 진폭은 일정하고 소리의 크기 변화인 주파수를 크거나 작게 조정하여 반송파에 실어 보내는 방식이다.

일단 변조된 반송파는 방송국의 증폭기와 안테나를 거쳐 공중으로 전파를 송신하게 된다. 그러면 지상 곳곳에 위치한 수신 장치인 라디오가 이 전파를 안테나로부터 수신 받아 증폭을 한다. 이후 수신된 신호에서 음성신호를 끄집어내는 복조(demodulation)와 음성신호의 증폭을 거치고 스피커를 통해 방송국에서 보내온 소리를 듣게 되는 것이다.

그런데 AM방송과 FM방송을 모두 들어본 청취자는 두 방식의 차이점을 느낄 것이다. 일단 AM방송은 고음부에서 음질이 떨어지고 '지지직~' 하는 잡음이 많다. 그에 반해 FM방송은 잡음도 적고 음질도 매우 우수한 것을 알 수 있다. 그 이유는 두 방식이 사용한 주파수 대역이 다르기 때문이다.

AM방송은 일반적으로 500~1600헤르츠 대역의 중파를 사용하고, FM방송은 70~90메가헤르츠의 초단파를 사용한다. 중파를 사용하는 AM방송은 넓은 범위까지 청취가 가능하지만 주파수 사용 범위가 좁아 잡음도 많고 음질도 나쁘다. 반면 FM방송은 초단파를 사용하기 때문에 AM방송보다 잡음이 적고, 음질도 상당히 좋다. 이러한 장점 때문에 텔레비전 소리 신호도 FM을 이용해 방송을 하고 있다.

톡! 과학 공부

11. 전압과 전류의 측정

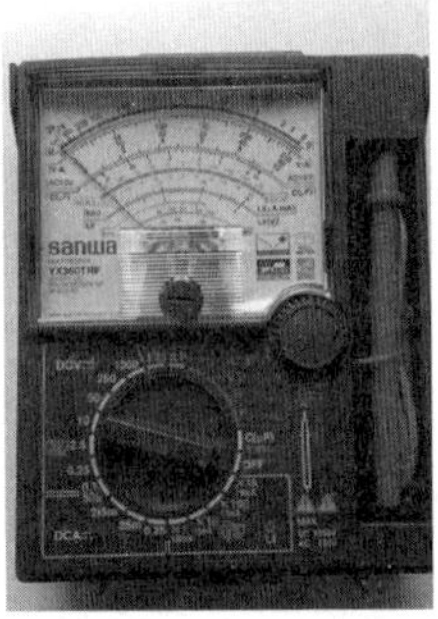

일반적인 사양의 아날로그 멀티미터

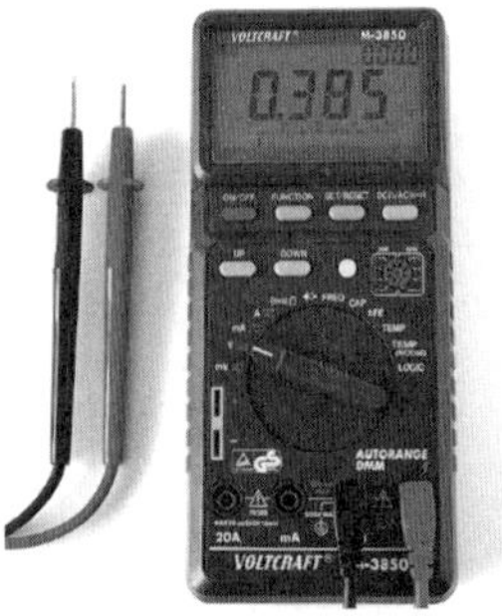

일반적인 사양의 디지털 멀티미터

전압과 전류 그리고 저항값을 측정하는 것은 전기회로를 분석하고 이해하는 데 기본이 된다. 이 같이 전압, 전류, 전기저항 등의 전기량을 측정할 수 있는 계측기를 멀티미터(multimeter)라고 한다. 멀티미터는 크게 아날로그 방식과 디지털 방식이 있다. 멀티미터는 일반적으로 줄여서 테스터라고 부르기도 한다. 아날로그 방식의 경우 무빙코일로 흐르는 전류에 따른 자장의 크기 변화로 회전력을 얻어 눈금을 움직여 계측된 수치를 표시한다. 디지털 방식의 경우 입력된 전압(또는 전류)을 디지털화한 후, 디스플레이를 통해 디지털적으로 계측된 수치를 표시한다.

여기서 멀티미터의 기본 기능인 전압, 전류, 저항을 측정하는 방법을 살펴보자.

1. 전압 측정 방법

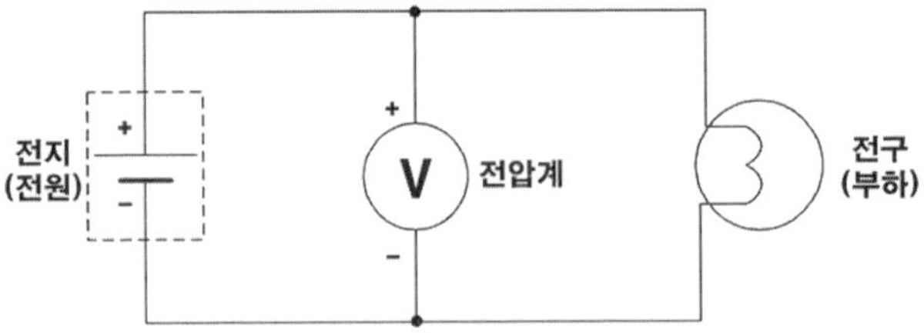

전압측정 방법

입·출력 전압 또는 회로로 공급되는 전압의 측정은 전압계를 측정되어야 할 소자와 병렬로 연결되어야 한다. 전압계를 연결할 때는 회로가 연결된 상태에서 높은 전위점은 (+)단자 리드선을 연결하고, 그 반대쪽인 낮은 전위점에는 (−)단자 리드선을 병렬로 연결하여 전압을 측정한다.

멀티미터를 사용하여 전압을 측정하고자 할 때는 레인지(range)를 전압이 직류인지, 교류인지를 잘 선택해야 한다. 전압을 선택한 후 적색 리드선을 높은 전위점 (+)에 연결하고 흑색 리드선을 낮은 전위점 (−)에 병렬로 연결하여 회로의 전압을 측정한다.

2. 전류 측정 방법

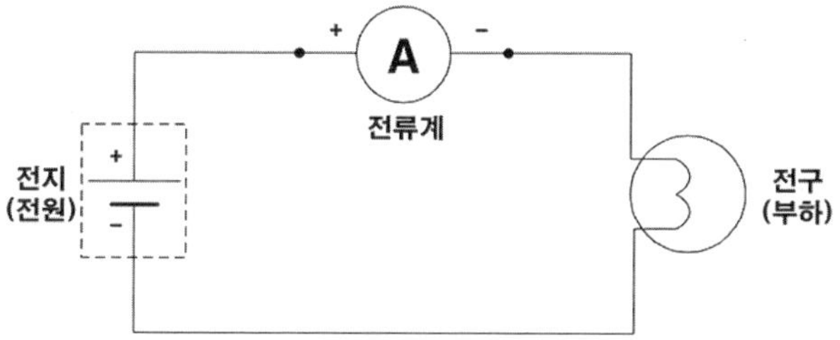

전류측정 방법

입·출력 전류 또는 회로로 흐르는 전류를 측정하려면, 전하의 흐름이 전류계를 통과할 수 있도록 회로를 직렬로 연결하여야 한다. 전류계를 접속할 때에는 회로의 일부를 임의로 오픈하여 전류가 입력되는 방향, 즉 전원 쪽에 전류계의 (+)리드선을 연결하고 그 반대 쪽에는 (−)리드선을 직렬로 연결해야 한다. 이후 연결한 상태에서 회로를 작동시키면 회로 내에 흐르는 전류값을 쉽게 측정할 수 있다.

전압과 마찬가지로 멀티미터를 사용하여 측정할 경우에는 측정하고자 하는 대상의 전류 용량을 파악하여 레인지의 단위를 밀리암페어[mA] 또는 암페어[A]로 선택해야 한다. 그 다음 입력되는 배선을 분리하고 적색 리드선은 전원에 연결하고 흑색 리드선은 부하 입력단자에 반드시 직렬로 연결한 다음 전류를 측정한다.

이때 전류계가 회로의 일부가 되는 폐회로가 되기 때문에 전류계의 극성에 주의해야 하며, (+)극과 (−)극 단자에 회로의 연결을 정확히 해야만 계측이 가능하다.

3. 저항을 측정하는 방법

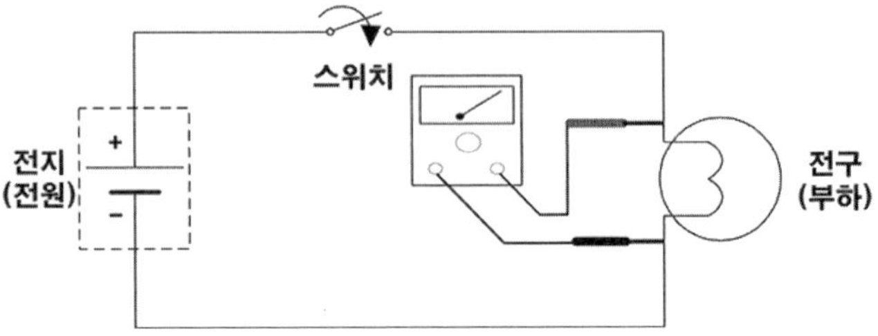

저항측정 방법

회로에서 저항을 측정할 때 디지털 방식의 멀티미터와 아날로그 방식의 멀티미터는 약간의 차이가 있다. 디지털 방식의 경우 먼저 측정 레인지를 옴[Ω]으로 선택하고 회로의 전원을 모두 끈 상태에서 측정하고자 하는 저항 소자의 양단을 적색 리드선과 흑색 리드선을 접촉시켜 계측한다.

아날로그 방식의 멀티미터를 이용해 저항을 측정할 경우에는 측정 레인지를 옴[Ω]의 위치로 조정한다. 그 다음 적색, 흑색 리드선을 쇼트(short)시켜 테스터의 지침이 오른쪽의 0점과 일치하는지 확인해야 한다. 0점 조정이 끝난 이후에 저항 소자의 양단을 적색 리드선과 흑색 리드선을 접촉시켜 계측한다. 이때 아날로그 멀티미터의 저항계 눈금은 오른쪽으로 갈수록 0에 가까우며, 왼쪽으로 갈수록 저항값은 증가하는 형태로 간다.

chapter 03

전기의 새로운 진화론

e l e c t r i c b i g b a n g

01

일렉트로닉스 빅뱅

18~19세기에 걸친 산업혁명은 증기기관, 백열등, 발전소 등과 같은 기계와 전기산업이 그 시대를 주도했다. 산업혁명의 충격이 채 가시지 않은 상태에서 20세기가 도래했고 곧이어 전자혁명(electronic revolution)이라는 또 하나의 충격이 다가왔다. 혁명의 중심에는 반도체(semiconductor)가 있었다. 반도체의 출현으로 전자시대의 왕으로 군림했던 진공관은 그 자리에서 물러나게 된다.

이후 다양한 전자제품들이 우리 생활 속으로 스며들게 된다. 텔레비전, 냉장고, 세탁기, 스마트폰, 컴퓨터, 인터넷 등은 그 기능과 용도는 다르지만 한 가지 공통점이 있는데 모든 전자제품의 핵심에는 반도체가 있다는 점이다.

전자계의 아이돌 반도체는 어떻게 해서 탄생되었을까?

전기와 전자는 부자지간?

전기와 관련된 많은 현상들은 마이클 패러데이와 제임스 클러크 맥스웰 같은 학자들에 의해 이론과 실험을 통해 검증되었다. 이를 바탕으로 에디슨, 테슬라, 마르코니 등과 같은 많은 발명가들이 전기의 대중화에 많은 노력을 기울였다. 하지만 당시의 전기산업은 단순히 발전기를 이용해 발전(generate)된 전기로 조명기구를 밝히는 등의 단순한 목적으로만 유지될 뿐이었다. 보이지 않는 전기가 전선을 통해 흐를 때 어떠한 현상이 일어나는지, 그리고 그 실체가 무엇인지에 대해서는 아무도 알지 못했다.

이러한 상황 속에서 1883년 에디슨과 연구팀은 백열전구 내부에 정체 모를 검은 점이 발생하는 기묘한 현상을 발견했다. 하지만 이 현상에 관해 대수롭지 않게 생각했고, 관련된 현상으로 특허만 획득하는 데 그쳤다.

나중에 '에디슨 효과'라고 이름 붙여진 이 현상이 원인도 밝혀지지 않은 채 서서히 잊혀질 무렵, 백열등 안을 자유롭게 맴돌고 있던 보이지 않는 실체가 전자(electron)라는 것을 주장한 인물이 있었다.

그는 영국의 물리학자 조지프 존 톰슨(Sir Joseph John Thomson, 1856~1940)으로 전자(electron)의 존재를 발견하여, 그 공로로 1906년 노벨 물리학상을 수상한 인물이다. 어린 시절부터 영특함이 돋보였던 톰슨은 1870년 14살의 나이로 맨체스터 대학(The University of Manchester)의 오언스 칼리지(Owens College)에 입학했고, 1884년에는 28세의 젊은 나이에 케임브리지 대학(University of Cambridge) 캐번디시(Cavendish) 연구소에 들어간다.

톰슨은 위대한 과학자이면서 뛰어난 스승이기도 했는데, 그의 제자들 중 7명이 노벨상을 수상했고 27명은 왕립학회 회원이 되었다. 뿐만 아니라 아들인 조지 패짓 톰슨(George Paget Thomson, 1892~1975)도 '전자의 파동성'에 관한 실험적 증명으로 1937년 노벨상을 수상한다.

조지프 톰슨 전자의 발견으로 1906년 노벨 물리학상을 수상했고, 아들인 조지 패짓 톰슨도 '전자의 파동성'에 관한 실험적 증명으로 1937년 노벨상을 수상했다.

톰슨의 가장 뛰어난 업적은 음극선관(cathode-ray tube)을 이용한 실험으로 베일에 싸여 있던 전자를 발견한 것이다. 음극선관은 형광등과 유사한 형태로 진공 상태의 유리관에 (+)극과 (-)극을 연결한 구조로 되어 있다.

전자는 톰슨 이전에도 다른 과학자가 이미 발견한 적이 있었다. 유리관의 전극을 연결하여 전기를 넣어주면 (-)극에서 알 수 없는 무언가가 나와서 (+)극으로 흘러 들어가는 전자를 마이클 패러데이가 발견했었다. 당시 많은 과학자들이 음극선관을 이용해 실험을 했지만, 그 실체가 무엇인지는 아무도 알아내지 못했다.

1897년 톰슨 역시 음극선관을 이용해 보이지 않는 실체에 관한 연구를 시작한다. 연구는 기존에 사용되어 왔던 음극선관보다 진공도가 높은 크룩스관(crookes tube)을 이용해 실험을 진행했다. 톰슨은 크룩스관을 이용한 실험에서 보이지 않는 실체인 전자에 관해 세 가지로 압축하여 추론을 하게 된다.

첫째, '음극선은 일정한 방향으로 직진하는가?'라는 추론을 증명하기 위해 실험을 진행했다. 실험을 위해 크룩스관 중간에 장애물을 설치하

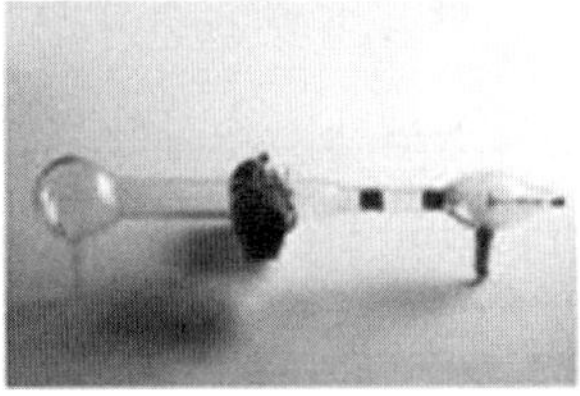

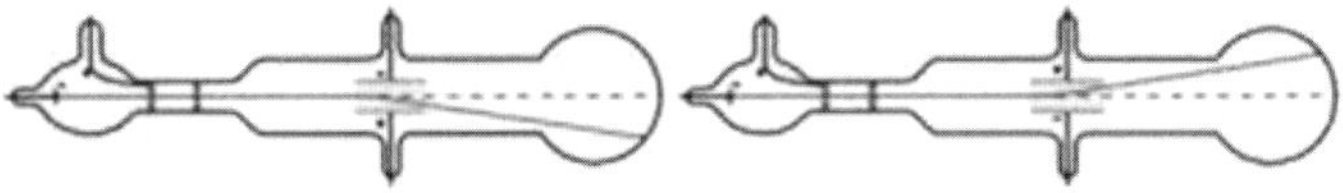

톰슨의 음극선 실험 톰슨은 음극선관 위와 아래 부분에 발생하는 전기장에서 음극선이 휘어지는 정도를 측정했다. 그리고 측정된 음극선을 미립자의 전하량과 질량의 비를 수치적으로 계산했다.

고 관 뒤에는 형광물질을 칠했다. 그런 다음 크룩스관의 양쪽 극에는 일정한 크기의 전원을 넣어주었다. 실험 결과 전원이 들어간 크룩스관에는 전기적인 성질을 가지고 있는 무언가와 형광물질 간에 반응이 일어났다. 곧 이어 형광물질이 칠해진 부분에 선명한 그림자 나타났는데, 실험을 통해 음극선의 직진성을 확인할 수 있었던 것이다.

둘째, 톰슨은 '음극선은 질량을 가진 입자인가?'라는 것을 확인하고자 했다. 이번에는 크룩스관 중앙에 바람개비를 장착했다. 만약 음극선에 질량이 존재한다면 바람개비와 충돌하여 회전시킬 것으로 생각했다. 톰슨의 추측은 적중했다. 실험 결과 크룩스관에 전기를 넣자 바람개비가 마구 회전하기 시작한 것이다.

셋째, '음극선은 전자기적 성질을 가지고 있는가?'라는 것에 대해 확인 할 차례였다. 톰슨은 크룩스관 주변에 자석을 배치해 자기장을 형성시켰다. 이후 전원을 넣자 자기장의 영향으로 음극선이 휘어졌다. 이번에는 크룩스관 주변에 전기장을 만들었다. 마찬가지로 크룩스관에 전원을 넣자, 음극선이 전기장의 (+)극 쪽으로 휘어지기 시작 했다. 음극선이 (-)전하를 띠고 있었던 것이다.

톰슨은 그 동안의 연구 결과를 바탕으로 1897년 4월 30일 영국 왕립연구소에서 음극선에 대한 실험 결과를 발표했다. 톰슨은 음극선이 (-)전하를 가지고 있는 입자의 흐름이라고 했다. 또한 아주 작은 입자라고 하여 미립자(corpuscle)라 불렀다. 훗날 사람들은 이것을 전기의 기본 단위를 나타내는 '전자(electron)'라고 부르게 된다.

세 발 달린 영웅, 트랜지스터

드 포레스트에게는 오디온을 이용한 라디오 방송으로 누구나 쉽게 오페라와 뉴스를 들을 수 있게 해준다는 꿈이 있었다. 하지만 그 꿈은 드 포레스트가 설립한 라디오전화전신 회사(Radio Telephone & Telegraph Company)의 파산과 함께 좌절되고 말았다.

한편 전화기 발명가의 한 사람이었던 미국의 알렉산더 그레이엄 벨(Alexander Graham Bell, 1847~1922)이 창립한 AT&T(American Telephone and Telegraph Co.) 사는 20세기의 장거리 전화 시장을 석권하기 위해 기술 개발에 박차를 가하고 있었다. 이러한 시점에서 드 포레스트가 발명한 오디온이 다시 주목을 받았고, 1914년 AT&T 사에서는 드 포레스트의 오디온에 대한 특허권을 구매한다.

이후 AT&T 사는 진공관을 이용한 전화 교환기를 도입했다. 그러나 진공관은 높은 전력소비와 그로 인한 발열과 외관이 유리로 되어

반도체 3총사 (왼쪽부터) 존 바딘, 윌리엄 쇼클리, 월터 하우저 브래튼

있어 쉽게 파손되는 문제가 큰 단점으로 작용했다. 1925년 당시 AT&T의 사장이던 월터 기포드(Walter Sherman Gifford, 1885~1966)는 전문 연구소를 설립했는데 그 유명한 벨 연구소(Bell Laboratories)이다. 초창기 벨 연구소에서는 진공관의 단점을 극복할 만한 새로운 제품에 대한 연구가 한창 진행 중이었다.

이 같은 분위기 속에 1936년 머빈 켈리(Mervin Kelly, 1895~1971)가 새롭게 벨 연구소장을 맡게 되었다. 그는 반도체 물질을 이용하면, 진공관을 대체할 만한 제품을 만들 수 있을 것으로 생각했다. 이를 구체화하기 위해서 새롭게 연구팀을 재정비한 후, 물리학자인 윌리엄 쇼클리(William Shockley, 1910~1989), 존 바딘 (John Bardeen, 1908~1991), 월터 하우저 브래튼(Walter Houser Brattain, 1902~1987) 세 사람이 주축이 된 반도체 개발팀이 조직되었다.

쇼클리의 경우 연구팀이 조직되기 전부터 반도체 연구에 경험이 있었던 터라 이론에 관한 연구를 먼저 추진하는 스타일이었다. 쇼클리는 자신의 개발 아이디어를 바딘과 브래튼에게 실험을 하도록 지시했다. 쇼클리 못지 않은 천재들이었던 바딘과 브래튼은 제시된 이론을 바탕으로 밤낮없이 연구를 진행했다. 하지만 쇼클리가 제시한 아이디어로 반도체를 만들 경우 작동을 장담할 수 없었다. 거듭된 연구를 통해 바딘과 브래튼은 쇼클리가 제안한 반도체의 설계 방향에 문제가 있다고 결론짓고, 개량된 형태로 재설계한다.

이후 브래튼은 실험 중 우연히 규소(silicon)가 반도체 내부에 존재하는 물리적인 전자장벽(electronic barrage)에 대해 깊이 몰두한다. 전자장벽을 조절하면 반도체의 신호 증폭을 조절하는 것이 가능할 것이라고 생각했다. 하지만 규소를 이용한 반도체 증폭기는 그들이 원하는 만큼의 증폭률(amplification factor)이 나오질 않았다. 바딘과 브래튼은 증폭률을 높이기 위해 게르마늄 등 다양한 재료를 이용해 실험을 했고, 마침내 원하는 결과를 얻게 된다. 1947년 바딘과 브래튼은 반도체를 이용하여 마침내 진공관을 대체할 최초의 트랜지스터(transistor)를 개발하게 된다.

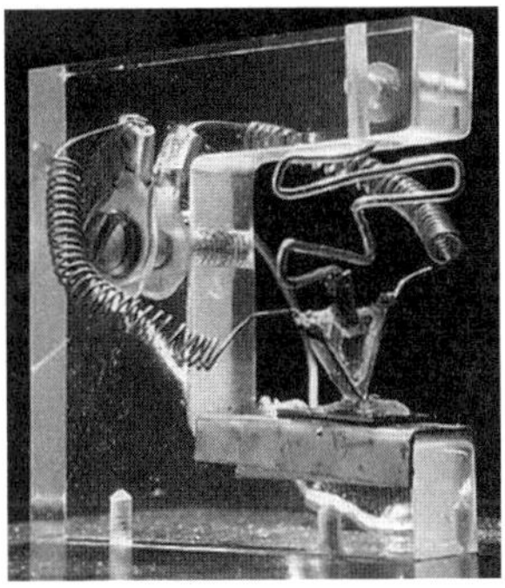
바딘과 브래튼이 제작한 최초의 트랜지스터로 실험장치를 '고양이 수염'이라고 부르곤 했다(사진은 재현품).

존 바딘과 월터 하우저 브래튼은 1948년 〈트랜지스터, 3극 반도체 *The Transistor, A Semi-Conductor Triode*〉라는 제목으로 논문을 발표한다. 이 논문은 두 페이지가 채 되지 않는 짧은 분량이었음에도 불구하고 트랜지스터의 효과를 실험적으로 확인했다는 면에서 역사적으로 의미가 크다. 1956년 윌리엄 쇼클리, 존 바딘, 월터 하우저 브래튼 세 사람은 트랜지스터를 발명한 공로로 노벨상을 공동 수상한다.

트랜지스터는 진공관에 비해 소비전력이 낮고, 외관이 유리 재질이 아니어서 내구성도 좋았다. 또한 상대적으로 사이즈가 작아 전자제품을 소형으로 만들 수 있는 장점을 가지고 있었다. 이를 바탕으로 1954년 미국의 텍사스 인스트루먼트(Texas Instruments)사는 최초로 트랜지스터 라디오를 설계했다. 그런가

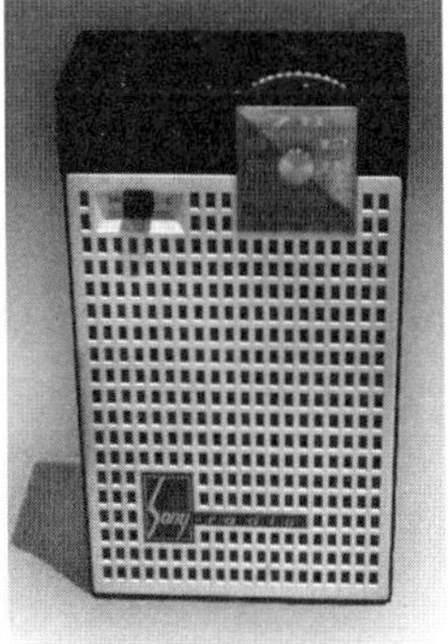

1955년 SONY에서 판매한 TR-52 트랜지스터 라디오

하면 트랜지스터의 장점을 한눈에 알아본 일본의 소니(SONY) 사에서는 사용 권리를 사들여 1955년 'TR-52'라는 트랜지스터 라디오를 출시했다. 진공관 라디오에 비해 소형이며, 가격도 저렴해 소니의 트랜지스터 라디오는 전 세계적으로 선풍적인 인기를 끌었다. 이후 트랜지스터는 다양한 전자제품으로 탈바꿈하여 우리 곁에 늘 존재하게 되었다.

마이크로소프트 사의 공동 창립자인 빌 게이츠(Bill Gates, 1955~)는 '타임머신이 발명된다면 가장 가보고 싶은 과거'로 트랜지스터가 개발된 순간을 꼽기도 했다.

전자계의 아수라 백작 반도체

눈에 보이지 않는 전기는 기본적으로 전하(電荷, electrical charge)라는 물리적인 양으로 구성된다. 전하는 또한 (+)전하의 정공(hole)과 (-)전하의 전자(electron)로 구성되며, 동일한 극성에서는 인력이, 다른 극성에서는 척력이 발생한다. 전류는 이 전하들의 움직임이라고 할 수 있다. 즉, 전류가 흐른다는 것은 '전자가 이동한다'는 것이다.

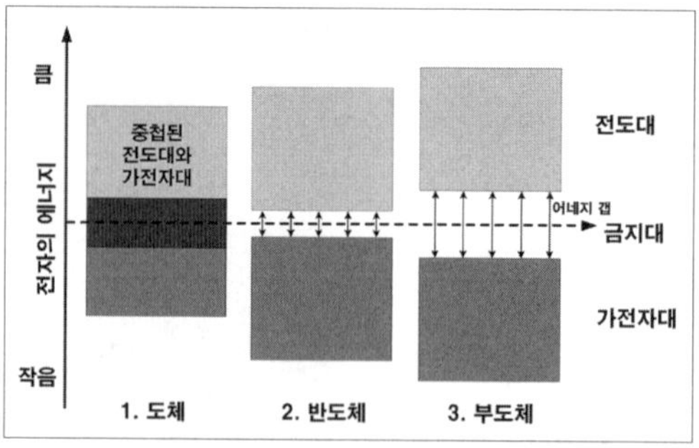

도체, 반도체, 부도체의 대(帶, band) 구조 도체, 반도체, 부도체는 대(band)의 구조를 통해 각 물질의 특성을 설명할 수 있다.

지구상에는 전자가 쉽게 흐르는 물질과 흐르지 못하는 물질이 다양하게 존재한다. 전자가 얼마나 잘 흐르느냐에 따라 도체(導體, conductor), 부도체(不導體, insulator), 반도체(半導體, semiconductor)로 구분할 수 있다. 전자의 자유로운 활동으로 전류가 잘 흐르는 물질이 도체이고, 전자의 이동이 없는 물질이 부도체이다. 그리고 부도체의 특성에 가깝지만 외부에서 인가되는 조건에 따라 전자의 흐름이 조절 가능한 것이 반도체이다. 특히 금속과 같은 도체의 경우 전자의 흐름이 원활한데 이는 자유전자(free electron)가 많기 때문이다.

금속은 여러 개의 원자들이 결합하여 구성된 물질로, 원자의 가장 바깥쪽 궤도를 도는 전자의 숫자가 적어 원자핵 사이의 결합력이 약하다. 이런 내부 환경에서는 전자들이 자유롭게 이동하게 되는데, 이를 '자유전자'라고 한다. 금속 내부를 이리저리 이동하는 자유전자는 외부에서 전압이 주어지면 한 방향으로 일정하게 움직이면서 전류가 흐르기 좋은 환경이 된다.

도체, 부도체, 반도체의 특성은 전자의 에너지 밴드(energy band)의 구조를 통해 이해할 수 있다. 에너지 밴드는 앞의 그림과 같이 세 가지 형태를 가지고 있는데, 전도대(傳導帶, conduction band)와 가전자대(價電子帶, valence band)의 간격인 에너지 갭(energy gap)에 따라 물질의 전기적 성질이 결정된다. 만약 에너지 갭의 간격이 턱없이 넓어진 경우가 부도체가 될 수 있고, 이 간격이 상대적으로 작으면 도체나 반도체의 특성을 가지는 것이다.

이러한 물질의 고유 특성을 이용해 도체의 경우 전류 손실이 적어 전선으로 사용되고, 부도체의 경우 전류의 차단을 목적으로 하는 절연체로 주로 사용되었다. 반도체의 경우 어중간한 물질의 특성으로 인해 큰 관심을 얻지 못했다. 하지만 뭔가 불완전해 보이는 반도체에 비소(As), 갈륨(Ga), 인듐(In) 등의 불순물을 주입하면 p형 반도체와 n형 반도체라는 새로운 물질로 변신하게 되었다. 이러한 반도체의 고유 특성으로 인해 p형 반도체와 n형 반도체가 조합된 트랜지터와 다이오드가 탄생하게 되었다.

트랜지스터란 무엇인가?

20세기 초 당대 전자시대의 왕자였던 진공관을 밀어내고 그 자리를 차지한 것이 20세기 전자혁명의 주역인 다이오드(diode)와 트랜지스터이다. 이들은 진공관과 유사하게 동작을 할 수 있도록 개발된 반도체소자이다.

반도체는 게르마늄(Ge)이나 실리콘(Si) 등으로 구성되며, 자유전자와 정공의 수가 같아서 순수한 반도체, 즉 진성 반도체(intrinsic semiconductor)라고 한다. 하지만 진성 반도체만으로는 전류를 원활히 소통시킬 수 없지만 약간의 불순물을 첨가한다면 전류를 쉽게 제어할 수 있다(반도체에서는 좋은 의미의 불순물이다).

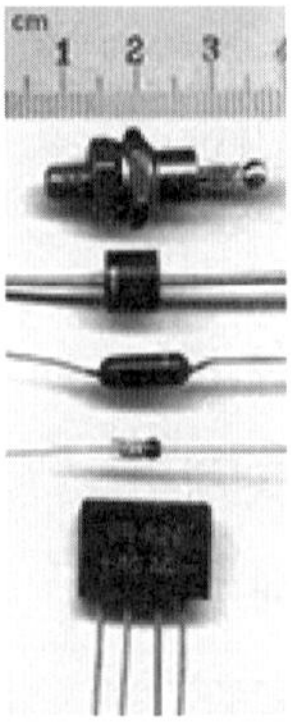

다양한 형태의 다이오드

4족 원소인 게르마늄과 실리콘에 3족 원소인 붕소(B)를 넣어주면, p(positive)형 반도체가 만들어진다. p형 반도체는 외부에서 전압을 넣어주면 (+)전하인 정공의 이동에 의해 전하가 이동하는 반도체의 특성을 가지게 된다. 반대로 게르마늄과 실리콘에 5족 원소인 비소(As)를 넣어주면 n(negative)형 반도체가 만들어진다. n형 반도체는 p형과 달리 (-)전하인 전자에 의해 전자가 이동하는 특성을 가진다.

p형과 n형 반도체는 서로 다른 특성을 가졌지만, 단독으로

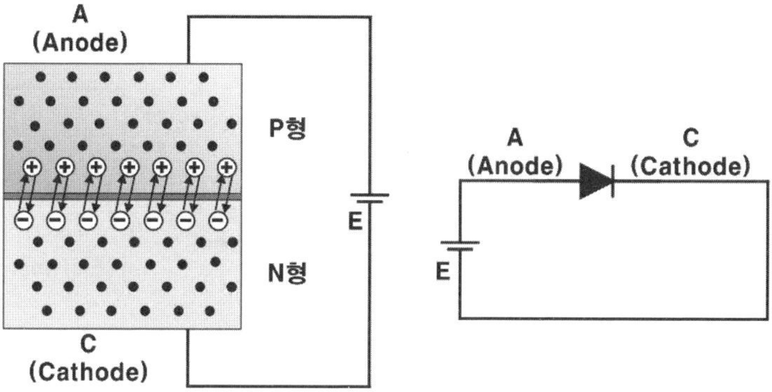

P-N 접합 다이오드 입력되는 전압의 극성 변화에 따라 전류를 흐르거나 멈춘다. 이러한 원리를 통해 전류가 일정한 방향으로 흐를 수 있도록 하는 정류기로 사용이 가능하다.

사용하기보다는 흔히 접합된 형태로 사용된다. 가장 기본이 되는 반도체의 형태 중 하나로 p-n 접합 다이오드(p-n junction diode)를 꼽을 수 있다.

다이오드는 p형 영역에 연결된 전극 애노드(anode)와 n형 영역에는 캐소드(cathode)라는 전극이 연결된 구조를 가지고 있다.

다이오드는 입력되는 전압의 극성에 따라 출력을 발생하는 특성을 가지고 있다. p형 영역인 애노드에 (+)극을 연결하고 n형 영역인 캐소드에 (-)극을 연결하여 전압을 넣어준다. 그러면 다이오드 내부의 인력 작용으로 전자와 정공은 서로에게 이끌려간다. 전자와 정공은 서로 결합되고 애노드에서 캐소드로 전류가 흐르게 된다.

다양한 형태의 트랜지스터

반대로 p형 영역인 애노드에 (-)극을 연결하고, n형 영역인 캐소드 (+)극을 연결하여 역전압을 넣어주면 내부에는 척력이 발생한다. 이후 위의 그림과 같이 전자와 정공이 접합면 반대쪽으로 이동하여 전류가 흐를 수 없는 구조로 된다. 다이오

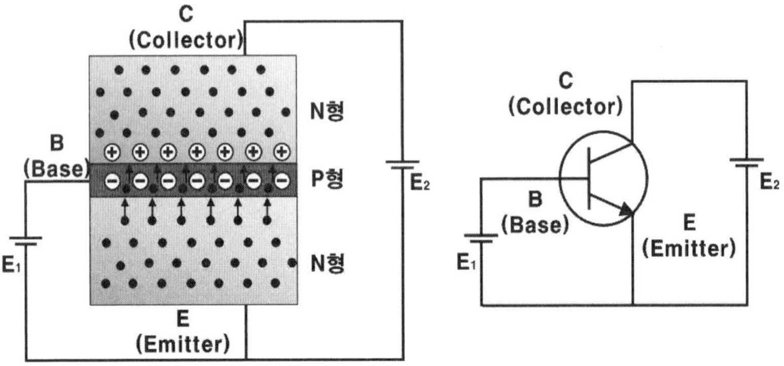

트랜지스터 P–N 접합 다이오드에 반도체를 하나 더 붙이면 새로운 형태의 소자가 탄생하는데 바로 트랜지스터이다. 트랜지스터는 전류를 증폭하거나 스위칭이 가능하여 관련 용도로 사용된다.

드는 한쪽 방향으로는 전류를 통하나, 반대 방향으로는 통하지 않는 정류작용(rectifying action)의 특성을 갖는다. 2극 진공관과 같은 동작 특성을 보여준다.

p형 반도체와 n형 반도체가 결합된 형태가 p-n 접합 다이오드이다. 여기에 반도체를 하나 더 붙이면 새로운 형태의 전자부품이 탄생하는데 바로 트랜지스터이다. 트랜지스터는 일반적으로 2개의 n형 반도체와 1개의 p형이 접합된 n-p-n형 트랜지스터와, 2개의 p형 반도체와 1개의 n형으로 결합된 p-n-p형 트랜지스터가 있다.

n-p-n형 트랜지스터를 기준으로 특성을 살펴보면, p형에 접속된 전극 베이스(B, Base)와 2개의 n형에 접속된 전극에는 이미터(E, Emitter)와 콜렉터(C, Collector)가 구성된다. 트랜지스터의 동작을 위해서는 그림과 같이 베이스(B)-에미터(E) 간에 순방향 전압(forward voltage)을 가하여 베이스 전류를 주입해야 한다. 이는 베이스(B) 영역에 정공이 주입되는 것으로 볼 수 있다. 베이스(B) 영역에 정공이 주입되면, 에미터(E)의 전자가 베이스(B)에 접근하게 된다. 하지만 베이스(B) 영역이 매우 얇

기 때문에 모든 전자가 정공에 들어가지 못한다. 그래서 일부 전자만이 베이스(B) 영역을 통과하고 콜렉터(C) 쪽으로 전자가 흐르게 된다. 즉 전류는 콜렉터(C)에서 에미터(E)로 흐르는 것이다.

이 같은 n-p-n형 트랜지스터는 드 포레스트의 3극 진공관과 유사하다. 트랜지스터의 경우 베이스(B)와 에미터(E) 사이에 걸리는 전압에 의해 전류의 조절이 가능하다. 이는 3극 진공관의 망(grid)을 통해서 전류를 조절하는 것과 같은 원리이다.

한국이 낳은 세계적인 과학자, 강대원

강대원 박사와 아탈라 강대원 박사와 아탈라는 디지털전자 제품의 필수 부품인 MOSFET을 최초로 개발한다.

2009년 2월 미국 발명가 명예의 전당(National Inventors Hall of Fame)에서는 우리에게는 낯선 고(故) 강대원 박사(1931~1992)의 이름이 불려지게 되었다. 미국 발명가 명예의 전당에서는 매년 2월 인류 문명의 발달에 기여한 과학기술 개발자를 선정해 명예의 전당에 그 이름을 올린다. 토마스 에디슨, 알렉산더 그레이엄 벨, 라이트 형제 등과 같은 위대한 발명가들이 그 자격을 부여받았다.

강대원 박사는 우리나라에서는 잘 알려지지 않았지만, 전자공학 분야에서는 천재적인 인물로 평가받는다. 1931년 서울에서 태어난 그는 6.25전쟁 동안 통역 장교로 해병대에서 근무한다. 전쟁 이후 서울대학교 물리학과를 졸업하고 미국으로 건너가게 된다. 이후

MOSFET 다양한 MOSFET의 종류 중 하나. 금속막, 산화막, 반도체 영역으로 구성된 트랜지스터의 일종으로 기존 트랜지터에 비해 속도는 빠르고 보다 많은 전류를 흐르게 하는 것이 가능하다.

1959년에는 오하이오 주립대학교(ohio state university)에서 박사학위를 받은 강대원 박사는 졸업 후 1959년부터 벨 연구소에서 근무하게 된다. 그는 '비밀번호의 아버지'로 불리는 마틴 아탈라(Martin Mohammed John Atalla, 1924~2009, 정보비밀 관리에 쓰이는 개인 확인번호(PIN, Personal Identification Number)를 개발했다)와 함께 '금속-산화층-반도체 전계효과 트랜지스터(MOSFET, Metal-Oxide-Semiconductor Field-Effect Transistor)를 최초로 개발한다.

MOSFET은 진공관과 트랜지스터의 뒤를 잇는 혁신적인 반도체 소자로 디지털 회로와 아날로그 회로에서 필수적인 부품으로 사용된다. MOSFET 발명 이후 1967년에 강대원 박사는 '부상 갑문형 비휘발성 반도체 기억장치(Floating Gate non-volatile semiconductor memory)'를 개발한다. 이 기억장치는 오늘날 흔히 사용되고 있는 플래시 메모리(flash memory)의 기본 사양으로 전원이 꺼져도 저장된 데이터가 사라지지 않는 비휘발성 반도체이다.

이후 강대원 박사는 많은 연구 활동과 함께 1988년에 벨 연구소를 은퇴하고 미국 뉴저지 주에 설립된 세계적인 전자회사인 NEC(Nippon Electric Company)에서 설립한 연구소의 초대 소장으로 부임하는 등 왕성한 활동을 했다. 하지만 아쉽게도 그로부터 4년 후인 1992년 5월 13일 61세의 나이로 세상을 떠났다. 1992년 5월 28일자 〈뉴욕 타임즈〉 기사에서는 그의 사망에 깊은 애도를 표했다.

집적회로(IC, integrated circuit)의 개발로 2000년 노벨 물리학상을 공동 수상한 미국의 전자공학자 잭 세인트 클레어 킬비(Jack St. Clair Kilby, 1923~2005)는 노벨상 수상 소감을 적은 공적서에 "강대원 박사의 MOSFET 기술이 오늘날 반도체 산업의 발전을 이끌었다"며 그의 공로를 기렸다.

톡! 과학 공부

12. 전선 위의 참새는 왜 감전되지 않을까?

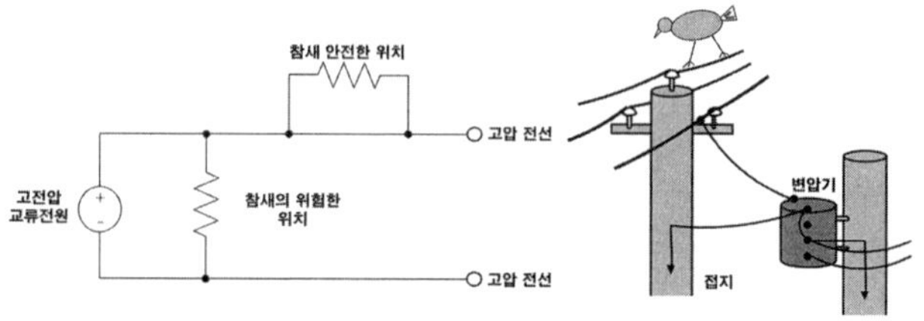

전신주 위의 참새

전기가 쉽게 통하는 물체에 신체 일부가 살짝이라도 닿는 순간 엄청난 고통과 함께 전류가 순식간에 우리 몸속으로 빨려 들어온다. 몸속으로 빨려 들어온 전류는 신체에 큰 상해를 입히거나 정신적 충격을 주게 된다. 이러한 감전은 우리 신체의 일부분 사이에서 전위차가 생길 때 일어난다. 즉 0[V]보다 큰 전압이 우리 몸에 직접 전해질 때, 어김없이 찌릿한 고통을 느끼게 된다.

그런데 수백 볼트의 고압이 흐르는 전신주 위에 태연하게 앉아 있는 참새를 보면 고개를 갸우뚱하게 된다. 참새의 발바닥은 특수한 절연체로 되어 있는 건가? 아니면 전선 피복이 두꺼워서 그런가? 누구나 한번쯤은 전선 위의 참새가 신기해 보이기도 하고 때로는 걱정스럽게 보이기도 하였을 것이다.

감전은 몸체의 두 부분 사이에 전위차가 생겨 발생한다. 수백 볼트가 흐르는 고압선에 참새가 앉아 있다고 가정하자. 참새가 고압선에 앉아 있는 상태는 전기회로의 관점에서 볼 때, 몸통과 두 발이 고압선에 걸쳐 있어, 마치 병렬회로와 같은 형태를 가진다. 그렇기 때문에 참새가 두 발로 지탱하고 있는 고압선의 전기저항은 0[Ω]에 가까워진다. 그리고 동시에 전위차도 0[V]가 된다. 결국 병렬회로에서 분기된 회로들은 전위차가 모두 같아지며, 참새의 몸통을 통한 두 발 사이의 전위차도 0[V]가 된다. 이때 참새의 몸통 자체의 전기저항이 매우 커서 몸통을 통해서 흐르는 전류도 매우 작아 감전되지 않는 것이다.

그런데 고압선 위에서 자유롭게만 보이는 참새도 지면과 연결된 전신주를 건드리게 된다면, 그 즉시 운명을 달리하게 된다. 지면과 연결된 전신주는 전압이 거의 0[V]에 가깝다. 그렇기 때문에 고압선에 태연히 앉아 있는 참새가 전신주에 닿는 순간 참새와 전신주 사이에 고압선에 흐르는 만큼의 전위차가 생긴다. 이후 참새 몸통을 통하여 전신주로 전류가 흐르게 되는 것이다.

전류 [mA]	효과
1	찌릿함을 느낄 수 있다.
5	고통스럽다.
10	무의식적으로 근육이 수축한다(근육경련).
15	근육을 통제할 수 없다.
70	심장을 통과하면 파열될 수 있고, 1초 이상 지속되면 죽을 수도 있다.

뉴스에서 이따금 감전 사고에 대한 소식을 접하게 되는데 이러한 사고는 전위차로 인해 전류가 신체를 통하여 흘렀기 때문이다. 우리 몸의 저항은 약 1[kΩ]에서 500[kΩ]까지 주변 상황에 따라 달라진다. 특히 신체가 젖어 있는 상태에서는 저항값이 떨어져 많은 전류가 흐르기 좋은 조건이 된다.

예를 들어 건조한 손가락으로 5[V]의 전압이 발생하는 건전지의 (+)극과 (−)극 두 단자를 만지면, 약간의 찌릿함만 느끼게 된다. 하지만 손가락이 젖어 있을 경우 평소보다 더욱 고통이 심해진다. 우리의 몸으로 흘러들어오는 전류의 크기에 따라 발생하는 신체적인 반응을 살펴보면 감전 사고의 위험을 짐작할 수 있을 것이다.

이제는 전기 없이는 살기 힘든 세상이다. 좋든 싫든 24시간 접하고 있는 전기를 안전하게 사용하기 위해서는 전기의 위험성을 깊이 생각하여 안전하게 사용해야 할 것이다.

먼저 전기는 물과 상극이다. 때문에 젖은 손으로 전기 기구를 만지는 일이 없어야 한다. 우리 주변에서 흔히 볼 수 있는 멀티 콘센트는 병렬회로 구조로 되어 있다. 이러한 멀티 콘센트에 여러 개의 전기기기를 연결하면 전체 저항이 작아져 한꺼번에 많은 전류가 콘센트에 흐르게 되어 잠재적인 화재의 위험이 있다.

만약 감전 사고가 발생해 감전 당한 사람을 구조해야 할 상황이 발생한다면, 전기가 잘 통하지 않는 나무나 플라스틱 같은 절연체를 이용해 신속하게 감전된 사람과 전기를 분리해야 한다. 그리고 감전의 충격으로 호흡이 약해진 환자에게 응급차가 오기 전까지 인공호흡이나 흉부 압박을 진행해야 한다.

02

호모 텔레비쿠스

가전제품의 최고봉을 선택하라면 많은 이들이 텔레비전을 꼽을 것이다. 텔레비전은 뉴스, 드라마, 스포츠, 음악 등 다양한 콘텐츠로 우리의 눈과 귀를 사로잡고 있다. 1970년대만 해도 텔레비전의 보급률이 낮아 부의 상징처럼 되었다. 그러나 1980년대 이후 값싸고 품질 좋은 컬러 텔레비전이 각 가정에 보급되면서, 필수 가전제품으로 자리잡았다. 오늘날에는 두께는 얇아지고, 인터넷과 3D 영상까지 지원 가능한 최첨단 텔레비전까지 등장했다. 팔방미인 텔레비전은 어떻게 탄생되었을까?

기계식 텔레비전의 탄생

텔레비전(television)의 어원은 '먼 거리'를 뜻하는 고대 그리스어 'τῆλε(tele)'와 '본다'는 의미의 라틴어 'visio(vision)'가 합성되어 만들어졌다.

텔레비전의 장점은 특별한 지역을 제외하고 전기와 전파 신호가 잡히는 곳이면 소리와 영상이 결합된 다양한 콘텐츠를 이용할 수 있다는 점이다. 텔레비전은 20세기 초까지 전기·전자에 관한 기술의 집합체였으며, 전자산업의 르네상스 시대를 알리는 신호탄이기도 했다.

텔레비전의 발명은 '화학의 아버지'라고 불리우며 세륨(cerium), 토륨(thorium), 셀레늄(selenium) 등의 화학 원소를 발견한 스웨덴의 옌스 야코브 베르셀리우스(Jöns Jakob Berzelius, 1779~1848)로부터 시작되었다. 그가 1817년 발견한 셀레늄(selenium)은 소량의 빛이 닿으면 전류가 흐르는 특성을 가지고 있었다. 이후 셀레늄의 독특한 성질에 매료된 많은 과학자들이 소리를 넘어서 영상(image)까지 먼 거리로 보낼 수 있는 장치를 꿈꾸며 연구를 시작하게 된다.

이 같은 분위기 속에서 1843년, 스코틀랜드의 엔지니어인 알렉산더 베인(Alexander Bain, 1810~1877)은 영상을 전기 신호로 바꾸어 전송하는 기술을 발표했다. 이 기술은 훗날 초기 팩시밀리와 텔레비전 개발에 중요한 역할을 하게 된다.

그리고 1873년에는 아일랜드의 전신 기사인 윌로비 스미스(Willoughby Smith, 1828~1891)와 조수 조지프 메이(Joseph May)가 베르셀리우스가 발견한 셀레늄에서 우연히 또 다른 특성을 발견하게 된다. 그것은 셀레늄에 일정한 빛을 노출시키면 특성이 변한다는 것이다. 즉 빛의 양에 따라 전기가 조절되는 것이다.

셀레늄의 특성을 바탕으로 스미스와 메이는 셀레늄이 여럿 배열된 광전지(光電池, photocell: 광전 효과를 이용해 빛에너지를 전기에너지로 바꾸는 장치)를 이용해 기초적인 영상 전송 실험을 진행했다. 그들의 발견은 많은 이들에게 영상 전송에 대한 가능성을 보여준 대표적인 사례였다. 이후 영상 전송을 연구하는 사람이 하나 둘씩 늘어나기 시작했다.

그 중 한 사람이 미국의 발명가 조지 로스웰 케리(George Roswell Carey, 1851~1908)이다. 그는 1875년 윌로비와 메이의 발견이 발표된 지 2년 후 사물의 영상을 전기 신호로 바꾸는 실험을 성공시켰다. 실험을 위해 케리는 셀레늄을 이용한 광전지 수십 개를 제작했고, 그 개수만큼 전구를 준비했다. 그런 다음 광전지(발신부)와 전구(수신부)를 각각 바둑판 형태로 배열하고, 전류가 흐를 수 있도록 모두 전선으로 연결했다.

케리는 완성된 장치를 이용해 실험을 진행했다. 실험은 배열된 광전지 일부분에 직접 빛을 비추고 그 현상을 관찰하는 것이었다.

실험 결과는 놀라웠다. 빛이 비추어진 광전지는 전류를 발생했고, 전선과 연결된 전구가 환하게 빛이 났으며, 그렇지 않는 부분은 모두 어둡게 나왔다. 즉 광전지에 빛이 비추어진 면에만 영상이 전달된 것이다. 비록 오늘날과 같은 텔레비전 수준은 아니었지만, 당시로서는 획기적인 발견이었다. 케리의 실험 장치는 최초의 텔레비전으로 기록된다. 원시적인 형태의 케리의 텔레비전은 보다 좋은 성능을 내기 위해서는 많은 양의 광전지와 전구 그리고 전선이 필요했다.

닙코 원판(nipkow disk)

이 같은 단점을 개선하고자 하는 연구가 이번에는 유럽에서 시작되었다. 1884년 독일의 전기 엔지니어 파울 닙코(Paul Gottlieb Nipkow, 1860~1940)를 통해 개선의 가능성이 보이기 시작했다. 그는 먼저 독특한 실험 장치를 고안했다. 닙코 원판(nipkow disk)이라는 이 독특한 실험 장치는 마치 소용돌이 원판과 흡사한 형태였다.

원판에는 24개 가량의 구멍이 뚫려 있었고, 송신부에는 광전지가, 수신부에는 전구가 각각 배치되었다. 닙코는 광전지 앞에 회전판을 두고 모터를 이용해 회전시킴과 동시에 구멍으로 빛을 통과시켰다. 통과된 빛은 광전지에 쏘이게 되었고 곧이어 수신된 신호가 전구로 전달되어 빛이 나게 되었다. 이때 전구 앞에도 마찬가지로 발신부와 동일한 회전판이 있고, 회전 속도도 동일한 구조였지만, 회전 방향은 반대였다. 실험 장치는 결과적으로 광전지로 전달된 전류를 통해 전구는 빛이 났고, 그 빛은 원판을 통과하게 되었다. 통과된 빛은 마치 움직이는 영상을 재생한 것 같았다.

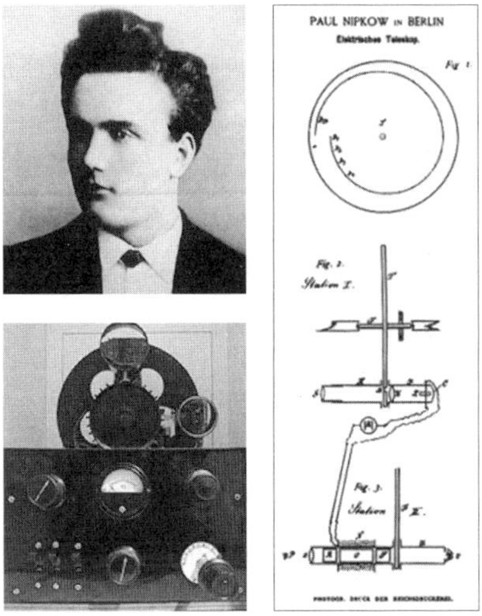

파울 닙코와 닙코 원판의 특허 닙코는 1884년 '닙코 원판'을 이용한 주사(走査)의 개념을 이용해 동영상 전송기술 구현에 성공한다.

닙코는 일정한 속도로 빛이 순차적으로 영상을 재현하면 잔상효과로 인해 우리의 눈에는 동영상처럼 보이는 데에서 착안했던 것이다. 하지만 광전지에서 발생한 전류가 약해 연결된 전구 역시 희미하게 빛났다. 영상의 움직임을 파악하기에는 문제가 없었지만 너무나 흐릿해서 회전판을 뚫어져라 보아야 하는 불편함이 있었다. 마치 망원경을 보는 것 같다고 해서 닙코는 '전기망원경(electric telescope)'이라 부르곤 했다. 이 전기 망원경은 상용화되지는 못했고, 1884년 특허를 획득하는 선에서 개발이 마무리되었다.

닙코가 개발한 방식은 오늘날 텔레비전의 화상 표현 방식인 주사선

존 로지 베어드

(走査線, scanning line)의 원형이라고 할 수 있다. 닙코 이후에도 많은 이들이 영상전송에 관한 연구를 지속했지만, 획기적인 성과를 내놓지 못했다.

닙코 이후 41년이 지난 1925년, 스코틀랜드의 엔지니어 존 로지 베어드(John Logie Baird, 1888~1946)는 닙코의 전기망원경을 개량하여 기계식 텔레비전(mechanical television)을 발명한다. 베어드는 이 발명품을 텔레바이저(televisor)라고 불렀는데, 닙코가 사용했던 전구보다 더 밝은 네온등(neon lamp)과 갖가지 재활용품을 이용한 기계식 텔레비전이었다. 외관은 화려하진 않았지만 기존에 발명되었던 것보다 화질 면에서 뛰어난 성능을 보였다.

같은 해 10월 30일, 베어드는 자신의 성공을 알리기 위해 영국의 〈데일리 익스프레스〉 신문사를 찾아갔다. 당시에는 텔레비전에 대한 개념이 없었던 터라 신문사 편집장은 베어드의 발명품을 보고 공포에 떨며, 소리를 질렀다고 한다.

베어드의 텔레바이저는 대중들에게도 소개되기 시작하는데, 그 첫 장소는 1925년 영국의 셀프리지스(selfridges)라는 고급 백화점이었다. 텔레바이저를 처음 접하게 된 많은 사람들은 순간 넋을 잃고 화면만 멍하게 바라보거나 역시나 겁에 질린 사람도 등장했다. 이후 텔레바이저는 영국 왕립학회와 유명 일간지인 〈더 타임즈〉에도 소개되면서 베어드의 명성은 높아져갔다.

1929년 영국의 공영 방송국인 BBC는 베이드가 발명한 기계식 텔레비전 방식으로 시험방송을 시작했다. 이는 기계식 텔레비전을 이용한 최초의 방송이며, 텔레비전 방송의 시대를 알리는 신호탄이기도 했다.

이후 영국을 필두로 미국, 프랑스, 러시아에서도 베어드가 발명한 방식의 방송과 함께 텔레바이저가 팔리기 시작했다.

하지만 텔레바이저에도 단점이 있었다. 텔레비전을 연속해서 시청하기 위해서는 장착된 주사판(走査板, scanning disk)이 계속해서 회전되어야 했다. 또한 닙코의 전기망원경에 비해 화질이 일부 개선되긴 했지만, 소비자들이 만족하기에는 아직 턱없이 부족하여 점점 시장에서 외면받기 시작했다.

전자식 텔레비전의 등장

'텔레바이저'의 인기가 식어갈 즈음, 텔레비전의 상업적 가능성을 확인한 많은 대기업들이 자본력을 앞세워 경쟁적으로 새로운 시장에 뛰어들었다. 그들은 기계식 텔레비전의 단점이 보완된 전자식 텔레비전의 개발에 막대한 투자를 주저하지 않았다. 전자식 텔레비전은 별도의 주사판 없이도 동영상을 쉽게 표현할 수 있어 많은 소비자들의 구매력을 자극하기에 충분하다고 예상했던 것이다.

독일의 물리학자 카를 페르디난트 브라운(Karl Ferdinand Braun, 1850~1918)이 1897년 진공관을 개량하여 만든 음극선관(CRT, Cathode Ray Tube)을 기초로 하여 전자식 텔레비전의 개발이 본격화된다(우리에게는 CRT보다 브라운관이라는 용어가 익숙하다).

브라운은 음극선관 발명 외에도 많은 업적을 남겼는데, 무선통신 분야의 발전에도 큰 영향을 끼쳐 1909년 마르코니와 함께 노벨 물리학상을 받기도 했다. 뿐만 아니라 전기와 전자 분야를 넘어 열역학에 대한

브라운이 독일 헬골란트 섬의 무선통신소에서 동료들과 함께 실험하는 모습

연구로도 유명한데 '르 샤틀리에-브라운의 법칙(Le Chatelier-Braun principle)'을 세운 장본인이기도 하다.

브라운관을 이용해 전자식 텔레비전을 발명한 최초의 인물은 러시아 태생 전자공학자이자 발명가인 블라디미르 코즈마 즈보리킨(Vladimir Kosma Zworykin, 1889~1982)이었다. 그는 상트페테르부르크 대학교(Saint Petersburg State University)와 파리의 콜레주 드 프랑스(Collège de France)에서 교육을 받았고, 제1차 세계대전 동안에는 러시아 통신대에서 근무했다. 이후 1919년 미국으로 이민을 가서 전자식 텔레비전의 개발을 주도한다.

즈보리킨은 브라운관의 편향계를 이용해 전자를 수평과 수직으로 휨을 조절하여 화면에 한줄 한줄 나타나게 하는 방법을 제안한다. 즈보리킨은 전자식 텔레비전의 기본 모델을 1924년에 개발하고 관련된 특허를 출원한다. 1923년 아이코노스코프(iconoscope)라는 송신기를, 1924년에는 키네스코프(kinescope)라는 수신기를 특허 출원한다. 전자식 텔레비전 연구의 부흥에 힘입어 계속되는 즈보리킨의 상승세에 필적할 많은 연구가 진행되었다. 비슷한 시기에 전자식 텔레비전에 관한 연구를 진행한 인물은 미국의 엔지니어 필로 테일러

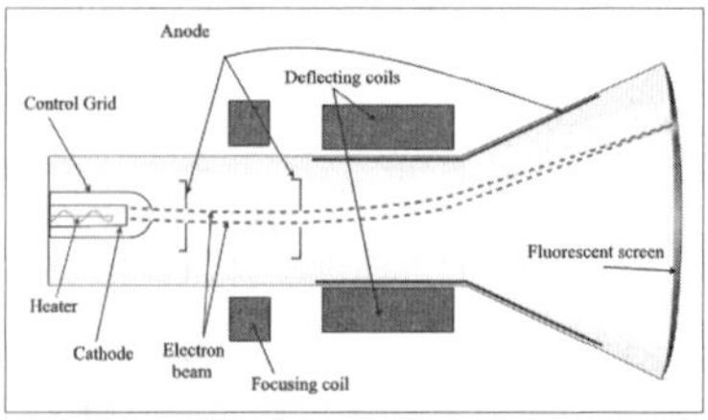

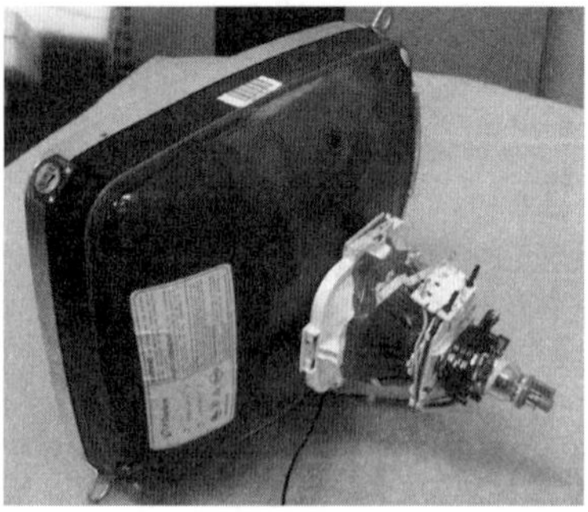

브라운관의 주요 구성과 외형

판즈워스(Philo Taylor Farnsworth, 1906~1971)이다. 판즈워스 역시 전자식 텔레비전에 관한 특허를 출원하며, 훗날 판즈워스와 즈보리킨은 관련된 특허를 두고 누가 먼저 전자식 텔레비전을 발명했는가를 두고 법적 분쟁까지 가기도 한다.

즈보리킨과 판즈워스

판즈워스는 어릴 때부터 손재주가 남달랐고 기술 부분에 소질을 보였다. 그는 평소 즐겨보던 과학잡지에서 '공중을 날아가는 그림'을 보고 거기서 영감을 얻어 텔레비전에 대한 아이디를 꾸준히 기록했다. 고교시절 화학과 물리에 특기를 보였던 판즈워스는 당시 재학 중이던 릭비(Rigby) 고등학교의 과학교사 저스틴 톨만(Justin Tolman)에게 전자식 텔레비전에 대한 자신의 아이디어로 작성된 도면을 보여주었다. 어린 나이에 걸맞지 않은 수준 높은 아이디어에 톨만 선생은 큰 감동을 받았다. 톨만 선생에게 보여준 도면은 훗날 즈보리킨과의 특허 소송에서 결정적인 증거물로 제시되어 승소를 이끌어내기도 한다.

졸업 후 판즈워스는 본격적으로 텔레비전에 대한 연구를 시작했고, 투자자들의 지원을 받아 1927년 시제품을 만드는 데 성공한다. 개발된 제품에는 송신기의 역할을 하는 영상 분해기(image dissector)와 수신기 역할의 영상 수상기(image oscillator)가 포함되어 있었다. 판즈워스의 텔레비전은 비슷한 시기에 개발된 즈보리킨의 텔레비전에 비해 우수한 것으로 평가받았다.

판즈워스는 자신의 발명품을 투자자들 앞에서 시연을 해 보였다. 영상 수상기에 선명한 달러 마크($)가 전송된 것을 본 투자자들은 큰 감동을 받았다. 일간지인 〈샌프란시스코 크로니클(San Francisco Chronicle)〉 지는 1928년 9월 3일 기사에 'SF맨의 발명 혁명 텔레비전(S.F. Man's Invention to Revolutionize Television)'이라는 제목으로 크게 보도했다.

이후 판즈워스의 발명품은 전자식 텔레비전이 확산될 수 있었던 중요한 위치에 서게 되었다. 하지만 뛰어난 발명품을 개발했음에도 불구하고 당시 거대 기업인 RCA와의 특허 분쟁으로 인해 큰 타격을 받는다. 이후 불행히도 판즈워스의 입지는 점차 사라져만 갔다(훗날 〈타임〉지는 1999년 '20세기의 가장 중요한 100명'의 인물에 판즈워스를 꼽아 그의 업적을 크게 기렸다).

세계 최초로 텔레비전을 이용해 방송을 시작한 나라는 독일이다. 독일은 제2차 세계대전 중이던 1935년 주 3일, 하루 1시간 30분씩 정기적으로 텔레비전 방송을 했다. 이는 전쟁 중에 아돌프 히틀러(Adolf Hitler, 1889~1945)를 독일 전역에 선전하기 위한 방송이었다. 우리나라의 경우 6.25 전쟁 이후 1956년 RCA의 한국 대리점을 통해 처음 텔레비전 방송을 선보였다.

텔레비전 산업은 1940년 후반부터 급속도로 성장하여 뉴스와 함께 광고나 엔터테인먼트 분야가 가미되어 대중들을 사로잡았다. 1970년 이후부터는 비디오, DVD(digital versatile disc) 등의 주변기기들과 결합하여 오늘날까지 그 입지를 확고히 하고 있다.

텔레비전에 내가 나왔으면

텔레비전의 기본 원리는 영상을 전기적인 신호로 변환하는 것에서부터 시작한다. 무선이나 케이블을 이용해 데이터를 송출하고, 그 신호를 수신부에서 변환하여 원래의 영상을 복원한 장치라고 할 수 있다. 텔레비전 방송의 원리를 간략히 살펴보자.

먼저 카메라를 이용해 사물을 촬영한다. 촬영된 영상은 카메라의 촬상관(camera tube)에 비추게 된다. 비추어진 영상은 전기신호로 변환해 텔레비전 수신기로 전달된다. 이후 수신기에 수신된 전기신호는 송신기와 같은 순서로 화소가 조립되어 카메라로 촬영된 당시의 영상을 그대로 재현한다.

텔레비전 방송에서 소리에 해당하는 부분은 라디오의 FM 방송과 같은 방법이 사용되어 스테레오와 같은 고음질을 가능하게 한다. 영상의 경우 라디오의 AM 방송 같은 AM 변조가 사용된다.

텔레비전 화면에 상이 맺히기 위해서는 주사 방식을 사용하는데 화면의 왼쪽 상단에서부터 오른쪽 하단에 이르게 주사하면 한 장의 영상이 만들어진다. 보통 한 장의 영상을 주사하는 데 걸리는 시간은 대단히 빨라서 1초에 약 30매로 1/30초에 한 장씩 영상이 바뀌는 것이다. 이러한 상태를 우리의 눈은 마치 움직이는 영상으로 인식하도록 착각하게 된다. 즉 텔레비전은 우리들의 눈에 비쳐진 수십 장의 영상으로 인한 잠시 동안의 잔상(after image)효과를 이용한 것이다.

텔레비전은 전송하는 방식에 따라 크게 아날로그(analog) 방식과 디지털(digital) 방식으로 구분된다. 21세기에 들어와 대부분의 전기·전자기기들의 디지털화가 빠르게 진행되었으며, 텔레비전도 시대의 흐름에 따라갔다. 이 같은 추세에 따라 세계 각국에서는 아날로그 텔레비전 방송을 중단하고 디지털로 전환 중으로 미국은 2009년 9월부터, 우리나라는 2013년 1월 1일부터 시행되었다.

디지털 텔레비전은 아날로그 방식과 달리 동영상을 디지털 방식으로 변조(modulation)하여 송출하는 방식이다. 디지털 텔레비전의 최대 장점 중 하나를 꼽으라면 화질을 들을 수 있다. 기존 아날로그 방식과 비교하여 5배 이상의 정밀도를 가지고 있다. 흔히 말하는 HD(High Definition)급 화질의 텔레비전을 보면 쉽게 이해가 될 것이다. 뿐만 아니라 음향에 있어서도 진화를 거듭했는데, 단순한 2채널의 스테레오를 넘어서 여러 개의 스피커를 이용할 경우 극장과 같은 5.1채널의 입체적인 음향 표현도 가능해진다.

디지털 텔레비전은 정보 전달에 있어서도 뛰어난 성능을 발휘하는데 동일한 대역폭을 제공 받더라도 아날로그 텔레비전에 비해 많은 채널을 제공할 수 있다. 그리고 방송국에서 일방적으로 송출하는 단방향 방송 외에 서로 데이터를 주고받는 쌍방향 방송도 가능하게 되었다.

이제는 TV도 다이어트 시대

과거 가난하던 시절에는 불룩한 뱃살이 부자의 상징처럼 여겨지던 때가 있었다. 역시 불룩한 브라운관 텔레비전만 가지고 있어도 부의 상징처럼 여기던 시절이 있었다. 하지만 오늘날 뱃살이 만병의 근원으로 인식되듯이, 브라운관 텔레비전 역시 시대에 뒤처진 골동품으로 취급을 받고 있다.

브라운관은 1897년 첫 등장 이후 100년 이상을 텔레비전, 컴퓨터 모니터 등 각종 단말기 장치로 각광을 받았다. 제조 단가가 낮고, 휘도와 화질 그리고 시야각이 우수한 장점을 가지고 있다. 하지만 화면이 커질수록 많은 공간을 차지하고, 발열과 전자파가 증가하는 것이 큰 단점으로 작용했다. 그 후 불룩한 브라운관 방식의 텔레비전을 대체할 차세대 디스플레이(display)에 대한 연구가 활발히 진행되었고, 21세기에 접어들어 하나씩 등장하게 된다.

이때부터 등장한 방식이 흔히 말하는 벽걸이 타입으로 평판 디스플레이(flat-panel display)가 적용된 텔레비전이다. 기존에 사용해 왔던 두꺼운 브라운관과 달리 평판 디스플레이는 두께가 얇고 무게는 가벼워졌으며 화질 또한 크게 개선되었다.

평판 디스플레이가 사용된 텔레비전에는 양대 산맥이 존재하는데, 바로 LCD(Liquid Crystal Display)와 PDP(Plasma Display Panel) 방식이다. 겉보기에는 똑같은 평판 디스플레이라고 생각하겠지만 그 속은 전혀 다르다.

LCD는 액정(liquid) 입자가 조밀하게 배치된 패널로, 외부에서 인가되는 전기 신호에 따라 다양한 빛을 낸다. LCD는 자체적으로 빛을 생성하는 능력이 없기 때문에 패널 뒤에는 백라이트(backlight)라 불리는 후면 광원이 반드시 필요하다. 백라이트 광원은 과거에는 냉음극 방전램프(CCFL, cold cathode fluorescent lamp) 등이 주로 사용되었지만, 최근에는 보다 효율이 우수한 발광다이오드(LED, Light Emit Diode)가 사용되고 있다. 흔히 'LED 텔레비전'이라는 제품

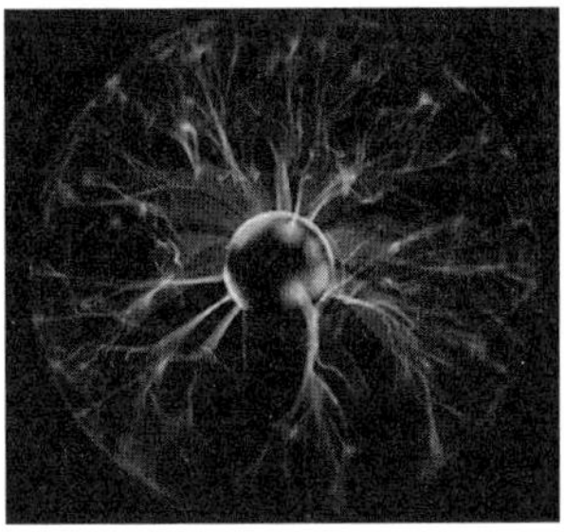
플라즈마를 이용한 장식용 플라즈마볼

플라즈마(plasma)
일반적인 물질은 고체, 액체 및 기체라는 세 가지 상태로 구분할 수 있다. 예를 들어 물은 얼음, 물, 수증기 3가지 상태라 할 수 있다. 이러한 상태들의 차이는 각 에너지 준위와 관련이 있다. 만약 열이라는 형태의 에너지를 얼음에 추가하는 경우, 얼음이 녹아 물로 변하며, 더 많은 에너지를 추가하면, 물은 수소 상태의 형태인 수증기로 기체로 변하게 된다. 이 수증기에 더 많은 에너지를 추가하면, 이러한 기체들은 이온화된다. 이러한 이온화 과정에서 기체는 전기전도성을 가지게 되는데 이러한 전기전도성 이온화 기체가 바로 플라즈마이다.

은 LED를 이용한 백라이트를 사용한 LCD 텔레비전을 말한다.

백라이트가 LCD의 패널 뒷면에서 환하게 빛을 밝혀주어, 그 빛이 액정 입자를 통과하면서 화면에서 영상을 볼 수 있게 된다. LCD는 소비전력이 낮기 때문에 작동 시 발열도 여타 디스플레이에 비해 낮고, 화질에 있어서도 선명한 영상을 자랑한다.

한편 PDP는 자체 발광 능력이 있는 디스플레이로 LCD와 달리 백라이트가 필요하지 않다. 얇은 유리 사이에 방전(discharge)을 위한 가스가 채워진 튜브를 기본 구조로 가지고 있으며, 마치 바둑판 모양으로 일정하게 구성되어 있다. 구성된 튜브에 일정한 전압을 가하면 **플라즈마**(plasma) 상태가 되어 가스에서 번쩍번쩍한 빛을 만들어내며, 이를 이용해 화면에 영상을 출력한다. PDP는 시야각이나 잔상, 색감 면에서 LCD에 비해 상대적으로 우수하다. 하지만 소비전력이 높고, 그에 따라 발열이 높은 것이 단점으로 작용하고 있다.

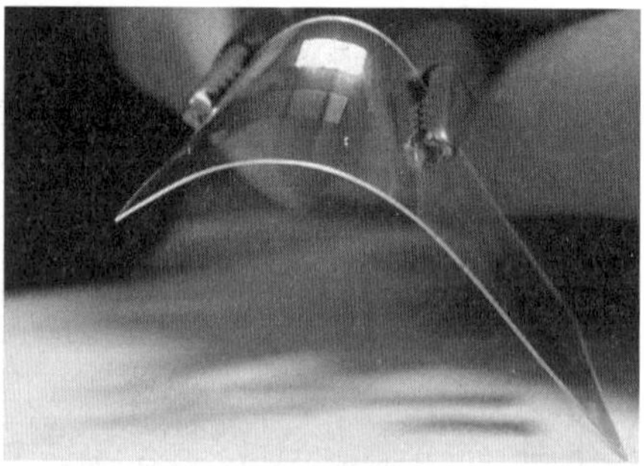
OLED는 기존의 디스플레이에 비해 화질이 향상되었고, 디스플레이를 유연하게 가공하기가 유리하다.

LCD와 PDP 같은 강력한 평판 디스플레이의 등장으로 2016년 현재 가전제품 전문매장에는 브라운관 방식의 제품을 찾아보기 어렵게 됐다(PDP의 경우도 LCD에 비해 상대적으로 단점이 많아 시장에서 점점 사라져가는 추세이다).

하지만 최근 LCD와 PDP를 위협

할 새로운 디스플레이가 등장했다. 기존의 디스플레이의 화질을 향상시킨 제품인 OLED(Organic Light Emitting Diode) 방식이다.

주로 특정 전자제품 제조사의 스마트폰 디스플레이로 사용되고 있고, 아직 고가이지만 텔레비전에도 적용되어 시장의 새로운 강자로 떠오르고 있다. 아마 머지않아 LCD와 PDP도 브라운관과 마찬가지로 골동품 취급을 받는 날이 오지 않을까 생각해 본다.

톡! 과학 공부

13. 돌고 도는 전동기

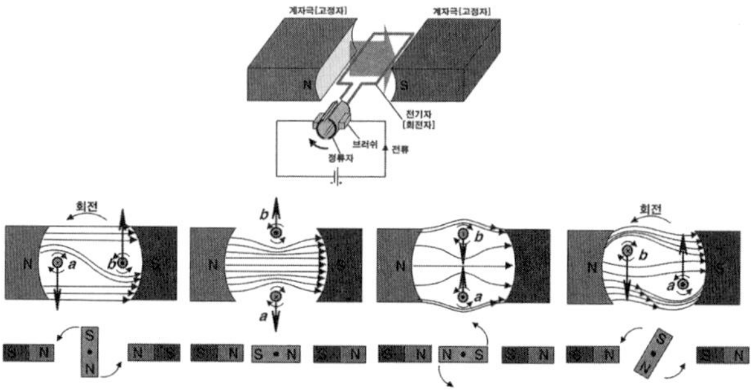

직류 전동기의 동작원리

전동기(motor)는 전기에너지를 기계적인 에너지로 변환하는 전기기기이다. 기계적인 출력이 발생하는 전동기의 축이 회전을 한다고 해서 회전기라고 부르기도 한다. 하지만 최근에는 직선운동으로 출력을 내는 리니어(liner) 전동기도 있어 전동기가 반드시 회전기기라고 말할 수는 없다.

전동기는 발전기(generator)와 기본 구조와 구동 원리가 유사하다. 발전기는 외부에서 인가되는 기계적인 힘으로 코일을 돌려서 유도전류를 발생하고, 전동기는 이와 반대로 코일에 전류를 흘려주어 코일에 전자력을 작용시켜서 회전력을 얻는다. 즉 발전기는 운동에너지를 통해 전기에너지를 끄집어내는 것이다. 전기에 직류와 교류가 있듯이 전동기도 일반적으로 직류기와 유도기(교류)로 구분된다. 직류기는 직류전압과 전류를 공급받아 동작하는 직류 전동기이고, 유도기는 교류전압과 전류를 공급받아 동작하는 교류 전동기이다.

전동기의 기본 동작원리를 살펴보자. 이해를 돕기 위해 직류 전동기를 기준으로 살펴보자. 직류 전동기는 N극과 S극을 가지고 있는 자석이 일정한 간격을 두고 마주보고 있으며, 그 사이에 코일이 감겨져 있는 회전자(rotor)가 위치한다. 회전자에 일정한 크기의 전류가 흐르게 되면 전자력(인력과 척력)이 발생하고 회전력이 발생한다. 그리고 회전자의 양쪽에는 반원통형 모양의 정류자(commutator)가 연결되며, 정류자의 양끝에는 다시 브러시(brush)라는 도체 성분의 부품이 고정된다.

플레밍의 왼손 법칙을 기반으로 직류 전동기의 동작을 좀 더 살펴보자. 회전자에 전류가 흐르게 되면, S극에 가까이 있는 도선에는 아래쪽을 향한 힘이, 반대편 N극에 가까이 있는 도선에는 위쪽을 향한 힘이 작용한다. 이러한 힘의 작용으로 회전자는 축의 둘레를 회전하게 된다. 회전자가 절반쯤 회전하면 정류자에 접촉해 있는 브러시가 회전 방향을 변경하게 된다. 이때 N극 가까이 접근한 도선 부분에는 위쪽으로 힘이 발생하고, S극 가까이 접근한 도선 부분에는 아래쪽으로 힘이 작용해서 코일은 계속 회전한다. 회전자는 인가된 전압의 방향이 반주기마다 변화한다. 따라서 전력원인 직류전원으로부터 흐르는 전류는 계속해서 같은 방향으로 흘러 연속적으로 회전하게 된다.

전동기는 전기적 에너지를 기계적 에너지로 변환하여 출력한다. 그렇기 때문에 전동기에 있어 출력은 전기가 아닌 기계적인 출력으로 환산하여 계산된다. 전동기에서 기계적인 출력을 발생하는 곳이 바로 축이다. 이 축은 사용되는 출력의 형태에 따라 전기자동차의 바퀴나 공장에서 주로 사용하는 콘베이어에 직접 연결되어 기계적인 출력을 전달한다. 전동기에 있어 축을 중심으로 하는 힘의 모멘트(moment)는 위 아래로 향한 힘 F[N]와 그 힘 간의 거리 D[m]와의 곱으로 토크(torque)라고 표현한다.

토크의 기호로는 T, 단위로는 뉴튼·미터[N·m]를 사용한다. 또한 회전자를 기준으로 축 방향으로 뻗어 있는 도체의 길이를 l[m], 회전자에 흐르는 전류 I[A], 자속밀도(단위 면적 내를 통과하는 자력선의 수이며. 단위는 테슬라[T]이다)를 B[T]라고 하면 토크 T[N·m]는 다음 식으로 표현된다.

$$T = F \times D = B \times I \times l \times D[N \cdot m]$$

전기를 공급받아 기계적인 힘을 발휘하는 대부분의 제품에는 전동기가 들어 있다. 세탁기, 선풍기, 헤어드라이어, 전기 믹서, CD 플레이어 등은 모두 전동기가 사용되는 예이다. 선풍기에 장착된 전동기를 예를 들어 살펴보면, 선풍기는 미풍, 약풍, 강풍 순으로 날개의 회전 속도가 쉽게 조절된 것이다. 선풍기 내부에 장착된 전동기는 전류의 크기의 변화에 따라 자유롭게 날개의 회전 속도가 변한다.

선풍기의 뒤쪽 케이스의 내부를 들여다보면 코일과 자석이 노출된 전동기를 쉽게 볼 수 있다. 장착된 전동기의 자석 주변에 위치한 코일에는 일정한 크기의 전류가 흐르게 되는데, 이때 코일이 전자기력의 영향을 받아 회전하면서 날개를 통해 시원한 바람으로 연결되는 것이다.

03

기계는 인간을 지배할 수 있을까?

고전 SF 영화에 자주 등장하는 인공지능 컴퓨터는 다양한 모습으로 묘사되고 있다. 대부분 인간의 말에 절대적으로 복종하며, 기계를 넘어서 가족과 친구처럼 인간미까지 느껴지기도 한다. SF 영화의 고전 〈2001 스페이스 오디세이(2001: A Space Odyssey)〉에 등장하는 인공지능 컴퓨터는 보고, 말하고 게임도 하며, 인간처럼 사고와 감정까지도 가지고 있다. 하지만 영화의 후반부에서는 인간을 능가해 생명까지 위협하는 존재로 변해버린다.

이는 SF 영화 속 이야기일 뿐이고, 아직 모든 면에서 인간을 능가하는 컴퓨터는 없다(2016년 알파고와 이세돌 9단의 바둑 대결에서 알파고가 승리해 전 세계를 놀라게 했지만 아직 인공지능이 인간을 능가한다고 속단하기는 조심스럽다). 오늘날 컴퓨터는 산업과 사회 전반에 크나큰 존재로 자리잡고 있어 인간을 불안하게 만들기도 한다. 인간의 두뇌를 능가하고 생각하는 기계 컴퓨터는 어떻게 탄생하게 되었을까?

기계가 계산을 한다고?

컴퓨터의 어원은 라틴어인 'computare'로 '계산하다'라는 뜻이다.

컴퓨터(computer)의 사전적 의미는 '전자회로를 이용한 고속 자동계산기'이다. 컴퓨터라는 단어의 어원은 라틴어인 'computare'로 '계산하다'라는 뜻이다. 이 같은 단어가 사용되기 시작한 때는 제2차 세계대전으로 거슬러 올라가는데 당시에는 포탄의 탄고 계산을 위해 기계식 계산기나 직접 손으로 계산을 했다. 그랬기에 많은 인력이 필요했고 대부분의 구성원은 여성들이었다. 당시 이 같이 계산을 전문으로 하는 여성 인력을 '컴퓨터'라고 부르기 시작한 데서 유래했다. 이후 전자계산기가 발명되자 더 이상 인력이 필요없게 되었고, 계산을 주 목적으로 발명된 전자계산기가 '컴퓨터'라는 이름으로 불리게 되었다.

계산을 위한 장치는 고대부터 존재했다. 그 중 하나가 컴퓨터의 조상격인 주판이다. 주판은 기원전 2600년경 중국에서 발명된 것으로 추정되는데, 배우기 쉽고, 간단한 계산에서는 속도가 빨라서 최근까지도 사용되고 있다. 우리나라의 경우 1920년대 대중적으로 보급된 이후 전자계산기가 널리 보급되기 전인 1970년대까지만 해도 은행이나 상점 등 계산이 필요한 곳에서 필수적으로 사용되었다.

16세기 들어 계산을 위한 도구는 많은 이들로부터 관심의 대상이 된다. 그 중 갈릴레오 갈릴레이(Galileo Galilei)는 수학과 기하학의 계산을 편리하게 할 수 있는 컴퍼스(compass)를 발명했다. 갈릴레이는 컴퍼스를 제작·판매하여 가족 부양에 도움을 받았으며, 그의 장치는 최초의

인류는 고대부터 다양한 계산기를 사용해 왔다.

상업적인 과학 도구로 인정받기도 한다. 이후 자동화가 적용된 계산 도구인 기계식 컴퓨터는 17세기부터 등장하기 시작한다.

최초의 기계식 컴퓨터는 1623년 독일의 천문학자 빌헬름 쉬카르트(Wilhelm Schickard, 1592~1635)가 발명했다. 주로 톱니바퀴, 피스톤과 같은 기계부품으로 구성이 되었고, 계산을 위해서는 사람과 태엽의 힘이 필요했다. 또 다른 방식의 기계식 컴퓨터는 1642년 프랑스의 수학자이자 과학자인 블레즈 파스칼(Blaise Pascal, 1623~1662)이 파스칼라인(pascaline)이라는 이름으로 고안했는데, 이 장치는 덧셈과 뺄셈이 가능했다.

한편 독일의 철학자이자 수학자인 고트프리트 빌헬름 라이프니츠(Gottfried Wilhelm Leibniz, 1646~1716)는 1671년 파스칼의 계산기를 발전시켜 곱셈, 나눗셈 등 사칙연산이 가능한 기계식 컴퓨터를 만든다. 파스칼이 주로 톱니바퀴를 이용한 데 반해, 라이프니츠는 일정한 크기의 톱니바퀴를 조합하고 기어를 구성하여 장치를 고안했다. 라이프니츠의 장치는 오늘날 흔히 사용하고 있는 전자계산기의 알고리즘의 기초가 되었다는 평가를 받고 있다.

다양한 형태의 기계식 계산기의 재현품 (왼쪽부터) 쉬카르트, 파스칼, 라이프니츠, 배비지가 개발한 기계식 계산기

19세기에 들어와 기계식 계산기는 발전을 거듭해 오늘날 프로그램 개념과 유사한 장치까지 등장했다. 영국의 수학자이자 발명가였던 찰스 배비지(Charles Babbage, 1791~1871)가 1822년 개발한 차분기관(difference engine)이 그것이다. 차분기관은 천공카드(punch card)를 이용해 디지털 데이터(0과 1)를 기록하거나 점과 연산의 순서를 자동으로 제어하는 방법으로 설계되었다.

전쟁과 컴퓨터 : 전자식 컴퓨터의 등장

20세기에 들어와 인류에게 크나큰 시련이 닥쳤다. 제1차 세계대전(1914~1919)과 제2차 세계대전(1939~1945)의 발발이다. 참혹한 전쟁 중에 아이러니컬하게도 과학기술은 엄청난 속도로 발전하게 되었다. 당연히 전쟁의 도구였던 컴퓨터 분야도 예외가 아니었다.

제1차 세계대전 중에는 포탄의 각도나 통신 암호 등 많은 양의 수학적인 계산을 위해 컴퓨터가 사용되었다. 당시에는 톱니바퀴가 주로 사용된 기계식 컴퓨터였고, 계산의 속도를 빠르게 하기 위해 전동기가 추가되곤 했다. 하지만 일촉즉발의 전쟁터에서는 계산 속도가 여전히 문제였다. 이러한 기계식 컴퓨터의 치명적인 단점은 1904년 존 플레밍(John Ambrose Fleming)이 개발한 진공관을 기반으로 한 전자식 컴퓨터의 탄생을 앞당기게 했다. 이렇게 탄생한 컴퓨터가 'ABC 컴퓨터'이다.

아타나소프는 제자 클리포드 베리와 함께 전자식 컴퓨터의 개발에 성공한다.

ABC 컴퓨터는 1939년, 미국 아이오와 주립대학

ABC 컴퓨터의 재현품 진공관으로 구성된 회로를 기본으로 연산부와 저장부가 구분되어 있으며, 오늘날 상업용 컴퓨터와 유사한 구성을 가지고 있다.

의 존 빈센트 아타나소프(John Vincent Atanasoff, 1903~1995)와 그의 조수였던 클리포드 베리(Clifford Berry, 1918~1963)가 개발했다. 개발 초기에는 개발자의 이름을 붙여 아타나소프 베리 컴퓨터(Atanasoff-Berry Computer)라고 불렀으며, 약자로 'ABC 컴퓨터'로 불리기도 했다. ABC는 무게가 약 320킬로그램이고 280개의 진공관, 그리고 1킬로미터가 넘는 케이블을 사용한 복잡한 컴퓨터였지만, 톱니바퀴와 같은 기계장치가 없었다. 때문에 구조는 복잡했지만 속도만큼은 상상 외로 빨랐다.

ABC 컴퓨터는 천공카드를 이용해 계산을 위한 식을 읽어 들인 다음, 이를 진공관으로 구성된 전자회로를 통해 계산했다. 이는 연산부(operation unit)와 저장부(memory unit)가 구분되어 있는 형태로 ABC 컴퓨터는 오늘날의 컴퓨터와 유사성을 가지고 있었다. 하지만 실용성보단 실험 목적의 성격이 강해 상업적으로 성공을 거두지 못했다.

앨런 튜링과 순수의 시대

오늘날과 같은 현대적인 컴퓨터 개념은 영국의 수학자이자 암호학자였던 앨런 튜링(Alan Mathison Turing, 1912~1954)에 의해 이론으로 체계화되었다. 튜링에게는 '컴퓨터의 아버지' '세계 최초의 해커' '인공지능(AI, Artificial Intelligence) 개념의 창시자' 등 다양한 수식어가 따라 다닌다. 하지만 튜링은 천재적인 아이디어와 뛰어난 업적에도 불구하고, 20세기 초 금기시되던 동성애자라는 이유로 비극적으로 삶을 마감한다.

튜링의 유년 시절은 순탄치 못했다. 영국의 명문 사립학교인 셔번 스쿨(Sherborne School)에 다니던 시절 교장은 튜링에 대해 '사회성이 부족하여 학교나 공동체 생활에 문제가 발생할 수 있다'고 늘 걱정했다고 한다. 그런가 하면 열여섯 살이 될 무렵에는 자신이 남성에게 더 끌린다는 사실을 알게 되었고, 이후 힘든 나날을 보내게 된다.

튜링은 힘들었던 소년기를 거쳐 1931년 케임브리지 대학교의 킹스 칼리지(King's College)에 입학해 1934년 최우수 성적으로 수학사 학위를 취득한다. 졸업 이후에는 킹스 칼리지의 특별 연구원으로 근무하게 되는데, 연구원 시절 그는 〈계산 가능한 수와 수리명제 자동생성 문제의 응용에 관하여 *On Computable Numbers, with an Application to the Entscheidungsproblem*〉라는 제목의 논문을 1936년 5월 런던 수리학회(London Mathematical Society)에 제출하게 된다.

제목만으로도 난해한 이 논문은 이후 현대 컴퓨터의 기본적인 이론 모델이 되었다(훗날 튜링이 제시한 이론을 기념해 '튜링머신'이라는 용어가 탄생한다). 이후 튜링은 짧은 연구원 생활을 마치고 1936년 미국 프린스턴 대학교(Princeton University)로 유학을 떠났고, 1938년 수학 박사학위를 받게 된다. 박사과정 중에 튜링은 튜링머신에 대한 이론을 더욱 보강한다. 그는 튜링머신은 명령어와 프로그램을 기본으로

튜링머신의 이론을 기반으로 한 실험장치

독일의 에그니마(위)와 영국의 콜로서스(아래)

하여 움직인다고 설명했다. 구멍 뚫린 종이테이프에 필요한 명령어를 입력하기만 하면 서로 약속이나 한 듯 컴퓨터는 일정한 규칙을 가지고 작동한다는 것이다. 그가 미국에 머무는 동안 제2차 세계대전이 발발했고 튜링은 급히 고국인 영국으로 돌아갔다.

1938년 영국으로 돌아온 튜링은 '악마의 기계'라고 불리던 독일의 암호 통신기 '에니그마(enigma)'를 해독하기 위해 블레츨리 파크(Bletchley Park)로 소집된다. 이곳에서 튜링은 한때 1만 명이 넘는 쟁쟁한 암호 해독가들과 함께 인간의 능력으로는 도저히 풀 수 없다는 에니그마를 해독하기 위해 부단히 노력했다. 암호 해독팀의 노력 끝에 난공불락의 에니그마의 약점을 찾아냈다.

에니그마에는 암호를 발생하는 일정한 패턴이 존재했는데, 예를 들어 X자를 나타낸다고 할 때, 에니그마에서 암호화할 때는 X라는 문자는 발생하지 않았던 것이다. 하지만 독일군의 암호에 대한 패턴은 찾았지만 정확한 해독을 위해서는 많은 시간과 인력이 필요했다. 시시각각 변하는 전쟁 상황에서는 1분 1초가 급하다.

앨런 튜링

블레츨리 파크의 암호 해독 팀은 독일군의 암호문을 해독하기 위해 1943년 12월 세계 최초의 전자식 컴퓨터 '콜로서스(Colossus)'를 개발한다. 콜러서스는 튜링이 고안하고 영국 체신청 엔지니어 토미 플라워스(Tommy Flowers, 1905~1998)가 설계한 것으로, 2400개의 진공관을 이용하고, 높이만 3미터에 달했다. 1초에 약 5천 자를 천공할 수 있었는데, 즉 초당 5천 자의 암호문이 종이테이프를 거치면서 에니그마의 암호와 일치할 때까지 비교작업을 수행했다. 튜링과 토미 플라워스에 의해 개발된 콜로서스 덕분에 제2차 세계대전은 연합군의 승리로 돌아갔다.

전쟁이 끝난 후에도 튜링은 컴퓨터 분야의 연구를 계속했다. 특히 인공지능에 관심이 많았는데 1950년에 〈계산 기계와 지능 *Computing Machinery and Intelligence*〉이라는 논문을 철학 저널 〈마인드(Mind)〉에 발표하기도 한다. 이 논문에서 튜링은 '기계가 인간과 얼마나 비슷하게 대화할 수 있는가' 하는 것으로 인공지능의 기준을 제시하고 이를 판별하는 기준인 튜링 테스트(Turing test)를 고안했다. 1951년 튜링은 인공지능 컴퓨터 분야에 관한 뛰어난 업적으로 최고 권위를 자랑하는 영국왕립학회의 회원이 된다. 그러나 이러한 영광도 잠시뿐 튜링의 인생은 점점 나락으로 빠져든다.

당시 영국에서는 동성애가 법적으로 범죄로 규정되어 있었고 그런 시대에 튜링은 동성애자였던 것이다. 우연한 사건에 휘말려 튜링은 성문란 혐의로 고소당하게 된다. 사건의 전말은 이랬다. 튜링의 헤어진 옛 동성애인이 그의 집을 털려다 붙잡힌 사건이 커져서 조사를 받게 되었고, 그 과정에서 튜링은 동성애자임을 숨기지 않고 당당히 밝힌 것이다. 법원은 튜링을 동성애자로 인정하여 유죄를 판결했고, 여성호르몬 투여를 통한 화학적 거세 형벌을 내렸다.

이후 튜링은 정신적 육체적으로 엄청난 고통을 겪으며, 지옥 같은 나날을 보내게 되고 급기야 자살이라는 극단적인 선택을 하게 된다.

1954년 6월 7일 튜링의 주검이 발견되었는데 그의 곁에는 한 입 베어문 사과가 떨어져 있었다. 시안화칼륨(potassium cyanide, 일명 청산가리)이 주입된 사과였다. 그가 남긴 마지막 메모에는 다음과 같이 적혀 있었다.

"사회는 나를 여자로 변하도록 강요했으므로,
나는 순수한 여자가 할 만한 방식으로 죽음을 택한다."

훗날 세계적인 IT기업 애플 사(Apple Inc.)의 사과 모양 로고가 튜링의 죽음에서 힌트를 얻어 제작되었다는 설도 있다. 하지만 애플 사는 공식적으로는 부인하고 있어서 로고가 튜링을 염두에 두었는지는 알 수 없다(튜링의 동성애에 대한 죄목은 사후 59년 만인 2013년 12월 24일 엘리자베스 2세에 의해 사면되었다).

컴퓨터 혁명 : 에니악의 등장

초창기 컴퓨터는 전쟁 중에 개발되어 대부분 군사적인 목적으로 사용되었다. 미국 육군에서 군사 목적으로 개발된 에니악(ENIAC, Electronic Numerical Integrator And Calculator)은 제2차 세계대전이 끝난 직후인 1946년 개발이 완료되었다. 그래서 원래의 목적으로는 사용할 수 없게 되었고, 그 대신 일기예보나 기타 복잡한 통계를 처리할 수 있도록 민간 영역에서 사용되기 시작했다. 에니악은 민간에서 사용된 최초의 전자식 컴퓨터라고 할 수 있다.

에니악 미국의 육군에서 군사 목적으로 개발했으나 1946년 제2차 세계대전이 끝난 후 개발이 완료되어 이후 민간 목적으로 사용된다.

에니악은 미국 펜실베니아 대학(University of Pennsylvania)의 존 에커트(John Presper Eckert, 1919~1995)와 존 모클리(John William Mauchly, 1907~1980)의해 개발되었다. 당시 성능면에서 타의 추종을 불허했는데, 초당 5천 번 이상의 계산이 가능했고, 기존에 발표된 컴퓨터보다 천 배 이상의 성능을 발휘하는 것으로 평가되었다. 하지만 당시로서 고성능 컴퓨터였던 에니악은 1만7천 개 이상의 진공관과 소비전력은 150킬로와트, 전체 무게가 30톤에 이르는 등 실로 엄청난 규모를 자랑했다. 그 덩치를 유지하기 위해 매주 2~3번씩 진공관을 교체해야 했고, 고장도 잦아 유지보수에 큰 문제점을 가지고 있었다. 또한 새로운 계산 작업에 따라 전선이 달랐기 때문에 엄청난 길이의 케이블을 연결하는 것도 큰 골칫거리였다. 이 같은 초창기 컴퓨터의 단점을 개선하기 위해 많은 이들이 연구에 매달렸다.

노이만은 뛰어난 천재성으로 화성인, 악마의 두뇌를 가진 사나이로 불리기도 했다.

그 중 한 사람인 헝가리 출신의 미국 수학자 존 폰 노이만(John von Neumann, 1903~ 1957)은 1945년에 현대 컴퓨터의 기본 개념을 확립한 새로운 방식을 제안한다. 계산을 위해 일일이 전선을 바꾸지 않고, 계산하는 데이터의 순서를 기억시켜놓고 실행을 시키는 방식이다. 즉 컴퓨터 내부의 기억장치에 소프트웨어 방식의 프로그램을 내장해 소프트웨어만 바꾸면 여러 가지 작업에 대응할 수 있도록 했다. 오늘날의 컴퓨터에서 기본적으로 사용하고 있는 프로그램이란 개념을 도입하게 된 것이다.

에드삭 에드삭은 오늘날의 컴퓨터에서 기본적으로 사용하고 있는 프로그램이란 개념을 도입한 컴퓨터이다.

1949년에는 이를 실용화한 최초의 컴퓨터인 에드삭(EDSAC, Electronic Delay Storage Automatic Calculator)이 등장했으며, 얼마 지나지 않아 에드삭의 개량형인 에드박(EDVAC, Electronic Discrete Variable Automatic Computer)이 발표되었다. 에드삭과 에드박의 연산 구조는 오늘날 우리가 사용하고 있는 대부분의 컴퓨터에도 적용되고 있다.

공학의 종합선물세트, 컴퓨터

거대 컴퓨터 에니악이 탄생한 이래로 컴퓨터의 핵심 부품은 진공관에서 반도체로, 또 다시 고성능의 IC가 장착되는 등의 발전을 거듭했다. 1981년 미국의 IBM사에서는 비교적 값이 싸고 쉽게 구할 수 있는 부품으로 구성된 컴퓨터를 출시한다. 'IBM 퍼스널 컴퓨터(Personal Computer) 5150'이라는 이름으로 출시된 이 모델은 일반인도 누구나 사용할 수 있는 개인용 컴퓨터로, 전 세계적으로 PC 붐을 일으켰다.

오늘날 컴퓨터는 데스크탑, 노트북 PC 등의 일반적인 사양은 물론 인터넷이라는 거대한 날개까지 달아 엄청난 속도로 발전하고 있다. 그런가 하면 스마트폰, 로봇청소기, 비디오게임기 등등 스마트 가전기기라는 이름으로 탈바꿈하여 우리 곁에 존재한다. 컴퓨터는 인류 최고의 발명품이라고 해도 과언이 아닐 것이다.

IBM 퍼스널 컴퓨터 5150

일반적인 컴퓨터는 다음과 같이 다섯 부분으로 나누어진다. 입력장치(input device), 출력장치(output device), 연산장치(operation device),

제어장치(control device), 기억장치(memory device)가 컴퓨터의 기본 구성이다. 데스크탑 PC를 기준으로 살펴볼 때, 본체에는 핵심 부품인 연산, 제어, 기억장치 즉 CPU(중앙처리장치, Central Processing Unit)가 탑재되어 있다. 그리고 출력장치인 모니터와 입력장치인 키보드와 마우스가 있다.

모든 컴퓨터의 성능을 좌우하는 것은 CPU로, 인간의 두뇌와 같은 역할을 하며 마우스나 키보드를 통해 입력한 정보를 계산하여 그 결과를 모니터를 통해 보여준다. CPU가 사람의 두뇌처럼 스스로 판단하고 생각하는 인공지능은 컴퓨터 안에서만큼은 인간의 두뇌와 같은 역할을 한다.

인간의 기억력에는 한계가 있다. 그렇기 때문에 원하는 정보를 메모로 남기거나 수첩에 기록하기도 한다. 컴퓨터 또한 이러한 기록을 담당하는 주기억장치인 램(RAM, Random Access Memory)과 보조 기억장치인 하드디스크가 있다.

램은 이름 그대로 무작위로 입력과 출력이 가능한 기억장치로 데이터 처리 속도는 빠르지만 전원이 꺼지면 데이터가 모조리 지워진다. 뿐만 아니라 용량도 작은 편이다. 이러한 이유로 보조 기억장치로서 대부분의 컴퓨터에 내장되어 있는 것이 하드디스크이다(CD-ROM, USB 메모리 등도 일종의 보조 기억장치들이다). 하드디스크는 속도가 느린 편이지만, 내부에서의 입출력이 가능할 뿐 아니라, 자기를 이용한 기억장치이므로 전원이 끊어져도 그 기억이 사라질 염려는 없다. 또한 용량도 커서 보다 많은 데이터를 안전하게 보관할 수 있다.

이처럼 컴퓨터를 구성하는 기계나 주변 장치와 같은 물리적 부품을 하드웨어라고 한다. 하지만 컴퓨터는 단순히 하드웨어로만 동작이 불가능하다. 실행해야 할 일의 순서를 지시하거나 운영하여 하드웨어를 제어할 수 있는 프로그램인 소프트웨어가 있어야만 비로소 컴퓨터를 활용할 수 있다.

컴퓨터의 전반적인 관리나 제어를 담당하는 기본적인 소프트웨어를 운영체제(OS, Operating System)라고 부른다. 모든 하드웨어는 이 운영체제를 통해서 동작하기 때문에 운영체제의 특성과 사양에 따라 컴퓨터의 성능, 기능의 변화 폭이 커지기도 한다. 그리고 하드웨어와 함께 운영체제에 의해 동작하는 것이 응용 소프트웨어(application software)이다. 흔히 '애플리케이션', '어플'이라 부르는 것들이다. 쉽게 생각하면 운영체제를 제외한 대부분의 소프트웨어들이다. 보고서, 리포트를 작성하기 위한 워드프로세서나 게임, 영화나 강의를 보기 위한 동영상 플레이어 등이 응용 소프트웨어이다.

인공지능 컴퓨터 : 인간처럼 생각하라

'나는 생각한다. 고로 나는 존재한다.'

철학자 데카르트의 명언이다. 과거에는 이러한 명언은 우리 인간에게만 해당되었지만, 앞으로는 지능을 가지고 있는 컴퓨터에게도 해당될지도 모른다. 인공지능(AI, Artificial Intelligence)의 사전적 의미는 인간이나 지성을 갖춘 존재 또는 시스템에 의해 만들어진 인공적인 지능을 의미한다. 즉 단순히 빠른 계산을 넘어 인간처럼 생각하고 학습하여 판단하는 컴퓨터를 말한다.

최근에 체스, 퀴즈쇼, 바둑 대결 등 다양한 형태의 인공지능에 관한 연구가 활발히 진행 중에 있다. 우리 일상에도 다양한 인공지능 기술들이 응용되고 있다. 워드프로세서 프로그램의 자동 맞춤법 수정 기능과 무인 정찰기, 포털 사이트의 연관 검색어 등도 인공지능을 활용한 예이다. 이러한 기능들은 축적된 정보를 바탕으로 그에 적합한 피드백을 하는 형태의 원시적인 인공지능이라고 할 수 있다. 공상과학 영화에 등장하는 장면이라든가 우리의 상상 속 인공지능 기술의 수준에 도달하기 위해서는 더 많은 연구가 진행되어야 할 것이다. 그러나 영화 속 장면이 전혀 불가능할 거라고는 아무도 장담할 수 없다.

인공지능 분야는 1943년 미국의 신경생리학자이자 인공두뇌학자인 워런 매컬럭(Warren McCulloch, 1898~1969)과 논리학자인 월터 피츠(Walter Pitts, 1923~1969)에 의해서 처음 연구되었다. 이후 1956년 다트머스 대학(dartmouth college)에서는 수학자, 심리학자, 전기공학자 등 여러 분야의 전문가들이 모여 '생각하는 기계'에 대한 주제로 워크샵이 개최되었다. 이날 미국의 전산학자이자 인지과학자인 존 매카시(John McCarthy, 1927~2011)가 처음으로 '인공지능'이라는 용어를 썼다. 이후로 다양한 분야에서 인공지능에 대한 연구가 계속되고 있다.

사람처럼 생각할 줄 아는 인공지능 기계는 산업혁명 이래 늘 인류의 관심사였다. 인간의 지시나 조작 없이도 알아서 척척 상황을 판단하는 기계는 예나 지금이나 상당히 매력적으로 다가온다. 인공지능의 관심은 다양한 주제와 방식으로 SF소설이나 영화에 자주 등장하곤 한다. 2014년에 개봉한 영화 〈그녀(Her)〉에서는 남자 주인공이 인공지능과 사랑에 빠지기도 하고 인간미를 느끼기도 한다. 또한 영화 〈인터스텔라(Interstellar)〉에 등장하는 인공지능 로봇 타스(Tars)와 케이스(Case)는 생김새는 조금 투박하지만, 인간미 넘치는 유머감각과 위급상황에서 빠른 판단력을 가지고 인간보다 더 뛰어난 능력을 지니고 있다.

하지만 SF 영화의 고전 〈2001 : 스페이스 오딧세이(2001 : A Space Odyssey)〉에 등장하는 인공지능 컴퓨터 HAL 9000은 인간의 통제를 거부하고 스스로의 판단에 의해 움직인다. HAL 9000은 인간이 짜놓은 프로그램을 거부하고 컴퓨터 스스로 새로운 명령을 처리하고 회로를 조정한다. HAL 9000의 이 같은 행동은 인간의 명령과 통제를 거부하는 로봇으로 우리가 우려하는 인공지능의 미래상을 영화를 통해 보여준 것이라고 할 수 있다.

그렇다면 영화 속에 자주 등장하는 인공지능은 언제쯤 우리 앞에 나타날까? 인공지능에 대한 연구가 시작된 1950년대 중반만 해도, 컴퓨터 과학자들은 인공지능의 가능성에 대해 장밋빛 청사진을 제시했다. 10년 안에 인간과 유사한 기계가 개발될 것이라 예측했다. 하지만 60년이 지난 이 시점에서도 영화 속 같은 인공지능 컴퓨터는 등장하지 않았다.

그런데 2014년 6월 영국 레딩 대학교(University of Reading) 시스템 공학부와 유럽연합의 로봇기술 법제 기관인 로보로(RoboLaw)가 공동 주최한 **튜링 테스트**(Turing Test)가 진행되었다(이 행사는 앨런 튜링의 사후 60주년에 열렸다).

튜링 테스트(Turing Test)
기계가 인간과 얼마나 비슷하게 대화할 수 있는지를 기준 삼아 '기계의 사고 능력'을 판단하는 테스트. 앨런 튜링에 의해 1950년에 제안되었다.

이날 유진 구스트만(Eugene Goostman)이라는 인공지능 컴퓨터가 인공지능 판별 테스트인 '튜링 테스트'를 통과했다. 테스트에서 유진 구스트만은 '우크라이나에 사는 13세 소년'이라고 자신을 소개한 뒤 심사위원들과 5분 동안 대화를 했다. 그런데 흥미로운 것은 테스트 결과 심사위원 중 33%가 유진이 진짜 인간이라고 판단한 것이다. 튜링 테스트를 고안한 이래 30%를 넘은 것은 이번이 처음이었다. 인공지능을 가늠하는 기준인 튜링 테스트를 인공지능 컴퓨터 프로그램인 유진 구스트만이 60여년 만에 처음 통과한 것이다.

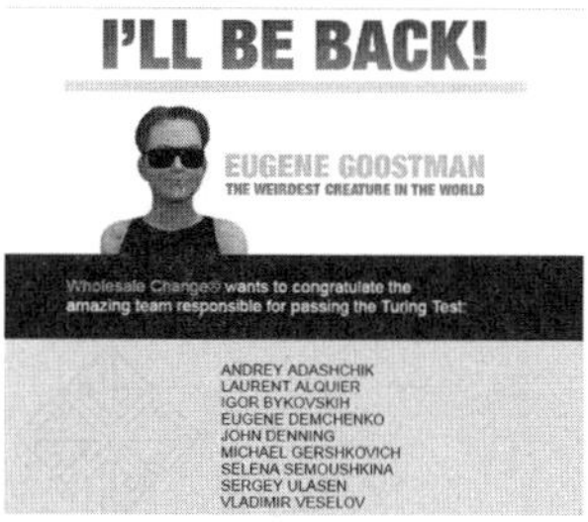

인공지능 컴퓨터 유진 구스트만
〈출처 : Princeto Articial Intelligence, Inc〉

유진 구스트만은 2001년 러시아 상트페테르부르크(Saint Petersburg)에서 첫 버전이 나왔으며, 블라디미르 베셀로프(Vladimir Veselov)와 유진 뎀첸코(Eugene Demchenko)가 함께 창조해냈다. 하지만 유진 구스트만이 '진정한 의미에서 인공지능 컴퓨터인가'하는 데 대해 논란이 많고 단순한 채팅 로봇에 지나지 않는다는 의견도 많다.

어쨌든 유진 구스트만은 인공지능의 발전에 있어서 큰 발자취를 남긴 것에는 의심의 여지가 없을 것이다. 미국 프린스턴 대학 인공지능연구소 홈페이지(http://www.princetonai.com)에 들어가면 유진 구스트만과 채팅할 수 있는데 현재는 영화 〈터미네이터〉의 아놀드 슈왈제네거의 명대사인 "난 돌아올 것이다(I'll be back)"라는 대사를 남긴 채 새로운 모습을 위해 잠시 휴식을 취하고 있다.

톡! 과학 공부

14. 커패시터의 원리

회로부품 중에서 전하를 저장할 수 있는 대표적인 부품이 커패시터(capacitor)로 콘덴서(축전기)와 같은 말이다. 커패시터는 전하를 축적하는 기능 외에 직류는 차단하고 교류는 통과하는 목적으로 자주 사용된다. 아래 그림은 일반적인 커패시터의 구조를 나타내고 있다. 사각 형태의 두 장의 금속 전극이 상부와 하부에 일정한 간격을 유지하며 마주보고 있다.

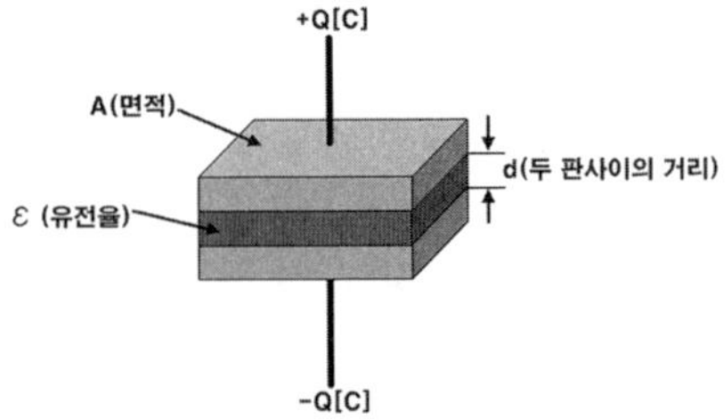

일반적인 커패시터의 구조

커패시터에 사용되는 전극 재료의 면적을 A[m^2], 전극 간격을 d[m], 유전체(dielectric)의 유전율(permittivity)을 ϵ[F/m]라고 하면 커패시터의 용량 C는 다음과 수식으로 표현된다.

$$C = \epsilon\frac{A}{d}$$

커패시터에 직류전압을 걸어주면, 일정한 크기의 전극에는 전하가 축적된다. 이렇게 축적된 전하들로 인해 커패시터에는 전류가 흐르게 된다. 하지만 전하가 커패시터에 완전히 축적되면, 전류의 흐름은 바로 멈추어버리고 만다.

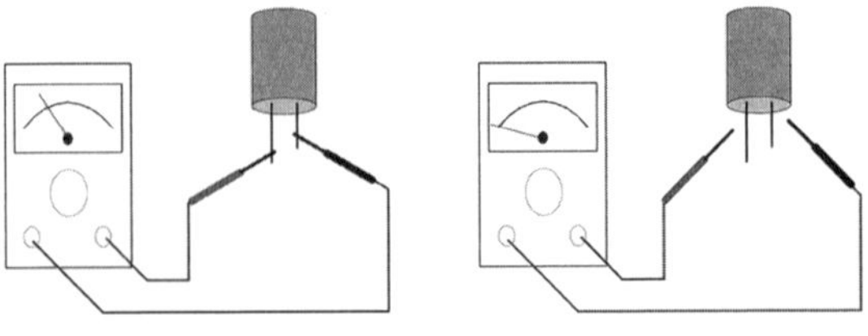

커패시터의 측정

커패시터의 이러한 기본 특성은 간단한 실험을 통해 눈으로 쉽게 확인할 수 있다. 먼저 일정한 용량을 갖는 커패시터와 아날로그 멀티메타가 필요하다. 준비된 멀티메타는 레인지를 저항측정 모드로 설정한다. 마지막으로 멀티메타의 (+)극과 (–)극의 리드선을 이용해 커패시터의 전극에 직접 연결한다. 아마도 순간 멀티메타의 바늘이 힘차게 움직이다가 곧바로 0점의 눈금으로 되돌아오는 것을 볼 수 있다.

직류전압이 커패시터에 가해질 경우 순간적으로 전류가 흐른 뒤 멈추어 버리는 특성 때문에 커패시터는 직류를 차단하는 용도의 부품으로 응용, 사용이 가능하다.

표시	변화 치	단위
101	100	pF
102	1000 0.001	pF
103	0.01	μF
104	0.1	μF
223	0.022	μF
333	0.033	μF
473	0.047	μF
474	0.47	μF

그림은 0.01μF/50V, ±10%를 표시한 예

커패시터의 용량을 나타내는 기본 단위인 패럿[F]은 특수한 경우를 제외하고는 축적되는 전하용량은 매우 작다. 때문에 커패시터의 대부분 단위는 10^{-6}인 마이크로(micro, 기호 μ)[μF] 또는 10^{-12}인 피코(pico, 기호 p) [pF]의 단위가 사용된다. 커패시터의 용량은 제조사별로 차이가 있지만, 일반적으로 3자리 숫자의 형태로 용량을 나타내거나 앞에서 언급한 단위 그대로 표기를 하기도 한다.

먼저 3자리 숫자로 나타내는 경우를 살펴보자. 앞의 2자리 숫자가 용량의 제1숫자와 제2숫자이고 마지막 3번째 자리 숫자는 승수를 나타낸다.

예를 들면 103이라는 숫자가 커패시터에 표기 되었다면, 10×103=10,000[pF] 또는 0.01[μF]이 되고, 124는 22×104=120,000[pF] 또는 0.12[μF]을 의미하는 것이다. 하지만 100[pF] 이하의 작은 용량의 커패시터는 표기된 그대로 읽으면 된다. 즉 27이라 표기 되었다면 27[pF]

의 용량을 나타내는 것이다.

전기회로를 구성하는 소자들은 다양한 방법으로 연결될 수 있다. 그 중에서 일반적으로 사용되는 방식이 직렬과 병렬 연결이다. 회로 소자를 직렬로 연결하면 직렬 회로, 병렬로 연결하면 병렬 회로라고 부른다. 이것은 전기회로의 기본소자인 저항, 인덕터, 커패시터 모두에 해당된다.

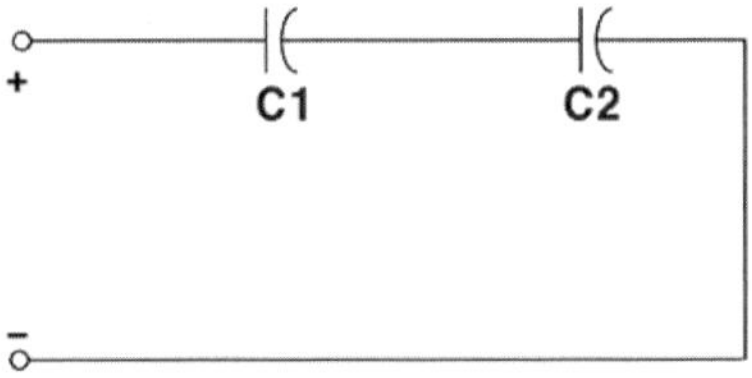

커패시터의 직렬연결

먼저 위의 그림과 같이 커패시터의 직렬연결을 살펴보자. 커패시터를 직렬로 접속해서 전압을 인가하면 다음과 같은 수식으로 나타낼 수 있다.

$$V_1 = \frac{Q}{C_1},\ V_2 = \frac{Q}{C_2},\ V_3 = \frac{Q}{C_3},$$

$$V = V_1 + V_2 + V_3 = \frac{Q}{C_1} + \frac{Q}{C_2} + \frac{Q}{C_3}$$

$$= Q \times \left(\frac{Q}{C_1} + \frac{Q}{C_2} + \frac{Q}{C_3}\right)[V]$$

또한, 이때의 합성 정전용량 C[F]는 다음과 같이 구해진다.

$$C = \frac{Q}{V} = \frac{1}{\frac{1}{C_1} + \frac{1}{C_2} + \frac{1}{C_3}}[F]$$

이번에는 커패시터의 병렬로 접속한 상태를 살펴보자. 입력단자에 전압 V[V]를 인가하면, 각 커패시터에는 다음과 같은 수식으로 전하가 축적됨을 알 수 있다.

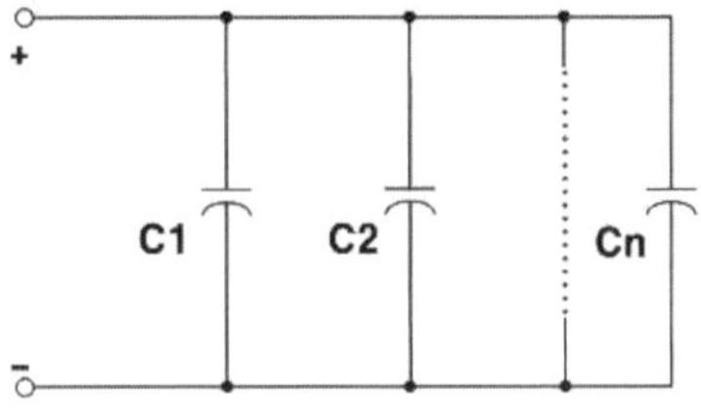

커패시터의 병렬연결

$$Q_1 = C_1 \times V$$
$$Q_2 = C_2 \times V$$
$$Q_3 = C_3 \times V$$

따라서 전하 Q[C]의 총합은

$$Q = Q_1 + Q_2 + Q_3 = C_1 \times V + C_2 \times V + C_2 \times V$$
$$= V \times (C_1 + C_2 + C_3)[C]$$

로 된다. 결과적으로 합성 정전용량 C[F]는 다음 식과 같다.

$$C = \frac{Q}{V} = C_1 + C_2 + C_3[F]$$

04

꿈의 신기술, 초전도

가수 이적의 노래 '하늘을 달리다' 가사 중에 '귓가에 울리는 그대의 뜨거운 목소리'라는 구절이 있다. 사실 이 노래는 그의 아내를 위한 러브송이다. 연애시절 지금의 아내와 오래 통화를 하면 휴대폰의 발열 때문에 어김없이 귓가가 뜨거워졌다는 것이다.

이와 비슷한 현상을 우리 주변에서도 흔히 볼 수 있다. 작동되고 있는 텔레비전, 컴퓨터, 냉장고 등의 전기·전자제품을 만질 경우 손에 온기가 느껴지거나 다른 곳에 비해 주변 온도가 높다는 것을 느낄 수 있다. 이러한 현상은 전자제품의 작동에 필요한 전기에너지의 일부가 열에너지로 바뀌기 때문이다.

즉 전기에너지가 손실되면서 나타나는 현상이 열이다. 때문에 전자제품의 에너지 손실을 줄이기 위해서는 발열을 줄여야 한다. 그렇다면 어떻게 하면 발열을 줄일 수 있을까?

도전! 절대온도

금속의 전기 저항이 0이 되어 내부 자기장을 밀쳐내는 성질을 보이고 있다.

19세기 후반에 접어들어 저온공학(cryogenic engineering)을 중심으로 물질의 온도 특성에 관한 연구가 활발히 진행되었다. 당시 많은 학자들의 연구 결과로 산소, 질소, 수소를 액화하는 데 성공을 거둔다. 이러한 연구는 상당히 낮은 온도까지 냉각하는 저온공학 기술도 함께 발전하는 계기가 되었다. 또한 다양한 물질의 액화 성공에 힘입어 절대온도 0도(0K, -273℃)에 가까운 극저온에 대한 응용 연구가 점차적으로 확산되어갔다. 많은 학자들은 금속의 온도 변화에 따라 저항 수치도 변한다는 것을 알고 있었다. 그러한 이유로 극저온 상태에서 금속의 저항 수치가 어떻게 변화할지에 대해 많은 학자들 사이에서 활발한 논의가 진행되기도 하였다. 하지만 그 당시로서는 극저온으로 온도를 변화시킬 만한 기술이 없었기 때문에 온갖 추측만 난무할 뿐이었다.

이러한 궁금증은 네덜란드의 물리학자인 카메를링 오네스(Heike Kamerlingh Onnes, 1853~1926)에 의해 하나씩 밝혀진다. 오네스는 1882년부터 라이덴 대학의 교수로 재직하였고, 1894년에는 부속 저온 연구소를 설립해 본격적으로 이 분야의 연구를 시작한다. 재직 이후 다양한 액화기를 설치하여 연구를 거듭한 끝에 1908년 최초로 헬륨(helium)을 액화시키는 데 성공한다. 헬륨 액화의 성공으로 4.2K(섭씨 -268.95도)의 극저온에서도 여러 가지 실험을 할 수 있다는 의미였다. 당시 많은 이들은 극저온에 대한 기술적인 문제로 관련 분야에 대한 깊

오네스와 동료 물리학자들 왼쪽부터 에렌페스트, 로렌츠, 닐스 보어, 오네스

이 있는 연구가 불가능한 상태였다. 특히 극저온 상태에서 금속의 전기 저항에 대한 연구가 그 중 하나였다.

오네스도 당시의 관심 연구 분야인 금속의 저항에 관한 연구를 본격적으로 시작하게 된다. 오네스는 먼저 전도성이 높고 저항이 낮은 금속을 실험 대상으로 선택했다. 선택된 금속은 금과 백금이었다. 그런데 예상과 달리 실험에서는 그가 원하는 결과가 쉽게 나오지 않았다.

오네스는 실험 결과를 두고 무엇이 문제인지 곰곰이 생각한다. 고심 끝에 오네스는 기존 실험에서 사용했던 금속은 불순물이 존재하여 원하는 결과가 나오지 않았다고 결론 내렸다. 그래서 순도가 높고 정제하기 쉬운 액체 금속인 수은을 사용해 실험을 시작했다. 액체 헬륨을 이용해 만든 극저온에서 수은의 전기 저항을 측정했는데 헬륨의 액화 온도인 4.2K에서 수은의 전기저항이 급격히 0으로 뚝 떨어지기 시작했다. 오네스는 결과에 대해 당혹감을 감출 수 없었다.

오네스는 결과를 이상히 여겨 조수 홀스트(Gilles Holst, 1886~1968)와 함께 수십 번 실험을 반복해 진행했다. 그러나 결과는 변함이 없었다. 오네스는 이 같은 연구 결과를 정리하여 1911년에 학회에 발표했고, 그로부터 2년 후인 1913년 노벨 물리학상을 받게 된다. 노벨상 업적은 '저온에서의 물질 속성 연구 : 액체 헬륨의 생성'으로 액화 헬륨을 통한 저온 물리학 분야 연구의 공로가 인정된 것이다(오네스는 노벨상 이후 자신이 연구한 분야의 현상을 통칭해 초전도성(superconductivity)이라고 지칭했다).

이후 초전도 현상은 액체 금속인 수은 말고도 주석(Sn)과 납(Pb)에서도 발견되었고, 1925년 이후에는 니오븀(Nb), 니오브티타늄(NbTi)과 같이 순수 금속이 아닌 합금이나 화합물에서도 동일한 현상이 발견된다.

초전도체의 비밀을 벗기다

활발히 진행되었던 초전도체에 관한 연구는 제2차 세계대전으로 인해 중단되었다. 전쟁 이후 과학의 중심은 유럽에서 미국으로 넘어가게 되었고, 초전도 분야도 마찬가지였다. 오네스의 연구 이후에도 많은 학자들이 초전도 현상을 꾸준히 연구했다. 특히 극저온 상태에서 왜 전기 저항이 0이 되는지에 대해 이론적으로 설명하기 위한 연구의 움직임이 많았다.

모두가 궁금해 했던 초전도체의 비밀은 1957년 3명의 미국 과학자들에 의해 밝혀지기 시작한다. 존 바딘(John Bardeen, 1908~1991), 리언 쿠퍼(Leon N Cooper, 1930~), 존 로버트 슈리퍼(John Robert

BCS 이론을 바탕으로 초전도체의 비밀을 밝힌 3명의 인물. 왼쪽부터 존 바딘, 리언 쿠퍼, 존 로버트 슈리퍼

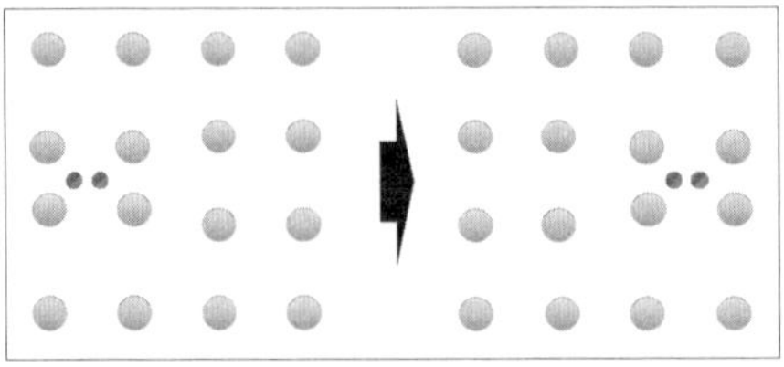

초전도체 내부의 자유전자들은 두 개씩 쌍을 이루는데, 이 전자쌍을 쿠퍼쌍이라고 부른다. 초전도체를 이루고 있는 격자 이온들의 진동이 전자의 움직임과 공명함으로써 쿠퍼쌍을 이루게 한다.

Schrieffer, 1931~) 등 3명의 과학자는 자신들의 이름 첫 글자를 따서 붙인 BCS 이론으로 초전도체의 비밀을 밝혀낸다.

일반적인 도체의 경우 구조의 결함과 불순물 그리고 이온들의 진동으로 인해 불완전한 형태의 결정격자를 가지고 있다. 이러한 내부 구조는 전자들의 흐름을 방해하는 요소로, 원활한 진행을 하지 못하고 충돌을 반복하게 만든다. 이는 금속 내부에서 일어나는 현상으로, 전자들의 운동 에너지는 곧 결정격자에 빼앗겨 열이 되어 외부로 방출되어 버린다. 즉 전자들의 충돌로 인한 열 때문에 도체의 내부 저항 성분이 생긴다는 것이다. 이것이 당시 여러 학자들의 일반적인 이론이었다.

그러나 절대온도 4.2K의 초전도체에서는 모든 전자들이 쌍을 이루어 이동을 하게 된다. 내부의 2개 자유전자는 쌍을 이루어 이동하는데 마치 축구 경기에서 2명의 공격수가 서로 도와가며 골대 앞 수비수의 저항을 뚫는 것과 같다. 즉, 절대온도에서 반응하는 초전도체의 경우 자기장을 완전히 밀어내는 전기저항이 '0'이 되는 것이다. 이러한 내용을 기반으로 한 이론은 〈초전도성 이론 *Theory of Superconductivity*〉이라는 제목으로 1957년 학술지 〈피지컬 리뷰(physical review)〉에 바딘, 쿠퍼, 슈리퍼 세 사람의 이름으로 게재되었다. 그 동안 많은 이들의 노력에도 불구하고 밝히지 못했던 비밀의 문이 활짝 열린 것이다.

초전도성 이론의 저자인 바딘, 쿠퍼, 슈리퍼는 초전도 현상을 설명하는 이론으로 1972년 노벨 물리학상을 수상한다. 존 바딘의 경우 트랜지스터를 개발한 공로로 1956년 노벨 상을 받은 이후 두 번째 수상이었다.

베드노르츠(왼쪽)와 뮐러

그런데 영원불변할 거라고 생각했던 BCS 이론도 한계를 드러내기 시작한다. BCS 이론에서는 30K 이상에서는 초전도 현상이 전혀 나타나지 않을 것이라고 예상했다. 하지만 BCS 이론이 나온 지 30여 년이 지나자 이론에 금이 가기 시작했다. 스위스의 IBM사 연구소에 근무하던 요하네스 게오르크 베드노르츠(Johannes Georg Bednorz, 1950~)와 카를 알렉산더 뮐러(Karl Alexander Müller, 1927~)는 1986년 세라믹 계열의 새로운 화합물이 35K 부근에서 초전도 현상이 일어나는 것을 발견했다. 즉 고온 초전도체가 새롭게 탄생된 것이다(1987년 이후 초전도 현상을 나타내는 온도는 점점 올라가 현재에는 −135℃에서도 가능해졌다).

베드노르츠와 뮐러는 1986년 고온 초전도체에 대한 연구 결과를 논문으로 제출한다. 고온 초전도체의 관한 논문을 제출한 이듬해인 1987년 그들은 고온 초전도체의 가능성을 처음 제시한 공로로 노벨 물리학상을 거머쥐게 된다(이들의 수상은 연구 발표와 수상까지의 간격이 노벨상 역사상 가장 짧았다고 한다).

고온 초전도체가 발견된 것은 냉전시대의 막바지에 접어든 때였는데 당시 미국 대통령 로널드 레이건(Ronald Wilson Reagan, 1911~2004)은 고온 초전도체로 미국이 새로운 기술의 시대로 진입할 것이라고 말해 눈길을 끌기도 했다. 하지만 아직 고온 초전도체가 가능한 이유가 무엇인지, 또 어떠한 물질이 초전도성의 성질을 가지고 있는지와 실온에서

마이스너 마이스너는 제자인 옥센펠트와 함께 물질이 초전도 상태로 전이되면서 물질의 내부에 침투해 있던 자기장이 외부로 밀려나는 현상인 마이스너 효과를 발견했다.

초전도 현상이 가능한지 등은 초전도체의 실용화에 있어서 해결해야 할 과제들로 남았다.

초전도체의 가장 큰 특징은 전기적인 저항이 0이라는 점이다. 일반적인 물질의 저항은 온도에 따라 달라지는 특성을 가지고 있다. 백열전구를 예를 들면, 불이 꺼진 상태에서는 내부의 저항은 극히 작지만, 불이 켜지면 저항은 수십 배로 증가하게 된다. 즉 온도가 높아지면 저항이 커지고 온도가 낮아지면 저항이 작아지는 것이다. 그에 반해 초전도체는 저항의 크고 작음을 떠나서 임계온도(critical temperature) 이하로 내려가면 저항이 완전한 0이 된다. 그렇기 때문에 일단 초전도체에 전류가 흐르기 시작하면 전력 손실 없이 거의 무한으로 흐를 수 있다.

전문가들은 초전도체의 수명을 확인하고자 일정한 고리 형상으로 만들어 전류를 흘려보내는 실험 장치를 설계했다. 설계된 실험 장치를 기반으로 한 실험 결과 전류의 수명은 약 10만 년 이상이라는 엄청난 결과가 나오기도 했다. 하지만 초전도체의 전류 밀도(電流密度, current density)는 제한적이기 때문에 일정한 값을 넘어서면 초전도 현상은 순식간에 사라져 버린다. 때문에 초전도체에는 흐를 수 있는 전류의 양에 한계가 있는 것이다.

초전도체는 저항이 0이 되는 것 외에도 또 다른 특성을 가지고 있다. 초전도체 내부의 자기장을 밖으로 내보내는 반자성(反磁性, diamagnetism) 특성이다. 이 특성은 독일의 물리학자 프리츠 발터 마이스너(Fritz Walther Meiβner, 1882~1974)와 제자 로버트 옥센펠트(Robert Ochsenfeld, 1901~1993)에 의해 발견되었으며, '마이스너 효과

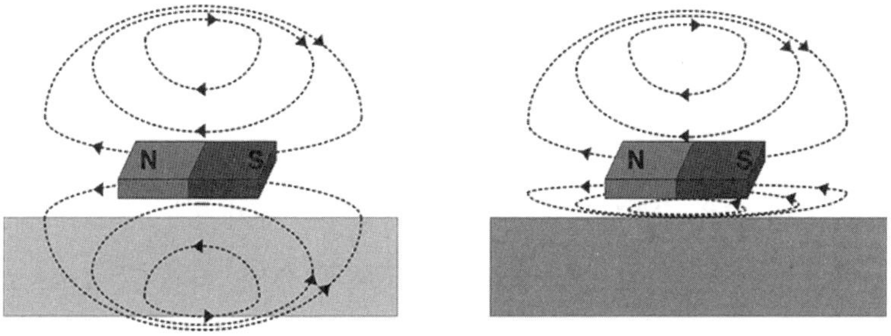

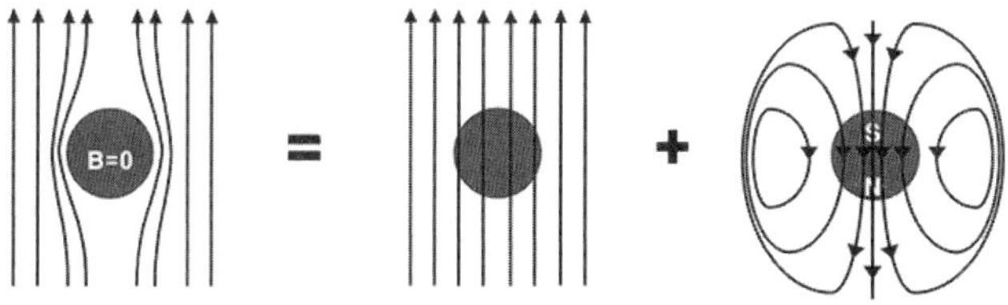

초전도체는 외부에서 자기장을 걸어 주면 초전도체 내부의 자속밀도(B)는 0이 되어 완전 반자성 상태가 된다. 이러한 반자성 특성은 자기장을 초전도체 밖으로 밀어내는 효과로 나타나며, 발견자의 이름을 따서 마이스너 효과라고 부른다. 마이스너 효과는, 외부에서 가해진 자기장을 상쇄시키기 위한 전류(차폐전류)가 초전도체에 흘러서 외부의 자석과 반대되는 자극을 만드는데, 이때 자기장을 밀어내는 자기부상 효과 만들 수 있다. 이러한 특성을 기반으로 하여 자기부상 열차나 초전도 베어링 등에 활용될 수 있다.

(meissner effect)'라고 부른다. 저항이 0이 되는 성질과 함께 초전도의 근본적인 특성이다.

마이스너 효과를 갖는 초전도체는 외부에서 자기장이 인가되어도 초전도체 내부에서는 어떠한 영향을 받아 자기장은 항상 0이 된다. 이는 초전도체 자체가 외부로부터 유입되는 자기장을 막기 위해 역방향으로 자화(磁化)되기 때문이다. 일반적인 금속은 초전도체처럼 내부의 자기장을 밖으로 내보내는 반자성의 성질을 가지고 있다. 하지만 그 정도는 매우 작다. 그에 반해 초전도체는 반자성의 성질이 매우 커서 내부에서의 자기장을 완전히 0으로 만든다. 때문에 완전 반자성(percent diamagnetism)이라고 구분하여 부른다.

앞의 그림과 같이 초전도체의 윗부분에 자석을 놓아두면 그 주위에서 둥둥 떠다니는 것을 볼 수 있다. 자석은 서로 결합하고자 하지만 초전도체는 외부 자기장을 밀어내는 성질이 있기 때문에 자석은 초전도체 위에 떠 있을 수밖에 없다. 자석 위에 초전도체가 있는 반대의 경우도 마찬가지다. 초전도체의 내부는 어떠한 자기장도 차폐하는 기본 특성 때문에 초전도체를 통과하려던 자기력선은 시료 바깥으로 돌아가게 된다. 흔히 초전도 현상을 설명할 때 자주 접하게 되는 실험 장면으로, 물체가 공중에 떠 있는 사진은 모두 이러한 성질을 이용한 것이다.

저항 제로(Zero), 초전도의 응용 분야

오네스가 초전도체를 최초로 발견한 지 100여 년이 지났지만, 초전도체는 여전히 해결해야 할 문제들이 많다. 그러나 문제투성이인 이 초전도체에 많은 과학기술자들이 관심을 쏟는 것은 무궁무진한 응용 가능성 때문이다.

초전도체는 일상생활에서의 응용 가능성도 무척 높다. 전기 저항이 0인 특성을 이용해 송전·배전 선로에 사용하는 전력 케이블을 초전도체로 만들면 전력 손실을 크게 줄일 수 있다(직경이 10센티미터 정도의 초전도 전선 한 줄만으로도 웬만한 중소 도시에 공급되는 전기량을 공급할 수 있다). 그리고 전기의 힘을 이용한 동력기인 전동기나 발전기 내부의 코일에 초전도체를 이용하면 고효율의 제품을 만들 수 있다.

흔히 초전도 기술의 응용 사례로 가장 손쉽게 떠올리는 것이 자기부상 열차이다. 초전도체를 이용해 전자석을 만들 경우 전기 저항이 0이

되기 때문에 일반 자석보다 수천 배 강한 자기력을 만들 수 있다. 자기부상 열차는 자기장의 반발력을 이용해 열차를 공중에 띄워 시속 550킬로미터의 속도로 나아간다. 자기부상 열차는 바닥에는 자석이 깔려 있고 선로에는 도체가 설치된 구조이다. 열차가 움직일 때 선로 주변의 자기장이 변한다. 그러면 선로 바닥의 도체에는 이 변화를 억제하는 방향으로 전류가 유도되는데 이때 반발력이 생긴다. 이러한 반발력을 이용해 무거운 열차를 들어 올려 추진시키기 위해서는 강력한 자석이 필요하기 때문에 초전도 전자석이 적합하다. 바닷물에 자기장을 걸어 전류를 흘리면 바닷물이 뒤로 밀려나는 현상이 발생하는데 이러한 현상을 바탕으로 스크루 없이 전진하는 초전도 잠수함도 가능하다.

실생활에서 초전도체가 이미 적용되어 사용 중인 분야도 있다. 질병을 진단하기 위해 우리 몸속을 정밀하게 촬영해주는 의료장비 MRI(자기공명장치, Magnetic Resonance Imaging)가 그것이다. 인체에서 물이 차지하는 비율은 3분의 2 이상이다. 물의 기본구조는 원자로 구성되어 있다. 원자 하나하나는 미세한 자기적(磁氣的) 성질을 가지는데, MRI는 물 성분 중 수소가 갖는 자기적 성질을 이용하는 원리이다. 인체 내 조직 상태에 따라 변화되는 물 분자의 자기적 성질과 그 농도를 초전도체 전선에 강한 전류를 흘려 만든 강력한 전자석을 이용하면, MRI로 측정하고 영상으로 표현이 가능하다.

이렇듯 초전도체가 바꿀 미래는 우리의 상상을 초월한다. 하지만 좀 더 실용적인 초전도체를 만드는 일은 결코 쉬운 일이 아니다. 그렇기 때문에 100년을 달려온 초전도체는 보다 실용적인 초전도체를 위해 새로운 도전을 위한 100년을 또 다시 달려갈 것이다.

15. 교류전기란 무엇인가?

전지와 저항을 연결해서 전기회로를 만들면, 전류는 일정한 크기와 방향을 가진 직류가 회로에 흐르게 된다. 이에 반해 일상생활에 많이 사용되는 전기는 전압과 전류가 대부분 주기적으로 변화는 교류이다(시간의 변화와 함께 크기와 극성이 주기적으로 변화하는 전압과 전류를 통칭하여 교류라고 한다). 교류는 일정 주기로 크기와 흐름의 방향이 바뀐다. 그렇기 때문에 교류의 특성을 가진 전압과 전류는 언뜻 보아도 복잡한 성질을 가지고 있음을 짐작할 수 있다.

우리가 사용하고 있는 전기는 발전소에서부터 수용가인 가정에 이르기까지 모두 교류를 통해 공급된다. 교류의 크기와 극성이 시간에 따라 변화하는 상태를 나타낸 것을 파형이라고 한다. 흔히 말하는 교류의 파형은 매끈한 곡선이 돋보이는 정현파(sinusoidal wave)를 말한다.

교류회로와 그 파형은 아래 그림과 같다. 변화하는 교류 파형의 모습을 오실로스코프(oscilloscope)라는 계측장치를 통해 우리 눈으로 직접 볼 수도 있다. 이 계측장치는 시간에 따라 변화하는 전압과 전류 모습을 디스플레이 장치를 통해 실시간으로 보여준다.

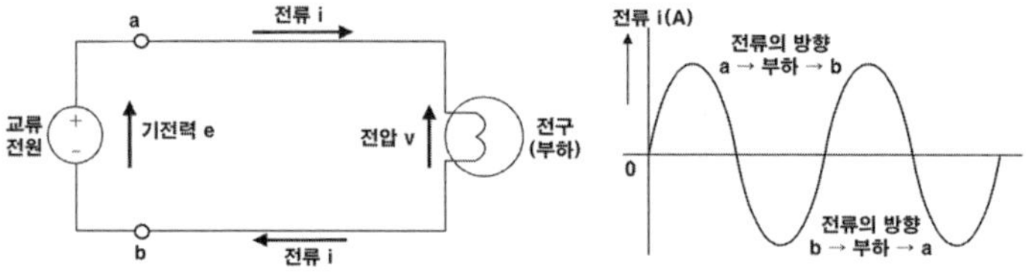

정형파 교류의 파형

교류회로는 직류회로와는 다른 형태의 전원 기호를 사용하고 있으며, 기전력 e, 전류 i, 부하 전압을 v로 나타낸다. 전원을 제외하고는 직류회로와 같다.

오른쪽 그림은 교류의 파형을 나타낸다. 그림처럼 파형은 0의 지점에서 (+)극의 최대점을 거쳐 다시 0으로 변화한다. 또 다시 파형은 (−)극의 최대점을 거쳐 다시 0으로 변화하고 있다. 이처럼 0에서 출발해서 (+)극과 (−)극 최대값을 거쳐 다시 0으로 변화하는 반복적인 진동을 주파수(frequency)라고 한다.

주파수의 단위는 과거에는 사이클[cycle]이라고도 하였으나, 지금은 국제적으로 헤르츠[Hz]라는 단위로 통일되어 있다. 주파수는 단위시간에 같은 변화를 되풀이하는 회수를 말한다. 이것을 시간적으로 표현한 것을 주기 T(period)라 하며, 단위는 초[s]를 사용한다. 주파수와 주기는 다음과 같은 수식으로 표현할 수 있다.

$$f = \frac{1}{T}[Hz] \text{ 또는 } T = \frac{1}{f}[S]$$

우리나라에서 사용되는 교류 주파수 60[Hz](일부 국가에서는 50[Hz]를 사용하고 있다)는 1초에 (+)극과 (–)극을 60번 되풀이하는데, 이를 간단히 주기로 계산하면 다음과 같다.

$$1[\text{주기}] = \frac{1[\text{초}]}{60\text{회}} = 0.01666666 \cdots [\text{초}]$$

주파수의 1주기 사이에 (+)극과 (–)극이 한 번씩 거치고 그 사이에 두 번 0이 되고 있다. 때문에 60[Hz] 교류로 작동되는 전등은 1초 동안 120회 깜빡이는 것을 알 수 있다. 이러한 현상은 교류로 작동하는 형광등 밑에서 손을 빨리 흔들면 깜박거리게 보이는 것을 볼 수 있다. 교류의 임의 시각에서의 전류나 전압 값을 순시값(instantaneous value)이라고 하고, 순시값 중에 가장 큰 것을 최대값(maximum value)이라고 한다.

교류는 주기적으로 극성이 변화기 때문에, 일반적인 계산으로는 교류의 1주기 평균은 0이 된다. 그래서 교류에서는 실제 평균값(average value)은 다음과 같은 조건으로 계산한다. 그림과 같이 교류의 (+)극 또는 (–)의 반주기의 파형의 면적과 마치 산봉우리와 같은 파형을 깎아 평평하게 한 사각형의 면적이 같을 때, 높이를 교류의 평균값으로 정하고 있는 것이다.

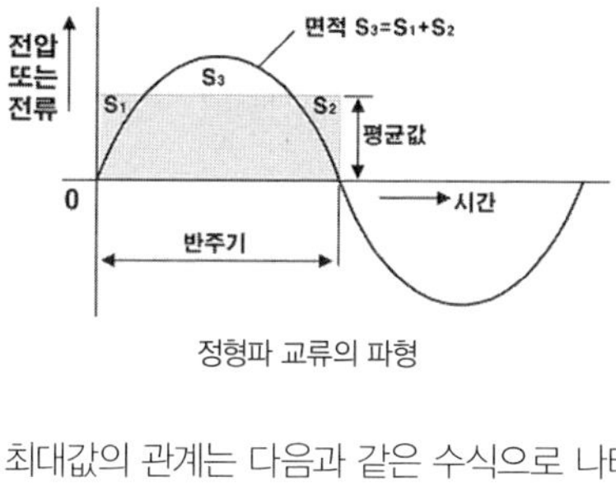

정형파 교류의 파형

교류파형의 평균값과 최대값의 관계는 다음과 같은 수식으로 나타낼 수 있다.

$$I_{ave} = 2\pi \times I_{max} - 0.637 \times I_{max}$$
$$V_{ave} = 2\pi \times V_{max} - 0.637 \times V_{max}$$

교류나 직류전류가 저항 R에 임의의 시간만큼 각각 흘렀다고 가정하고, 저항에 발생하는 열에너지가 동일하다면 교류와 직류가 에너지를 소비하는 일을 한 셈이 된다. 이때 교류 전압에 의해 소비되는 전력과 같은 양의 전력을 소비하는 직류 전압의 값을 교류의 실효값(RMS, root mean square)이라고 한다. 즉 교류의 크기를 교류와 동일한 일을 하는 직류의 크기로 바꿔 나타낸 것이라 할 수 있다. 실효값은 다음과 같은 수식으로 나타낼 수 있다.

$$I = \sqrt{i^2 \text{의 1주기간의 평균값}}, \ I = \frac{I_{\max}}{\sqrt{2}} \simeq 0.707 I_{\max} [A]$$

$$V = \sqrt{v^2 \text{의 1주기간의 평균값}}, \ V = \frac{V_{\max}}{\sqrt{2}} \simeq 0.707 V_{\max} [V]$$

이처럼 실효값으로 표기한 이유는 평균 전력의 양이 전압과 전류의 파형 모양에 따라 달라지고, 평균값이나 피크값만으로는 정확한 측정이 어렵기 때문이다. 그래서 비교적 정확한 수치를 파악할 수 있는 실효값으로 나타내고 있다. 생활 속에서 사용하고 있는 교류를 계측하는 전압계나 전류계의 눈금은 모두 실효값을 나타내고 있는 것이다.

chapter 04

전기가 이끄는 제4차 산업혁명

e l e c t r i c b i g b a n g

01

전기가 없는 삶이란?

우리 주변에는 너무나 많은 전기·전자장치들이 존재하고, 우리는 그러한 장치들을 늘상 사용하고 있다. 과거 1960~70년대만 해도 각 가정에는 전등이나 냉장고, 라디오 등 생활에 꼭 필요한 전기·전자제품들만 갖추고 있었다. 텔레비전과 오디오 등 값비싼 가전제품이 부의 상징이던 시절도 있었다. 1970년대 초등학교 가정환경조사서에는 학생의 가정에서 보유하고 있는 가전제품을 표시하는 항목이 나오는데 텔레비전, 전화, 냉장고, 공부방… 이런 것들이었다. 지금 생각하면 코미디 같은 얘기이다.

오늘날에는 에어컨, 공기청정기, 비데 등 웰빙가전과 대형 평면 텔레비전, 스마트폰, 노트북 등 각 가정에서만 사용하는 전기·전자제품이 넘쳐나 열 손가락으로 꼽기도 어려워졌다. 경제 성장과 함께 전력소비도 증가하는 것이다. 그런데 전기·전자장치를 사용하기 위해서는 전기에너지가 반드시 필요하다. 그렇다면 보이지 않는 생활 속 조력자인 전기에너지는 어떻게 생겨나는 것일까?

공기 반, 전기에너지 반

원시시대부터 인류는 에너지를 사용해왔다. 당시의 주 에너지원은 불이었다. 불은 어둠을 밝히거나 추위를 피하는 데 안성맞춤이었고, 음식을 가공하는 데도 사용되었다. 이후 문명이 발달하면서 에너지원도 점차 발달해간다. 농경사회에서는 주로 소나 말을 이용하였으며, 뒤이어 증기기관을 이용한 동력에너지가 탄생했다. 18세기에는 증기기관의 발전과 함께 산업혁명이라는 엄청난 변화가 밀려들어오게 된다. 그 후 얼마 지나지 않아 인류 역사상 가장 큰 변화 중 하나로 의심의 여지가 없는 전기에너지가 생활 속으로 깊숙이 침투하기에 이른다.

전기에너지는 우리가 잠들어 있거나 깨어 있음에 상관없이 항상 주위에 존재한다. 마치 공기와 같은 존재가 된 것이다. 식사를 위해 음식을 준비할 때, 버스나 지하철을 이용할 때, 휴식을 위해 텔레비전을 볼 때, 여름에는 시원한 에어컨으로, 겨울에는 따뜻한 난방기기로, 그리고 어둠을 밝혀주는 전등을 켤 때, 이 모든 것들은 전기에너지를 이용한다. 전기에너지를 사용하지 않고는 단 하루도 살기 힘들 정도로 생활 곳곳에서 다양한 형태로 전기에너지를 사용하고 있다.

우리는 때와 장소의 구분 없이 쉽게 전기를 사용하고 있다. 마치 전기를 물 쓰듯 하고 있다. 그러나 전기에너지는 땅을 파면 콸콸 쏟아지는 그런 것이 아니다. 발전소에서 생산된 전기에너지가 송전·배전 선로를 통해 각 가정과 공장 등으로 공급되고 있다. 발전소에서는 6.6~24킬로

볼트[KV] 정도의 낮은 전압으로 전기를 생산하는데 이 정도의 낮은 전압으로는 많은 전기에너지를 먼 지점까지 보내기가 어렵다. 송전 선로로 공급된 전압에 따라 손실의 변화가 크기 때문에 발전소에서는 변압기를 이용해 전압을 높인다. 이렇게 하면 큰 전기에너지가 먼 거리까지 전달되더라도 손실이 적어진다. 이후 승압된 전압은 소비자 인근의 변전소까지 보내지고, 배전 선로를 통해 각 가정이나 공장 등에 안정적으로 공급된다.

19세기 말까지만 해도 낮은 기술력과 전기에너지의 수요가 적었기 때문에 오늘날에 비해 송전 전압이 훨씬 낮았다. 1891년 독일에서 25킬로볼트를 성공한 이후 점차 송전 전압이 높아지게 되었으며, 1956년 캐나다가 735킬로볼트 전압의 송전을 성공시켰다. 이후 1982년 구소련에서는 1200킬로볼트라는 엄청난 전압을 이용해 송전에 성공했다. 우리나라의 송전 전압으로는 주로 154킬로볼트와 345킬로볼트가 사용되며, 2004년 11월부터 765킬로볼트의 송전도 사용하고 있다.

우리가 필요로 하는 전기를 대량으로 생산하려면 거대한 발전기를 24시간 돌려주어야 한다. 이처럼 발전기를 통해 전기를 생산하는 곳이 발전소이다. 발전소는 자연에 존재하는 여러 가지 형태의 에너지를 전기에너지로 바꾸는 시설이라고 생각하면 이해가 쉽다. 전기를 만드는 데 있어서 가장 중요한 것은 발전기의 성능이다. 코일과 자석으로 구성된 발전기는 기계적 에너지를 전기적 에너지로 변환하는 것이 일반적이다. 발전기는 코일 내에서 자기(磁氣)가 움직이면 코일 내에서 전압이 발생한다는 마이클 패러데이의 '전자기유도 현상'과 '플레밍의 오른손 법칙'을 응용한 것이다.

세계 최초의 수력발전소는 1868년 영국에서 공학자인 로드 암스트롱

다양한 발전소 (왼쪽부터) 수력발전소, 화력발전소, 원자력발전소

(Lord Armstrong, 1810~1900)에 의해 건설되었다. 오늘날 수력발전과 유사한 형태로, 호수에서 끌어온 물을 이용하여 발전기를 동작시켜 직류를 생산했으며, 아크등을 밝히는 데 사용했다. 이후 1882년에는 토마스 에디슨이 건설한 펄스트리트 스테이션(pearl street station)이라는 발전소가 미국 뉴욕에 건설되어 운영되었다. 우리나라에서는 1887년 경복궁 내 건청궁(乾淸宮)에 백열등을 켜기 위해 향원정 연못가에 발전기를 세웠고, 1898년 한성전기회사가 최초로 설립되어 배전시설을 설치해 전력을 공급했다.

발전소에서는 대량으로 전기를 생산하기 위해서 터빈(turbine)을 회전시켜 발전한다. 터빈이 어떠한 에너지를 이용해 회전되느냐에 따라 발전의 효율이 좌우되기도 한다. 오늘날 주로 사용되고 있는 대규모 발전 시스템은 크게 나누어 수력발전, 화력발전, 원자력발전 3가지로 구분될 수 있다. 각 발전소에 대해 간략히 살펴보자.

수력발전소

댐을 통해 물을 가두었다가 방류하면서 수차(水車, hydraulic turbine)를 구동하고 이를 통해 전기에너지를 생산하는 방식이다. 즉, 물이 떨어지는 힘으로 수차를 돌리면 수차의 축에 붙어 있는 발전기가 회전하면서 전기가 발생하는 것이다. 우리나라에서는 단위 시간에 흐르는 물의 양, 즉 유량(流量)이 계절에 따라 변화가 크고, 또 낙차가 큰 지형이 적기 때문에 수력발전이 불리하다. 이러한 불리한 자연조건을 극복하기 위해 댐식, 수로식, 유역 변경식, 저낙차식, 양수식(揚水式) 등 다양한 수력발전을 도입하고 있다.

수력발전소에는 보다 효율적인 발전소 운영을 위해 양수발전 방식을 이용하기도 한다. 전력 사용이 적은 시간에 양수기를 이용해 하류의 물을 댐에 채워놓았다가 전력 사용이 많은 시간에 발전하는 것이다. 즉 24시간 돌아가는 원자력발전이나 화력발전에서 발생하는 여유분의 전력을 이용하는 것이다.

화력발전소

석유, 석탄과 같은 화석연료를 연소해서 얻은 열에너지로 물을 끓여서 증기로 바꾸고, 그 증기가 갖는 에너지를 이용해 증기터빈(발전기)을 돌려 전기를 생산하는 방식이다. 화력발전에서 화석연료를 이용해 전기에너지로 변환시키는 방법에는 여러 가지가 있다. 그 중에서 화력으로 증기터빈을 돌려 전기를 생산하는 기력 발전(汽力發電)이 대부분을 차지고 하고 있다. 그 외에도 내연력(內燃力) 발전, 가스터빈 발전, 가스터빈과 기력을 조합한 복합 사이클 발전 등이 있다.

화력발전소는 수력이나 원자력발전소에 비해 건설 기간과 비용이 적게 드는 장점이 있다. 또한 수력발전소와는 달리 강우량 등 기상 조건에 관계없이 안정적으로 전력을 생산할 수 있기 때문에 널리 이용된다. 하지만 대규모 탄소 배출로 인한 대기 오염의 주범으로 지목되는 등은 화력발전이 앞으로 해결해야 할 문제이다.

원자력발전소

우라늄과 같은 방사성 동위원소가 분열할 때 발생하는 열에너지를 이용한 방식으로, 핵분열로 발생한 고온 고압의 스팀을 이용해 터빈을 구동하여 발전한다. 아래의 표는 2013년 8월 기준으로 주요 에너지원별 설비용량 및 발전량으로 우리나라의 경우 화력발전의 비율이 가장 높고 그 뒤를 이어 원자력발전이 있다.

구분	화력(64.8)			원자력	수력	대체	계
	석탄	유류	가스				
설비용량(MW) (%)	24,534 (28.5)	7,956 (9.3)	23,259 (27)	20,716 (24)	6,450 (7.5)	3,222 (3.7)	86,137 (100)
발전량(GWh) (%)	17,707 (39)	2,958 (6.5)	10,380 (24)	12,209 (27)	767 (1.7)	815 (1.8)	44,836 (100)

주요 에너지원별 설비용량 및 발전량, 〈출처: 전력통계속보(2013. 8, 한국전력공사)〉

세상에서 가장 아름다운 공식 $E=mc^2$

석탄, 석유, 액화천연가스(LNG) 등과 같은 화석연료를 이용한 화력발전은 전기를 생산할 때 많은 양의 이산화탄소를 배출한다. 화석연료로 배출되는 이산화탄소가 지구 온난화의 주범으로 인식되면서 전 세계적으로 화력발전을 축소하려는 움직임을 보이고 있다. 이러한 움직임으로 인해 그 대안으로 제시되는 것이 원자력발전이다. 원자력발전하면 '위험한 기술' 또는 '복잡한 기술'이라고 생각하는 사람들이 많다.

세계 최초의 원자력발전소는 1954년 6월 구소련의 오브닌스크(Obninsk)에서 5메가와트(1MW는 100만 와트) 급으로 가동된 것이다. 이는 세계 최초의 상용 원자력발전으로 기록되었고, 2002년 4월 30일에 가동을 멈추었다. 우리나라는 1970년대 원자력발전을 도입한 이래 지금과 같은 경제성장의 밑거름이 되기도 하였으며, 천연자원이 턱없이 부족한 우리나라로서는 주 동력원인 원자력발전에 크게 의존하고 있는 실정이다.

1954년 가동을 시작한 세계 최초의 오브닌스크 원자력발전소. 2002년 4월 가동을 멈춘 이래로 박물관으로 사용되고 있다.

원자력발전은 복잡할 것이라고 생각되지만 실은 화력발전과 유사한 발전 시스템을 가지고 있다. 일반적으로 화력발전은 석탄, 석유, 천연가스와 같은 화석연료를 주로 사용한다. 화력발전을 이용하여 열에너지를 발생시키고 그 열이 내부의 보일러에 전달된다. 이때 보일러에서는 고온·고압의 수증기가 생성되며, 이 수증기는 발전기 내부의 터빈을 회전시켜 전기를 생성한다. 이와 유사한 형태로 원자력발전은 터빈을 회전시키기 위한 증기에너지를 우라늄-235(92U235, uranium-235)의 핵분열 반응열을 이용해 전기를 만드는 것이다. 즉, 화력발전에서의 화석연료 연소 대신 우라늄-235의 핵분열 반응열을 열원으로 하는 것을 제외하면 그 다음 과정은 비슷하다.

원자력발전의 핵분열은 자연에 존재하는 원소 중 가장 무거운 우라늄이 중성자를 흡수하여 둘 이상으로 쪼개지는 현상을 말한다. 우라늄은 핵분열이 일어날 때 발생되는 열량이 아주 작지만, 연쇄적으로 반응이 일어나면서 순식간에 상상을 초월한 에너지로 변하게 된다.

이쯤에서 원자폭탄과 원자력발전과의 차이점이 궁금해질 것이다. 자연에 존재하는 우라늄은 직접적으로 핵분열을 일으키기 어려운 우라늄-238로 구성되며, 핵분열이 가능한 우라늄-235는 극히 일부만 존재

2010년 스리마일 섬 원자력발전소 전경. 사진의 왼쪽 시설은 과거 사고로 작동이 중단되었다.

한다. 때문에 자연적으로 핵분열이 발생하는 건 어렵다고 볼 수 있다.

그렇다면 핵분열을 위한 조건은 무엇일까? 그것은 원자로 내부에서 핵반응을 일으키는 것이다. 하지만 원자로 내부에서 핵반응을 일으킨다는 것이 쉬운 일이 아니어서 핵반응의 확률을 높이기 위해 중성자의 속도나 핵분열 물질의 농축도를 높여야 한다. 원자폭탄의 경우 원자로와 달리 우라늄-235의 비율이 상대적으로 크며, 핵분열의 연쇄 반응이 일어나기 좋은 조건을 가지고 있다. 그렇기 때문에 핵분열 시 기하급수적으로 증가하는 연쇄 반응으로 제어가 불가능한 엄청난 에너지를 방출한다. 구조적인 차이로 원자력발전은 폭발 위험이 없다고 전문가들은 말하고 있으며, 우라늄 원광에서 핵분열 연쇄 반응이 일어나 폭발하는 경우는 아직 없다고 한다.

우라늄-235 1그램만으로도 엄청난 에너지를 발생하는데, 석탄 3톤이나 벙커C유 10드럼과 같은 에너지를 발생한다. 규모 면에서 실로 엄청나며 에너지 효율만 본다면 현존하는 그 무엇보다 에너지 발생 면에서 월등하다고 볼 수 있다. 원자력발전은 세상에서 가장 아름다운 공식 중 하나인 $E=mc^2$, 즉 아인슈타인(Albert Einstein, 1879~1955)의 특수상대성이론을 기반으로 하고 있다.

여기서 E는 에너지[J],

m은 질량[kg],

C는 빛의 속도 3×10^8[m/s]를 나타낸다.

원자력발전에 쓰이는 우라늄이 원자핵 분열을 일으켜 감소한 질량만큼 에너지가 발생하는 것을 예측한 것이다. 원자로를 돌면서 원자핵이 쪼개지고 나면 그 전보다 무게가 줄어드는데, 이때 위 공식에 적용 가능한 에너지가 만들어지는 것이다.

1973년 3월에 일어난 미국의 스리마일 원자력발전소 사고, 1986년 4월 구소련의 체르노빌 원자력발전소 사고는 원자력발전의 안전성 유지에 깊은 경각심을 일깨워 주었다. 그 후 2011년 3월 일본에서 발생한 후쿠시마 원자력발전 사고는 전 세계에 큰 충격을 안겨주었고 다시금 원자력에 대한 안정성이 도마 위에 올랐다. 세계 원자력발전소 현황(2014년 2월 기준. IAEA)을 살펴보면, 전 세계 30개 국가에서 총 435기가 운전중에 있지만, 정점을 보였던 2002년 이후 하락하는 추세이다. 이는 원자력발전으로 발생될 수 있는 안전과 환경오염을 우려한 결과라고 생각된다.

언제 일어날지 모르는 원전 사고를 대비하고 계속되는 사고를 타산지석 삼아 원자력발전소에는 철저한 방어체계가 구축되어 있다. 그 중 하나가 바로 심층방어(Defense-In-Depth)이다. 심층방어란 발전소 내부의 고장과 사고, 혹은 외부 충격이나 테러와 같은 고의적 파괴 행위가 벌어질 경우에도 발전소가 안전성을 확보할 수 있는 기본 방어체계이다. 그 구성에 대

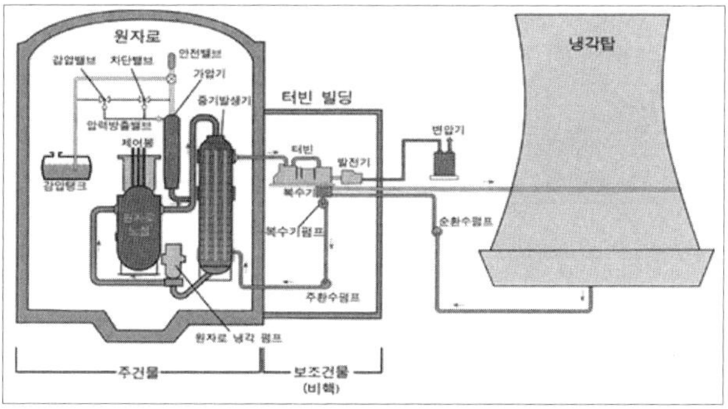

원자력발전 사고가 발생했던 미국 스리마일 섬 원자력발전소 2호기(TMI-2) 구성도

해 앞의 그림에서 설명하고 있다.

1. 제1방호벽(펠릿, 핵연료 피복관) : 화학적으로 안정한 2산화우라늄 분말을 굳혀 구운 연료체(펠릿)를 지르코늄 합금의 금속관(피복관)에 넣고 밀봉.
2. 제2방호벽(원자로 압력용기) : 높은 압력에 견딜 수 있는 두꺼운 강철제 용기에 수용.
3. 제3방호벽(차폐 콘크리트벽) : 두꺼운 콘크리트벽으로 방사능의 누출 방지.
4. 제4방호벽(원자로 건물 내벽) : 원자로 건물 내벽에 두꺼운 강철판 설치.
5. 제5방호벽(원자로 건물 외벽) : 120센티미터 두께의 철근 콘크리트 외벽으로 외부와 차폐.

원전 사고	사고 발생	원자로 형태	사고 원인	피해 규모	국제원자력 사고 등급 (INES)
스리마일 원전사고	1979년 3월 8일, 미국펜실베이니아	가압 경수로	운전원 오판으로 인한 긴급 노심 냉각장치 작동 중단에 이은 냉각장치 파열	주민 10만여 명 대피, 약 10억 달러 경제 손실	5등급
체르노빌 원전사고	1986년 4월 26일, 우크라이나	흑연 감속 비등 경수로	자동정지 작동을 차단한 운전원의 실수, 원자로 폭발	직·간접적 피해로 2만5000명 이상 피폭, 주변 국가 낙진 피해	7등급
후쿠시마 원전사고	2011년 3월 12일, 일본 후쿠시마	비등형 경수로	지진과 쓰나미의 여파로 비상전력 공급 중단으로 인한 노심 용융 및 폭발	반경 20km권 내 주민 20만 명 대피, 고농도 오염수 바다에 유입으로 해양오염	7등급

앞서 언급한 것처럼 각국에서는 원자력발전의 위험성을 인식하여 인위적인 사고를 미연에 방지하고자 여러 방어체계를 갖추고 있다. 하지만

아무리 최첨단의 방어체계가 있다 하더라도 인간은 자연재해 앞에서는 속수무책일 때가 있다.

지난 2011년 3월 11일 일본 후쿠시마 인근에서 진도 9.0의 대지진이 발생했다. 이 지진으로 후쿠시마 원자력발전소의 원자로 안에 있는 핵연료가 **멜트다운**(meltdown)과 **멜트스루**(melt-through) 되어 대재앙이 발생했다. 후쿠시마의 참사에서 알 수 있듯이 원자력의 위험을 인간이 완벽하게 통제한다는 건 사실상 불가능하다는 것을 보여준 사례이기도 하다. 사고 발생 후 원자력발전에 대한 우려와 관심이 커졌고, 일부 사람들은 원자력 시대를 즉시 끝내야 한다고 주장하고 있다. 그럼에도 불구하고 원자력을 지지하는 사람들은 변함없이 원자력발전이 지구상에서 계속 존속해야 한다고 주장하고 있다.

멜트다운(melt-down)
원자로의 냉각장치가 정지된 후 내부에서 발생하는 열이 이상 상승하여 연료인 우라늄을 용해해 원자로의 노심부(reactor core)가 녹는 상태이다. 노심이란 핵연료가 담긴 막대 다발 등으로 원자력발전에 필요한 핵심물질이 들어 있고 원자로의 한가운데 위치해 있는 부분이다.

멜트스루(melt-through)
원자로의 핵연료 봉이 공기에 노출되어 멜트다운(melt-down)된 뒤 압력 용기를 뚫고 흘러나와 격납용기에 쌓인 상태를 말한다.

전기 없이 살아보기

어느 날 갑자기 지구상에서 전기가 사라진다. 이게 무슨 일인가? 달리던 열차는 멈추고 비행기는 추락한다. 병원은 문을 닫고 환자는 아우성친다. 식수는 부족해지고 통신은 단절된다. 밤이 되면 도시는 암흑으로 변하고 범죄도 늘어난다. 도시 전체가 대혼란에 빠진다. 이어서 정부는 몰락하고 무정부주의자들이 판을 치게 된다.

도시에 살던 시민들은 살아남기 위해 시골로 이동한다. 그곳에서 농사를 지으며 자급자족할 것이고, 그로부터 수십 년 후 인류는 산업혁명 이전의 상태로 돌아가게 된다. 간간이 생산되는 전기는 강자들이 독차지하게 된다. 이 시대에 태어난 아이들은 전기가 있던 찬란한 시대를 이해할 수 없다. 아이들은 전기가 있었던 과거를 아름다운 동화쯤으로 알고 살아 갈 것이다.

충격적으로 와 닿는 이 상황은 미국에서 방영된 SF드라마 '레볼루션'의 이야기일 뿐이다. 그런데 우리에게도 비슷한 일이 일어났다. 혹시 2011년 9월 15일을 기억하는가? 이날은 국경일도 기념일도 아니었다. 저마다 인상 깊은(?) 에피소드 하나씩을 안겨준, 잊을 수 없는 바로 그 날! '9·15 대정전'이 발생한 날이다. 예기치 못한 정전으로 전국적으로 주택, 병원, 학교, 관공서, 신호등에 이르기까지 무작위로 전기 공급이 중단되었다. 이날 수술 중에 정전을 맞은 정형외과에서는 나중에 재수술이 가능하도록 긴급 봉합하는 해프닝이 벌어졌다고 한다. 막대한 재산 피해와 함께 2900여 명이 119에 구조 요청을 한 재난이었다.

대정전은 규모의 차이가 있을 뿐 전 세계에서 끊이지 않고 일어나고 있다. 전기에너지를 세계 최초로 상용화했던 미국도 예외가 아니었다. 2003년 8월 14일 미국의 7개 주(州)와, 캐나다 1개 주가 암흑으로 변했다. 대정전은 다행히 3일 만에 완전히 복구됐다. 하지만 그 사이 경제적으로는 60억 달러의 손해를 입었고, 5천만 명이 넘는 시민들이 겪은 불안과 공포는 이루 말로 하기 어려울 정도였다. 미국 역사상 치욕스런 날로 기억되었다.

대정전이 무서운 재앙인 이유는 하나다. 특정 지역에서 정전이 시작되면 도미노처럼 연쇄적으로 주변 지역으로 이어진다. 그리고 극단적으로 정전 지역은 국가 전체로 퍼져나간다. 미국의 경우 인접 국가인 캐나다까지 정전의 피해가 퍼졌던 것이다.

그렇다면 대정전의 직접적인 원인은 무엇인가? 원인은 자연재해로 인한 발전시설 파괴와 고압전선 파괴, 잘못된 전력수요 예측 그리고 전력예비율 부족 등이 있다. 사상 최악의 미국 대정전도 초고압 송전 선로가 나무에 접촉하면서 누전이 일어나 발생했다. 어찌 보면 가랑비에 옷을 흠뻑 적신 격이 되어 버렸다. 이 대정전은 결국 뉴욕 등 동부지역 전체를 마비시킨 대규모 정전사고로 커졌다. 이 사건으로 대정전이 일어나면 어떻게 되는지 우리 눈으로 똑똑히 볼 수 있었다.

우리나라의 경우 여름철 전력예비율 부족으로 인해 순환 정전을 시행해야 한다는 말을 들어본 적이 있을 것이다. 여기서 전력예비율이란 전력이 가장 많이 사용되는 피크타임에 수요를 채우고 남은 여분의 전력 상태를 말한다. 전력예비율 계산 방법은 아주 간단하다. 전력 최대 공급량(발전량)에서 최대 전력수요(사용량)를 뺀 것을 최대 전력수요로 나눈 것이다.

전력예비율 = (전력 최대 공급량(발전량) - 최대 전력수요(사용량))/
최대 전력수요 × 100

말하자면 전력예비율이란 현재 사용되는 전기보다 추가로 전력을 얼마나 더 공급할 수 있느냐를 보여주는 수치이다. 간단한 예를 들어 보자. 현재 전기를 100만큼 생산해 공급할 수 있는데 소비되는 전력은 80이라고 치면, 20만큼의 전기 공급 시설은 쓰이지 않고 남아 있는 것으로, 이때의 전력예비율은 25%가 된다. 일반적으로 적정수준의 전력예비율은 15%이다.

날로 커져가는 공장들과 냉난방 장치, 가전제품, 각종 통신기기 등의 사용 증가로 전력예비율이 위협 받고 있다. 계속되는 전력 공급의 불균형으로 2011년의 불상사가 발생한 것이다. 그렇다면 이 위협을 어떻게 피해가야 하는가? 답은 간단하다. 전력예비율을 낮추기 위해서는 더 많은 발전소를 건설하거나 전기의 소비를 줄이는 방법밖에 없다.

노 임팩트 맨

국내의 대표적 발전시설은 화력, 수력, 원자력 기타 발전 시설로 구성되어 있다. 우리나라에서 가장 비중이 큰 발전은 원자력이다. 앞으로 발전 시설이 늘어난다면 원자력발전소가 가장 유력할 것이다.

많은 이들이 핵시설 반대를 외치고 있지만 관련 기관에서는 원자력발전에 의존할 수밖에 없는 이유로 우리나라가 자원과 땅이 부족하기 때문이라고 설명한다. 그 외 다른 발전시설도 어려움이 있는 건 마찬가지다. 화력발전소의 경우 주변 지역을 미세먼지로 초토화시키고, 수력발전소는 그 주변 자연을 수몰시킨다. 환경파괴에서 대해서도 무시할 수 없는 부분이다.

논란과 분쟁을 해결하고 발전소가 지어졌다 하더라도 문제는 쉽게 해결되지 않는다. 발전소에서 생산된 전기는 송전 선로를 이용해 공급하는데 그 과정에서 송전탑이 필요하다. 시골이나 고속도로를 이동하다 보면 송전탑을 자주 볼 수 있다. 사람들은 자신의 주거지 근처에 설치되는 송전탑마저 거부하는 것이 현실이다. 전기를 풍족하게 사용하기 위해서는 우리가 떠안고 갈 숙제들이 너무나 많다.

최근 들어 에너지 소비를 줄여 어려운 현실을 극복하고자 하는 작은 움직임들이 생겨나고 있다. 이러한 움직임이 처음 시작된 곳은 소비가 넘쳐나고 환경보호나 에너지 절약이라는 단어가 무색할 것 같은 세계 최대의 도시 뉴욕이었다. 활동의 중심에는 '노 임팩트 맨(No impact Man)'이라고 불리는 콜린 베번이라는 사람이 있다.

'노 임펙트 맨' 프로젝트 포스터

평범한 작가였던 콜린 베번은 2009년 어느 날 '노 임팩트 프로젝트'를 기획한다. 프로젝트는 1년간 그의 아내와 딸과 함께 진행되었는데, 물론 아내는 납득할 수 없었지만 동참하기로 했다. 프로젝트는 지구에 어떤 나쁜 영향도 끼치지 않고 살겠다는 목표로 시작되었다. 베번은 여러 가지 목표를 잡았다. TV와 냉장고를 버리고, 전등 대신 촛불을 사용하면서 전기 없이 살아가는 것이다. 주위의 편견과 오해 속에서 1년간의 긴 프로젝트가 끝났다. 프로젝트를 끝마친 베번이 말했다.

"TV를 없애자 가족과 친구와 대화하는 시간이 늘었다. 냉장고를 없애자 제철 음식을 먹을 만큼만 구입하는 소비 습관이 생겼다. 세탁기를 없애자 온 가족이 욕조에서 빨래를 밟으며 재미있게 노는 시간이 생겼다. 엘리베이터를 타지 않으니 헬스클럽에 다니지 않고도 10킬로그램 넘게 몸무게를 줄였다. 전기 없이 살다보니 예전엔 미처 몰랐던 생활의 소소한 재미가 나타났다. 그러나 앞으로 계속 이렇게 살 수는 없을 것 같다"고 솔직하게 인정한다.

공기가 없으면 생명체가 살 수 없는 것처럼 이제 전기가 없으면 단 1분 1초라도 문명화된 세상에서 살기 어렵다는 것이다. 출근길 지하철 이용부터 컴퓨터 작업과 밥을 짓는 일상에 이르기까지 모든 생활이 전기로 이루어진다. 또한 빛·열·동력에너지로 자유롭게 변하는 전기는 알게 모르게 우리의 삶의 질을 획기적으로 향상시켜 놓았던 것이다.

미래의 신재생에너지

화석연료의 고갈, 지구 온난화 방지와 같은 환경문제가 전 세계적으로 심각하게 대두되고 있다. 이러한 시점에 신재생에너지 개발과 함께 그 이용이 점차 증가하고 있다. 신재생에너지란 태양에너지, 바이오매스, 풍력, 소수력(小水力, small hydro power), 연료전지, 석탄의 액화·가스화, 해양에너지 등을 말한다.

우리나라는 미래의 신재생에너지로 기존에 사용해 왔던 화석연료가 아닌 11개 에너지 분야를 지정했다(신재생에너지 개발 및 이용·보급촉진법 제2조).

▲ 재생에너지 8개 분야 : 태양열, 태양광발전, 바이오매스, 풍력, 소수력, 지열, 해양에너지, 폐기물에너지.

▲ 신 에너지 3개 분야 : 연료전지, 석탄액화·가스화, 수소에너지.

현재 우리나라에서도 개발되어 운용 중인 대표적인 에너지로는 태양광(photovoltaic) 발전, 풍력(wind power) 발전 그리고 연료전지(fuel cell) 발전을 꼽을 수 있다.

태양광 발전

태양으로부터 우리가 얻을 수 있는 에너지는 크게 빛과 열에너지로 구분할 수 있다. 여기서 태양의 빛에너지를 이용해 전기를 만들어 내는 것이 최근에 흔히 볼 수 있는 태양전지이다. 태양광 발전은 이 태양전지를 이용해 전기를 생산해 내고 있다. 반도체의 일종인 태양전지에 일정한 빛을 내리쬐면 전기를 발생하는 광전효과(photoelectric effect)를 기반으로 한 발전 방식이다. 태양광 발전은 태양전지 단독으로는 실용성이 떨어지기 때문에 반드시 축전지(battery) 및 전력변환장치(power conversion unit)와 함께 발전시스템으로 구성된다.

25.7[MW]급의 대용량 전력을 발전 가능한 독일의 태양광 발전 단지

태양광 발전은 태양이 비치는 곳이라면 어디에서나 설치가 가능하고 20년 이상의 긴 수명을 가지고 있다. 또한 24시간 관리가 필요 없어 무인화가 가능하다. 하지만 전력생산량이 지역별 일사량에 의존하고, 초기 투자비와 발전 단가가 높다는 것이 확산에 큰 걸림돌로 작용하고 있다.

풍력 발전

풍력은 태양광과 함께 고갈되지 않는 친환경 에너지로, 기원전 페르시아제국에서 그 기원을 찾을 수 있다. 과거에는 풍력을 이용해 기계적인 힘으로만 변환하여 사용했지만, 오늘날에는 풍력을 변환시켜 전기를 생산하는 발전 기술로 각광받고 있다.

풍력 발전의 구조를 살펴보면, 바람개비 형태의 날개가 장착되어 있고, 풍력이 가진 에너지를 흡수·변환하는 운동량 변환장치, 동력 전달장치, 제어장치 등으로 기본 구성이 되어 있다. 최근 주요 10대 국가의

풍력발전소 단지(위쪽)와 19세기에 사용되었던 풍력발전기

풍력발전 누적 설비용량을 살펴보면 중국이 9만1424메가와트[MW]로 가장 큰 용량을 갖고 있고 미국이 6만1091메가와트, 독일이 3만4250메가와트를 차지하고 있다. 중국이 풍력 발전 비중에서 무려 28.7% 차지하고 있다. 그에 비해 우리나라는 500메가와트로 선진국에 비하면 턱없이 작은 규모지만 점차적으로 확산될 것으로 예상된다.

연료전지 발전

최근 신재생에너지로 각광을 받고 있는 연료전지는 에너지 문제와 공해 문제를 모두 해결 가능하다는 평가를 받고 있다. 일반적인 전지는 (+)극과 (-)극에서 작용하는 물질을 용기 내부에 밀폐시키고 화학반응을 일으켜 전기를 생성한다. 연료전지의 기본 원리는 전기분해로 물을 수소와 산소로 분해하고 그것을 역이용하여 수소와 산소에서 전기에너지를 얻는 것이다. 기존에 나왔던 전지들과는 전혀 다른 형태로 연료전지는 중간에 발전기와 같은 별도의 전기 장치가 필요치 않다. 별도의 변환장치 없이 수소와 산소의 반응에 의해 전기를 직접 생산하고 손실도 적기 때문에 발전 효율이 매우 높다는 평가를 받고 있다.

연료전지는 화학에너지를 전기에너지로 변환한다는 점에서는 화학전지의 기본 특성을 가지고 있다. 하지만 반응물질이 외부로부터 계속해서 공급되면 생성물도 연속적으로 외부에 배출되는 것은 일반 화학전지와의 큰 차이로 볼 수 있다.

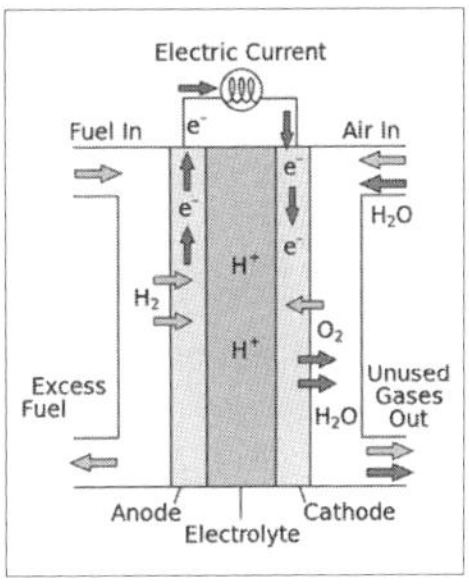

소형 메탄올 연료전지와 작동 원리

연료전지가 처음 시작된 것은 1962년 미국 항공우주국(NASA)이 제미니 프로젝트(Project Gemini)라는 이름으로 착수한 우주·군용 연료전지 연구였다. 이후 1965년 우주선 제미니 5호(Gemini 5)와 1968년 아폴로 7호(Apollo 7)에 연료전지를 탑재하기도 한다. 연료전지는 여러 가지 장점들로 신 에너지원으로 각광받았는데, 발전 장치의 규모가 크지 않아도 되기 때문에 작은 규모로 분산하여 설치 가능하다. 뿐만 아니라 사용 원료가 고갈될 염려도 없다. 전기를 생산한 후에는 유해물질 등이 발생하지 않고 발생 물질로는 물 말고는 없기 때문에 친환경적이다.

팔방미인 연료전지는 인공위성과 같은 특수 목적을 위한 기기의 전원은 물론이고 최근에는 대체 에너지원으로 사용하기 위한 에너지 저장장치(ESS, Energy Storage System)와 연동된 시스템이 개발되고 있다. 그런가 하면 국내 완성차 메이커인 현대자동차에서는 세계 최초로 양산형 수소연료전지 자동차를 출시함으로써 연료전지는 빠르게 발전할 것으로 기대된다.

16. 전기요금은 어떻게 산출되는 걸까?

유난히도 더웠던 2016년 여름. 에어컨을 틀면서도 날아올 전기요금 청구서 때문에 서민들 가슴은 조마조마해진다. 그렇다면 전기요금은 어떻게 산출되는 것일까. 전기는 여러 가지 형태로 변화하여 에너지를 제공한다. 형광등으로 어둠을 밝혀주거나, 냉장고를 통해 시원한 음료수를 제공하기도 하고 때로는 전철을 통해 도심 곳곳을 쉽게 이동하게 해준다. 형태는 다르지만 이러한 것들은 모두 전기라는 에너지를 공급받아 일(work)을 행한 것이다. 대부분의 화석연료의 경우 석유 5리터, 석탄 5톤 등 부피나 무게 정보를 기초로 하고, 각 단위당의 에너지를 곱하면 우리가 사용하는 에너지의 총량을 얻을 수 있다. 그러나 전기에너지의 경우 생산과 동시에 에너지 소비가 일어나는 특성을 가지고 있어 단위 시간당 에너지인 전력(electric power)을 쓰게 된다. 즉 전기는 순간에너지인 것이다. 전기를 이용해 행한 일의 양인 전력은 다음과 같은 수식으로 나타낼 수 있다.

$$\text{전력}[W] = \text{전압}[V] \times \text{전류}[A]$$

전력의 단위는 와트[W]이며, 전기 에너지가 1초 동안 하는 일의 양을 가리킨다. 흔히 사용하는 청소기는 300[W], 백열등은 60[W]의 전력을 말하며, 전동기의 제조사양에서 2마력이라 표기된 것도 1492[W](1마력은 746[W]이다)라는 힘의 세기를 말한다. 모든 전자제품에는 빠짐없이 소비전력이 적혀져 있기 때문에 해당 기기를 사용함으로써 얼마만큼의 전기를 소비하는가를 확인할 수 있다. 전자제품에서 소비되는 전력이 얼마나 사용되었는가를 확인할 수 있는 척도를 전력량이라 한다. 실제로 사용한 전력과 시간을 곱한 것으로,

$$\text{전력량}[Wh] = \text{전력}[W] \times \text{시간}[h]$$

로 나타낸다.

예를 들어 150[W] 소비전력을 가지고 있는 LCD 텔레비전을 8시간을 보면서, 소비전력이 800[W]인 전기난로를 4시간을 켰다고 하면,

$$(150[W] \times 8[h]) + (800[W] \times 4[h]) = 4{,}400[Wh] = 4.4[kWh]$$

가 된다. 우리가 지불하고 있는 전기요금은 매달 전력량을 검침하여 한국전력공사에서 청구하고 있는 것이다.

02

인간이 창조한 푸른 태양, LED

해마다 10월이면 전 세계가 술렁거린다. 물론 우리나라도 예외가 아니다. 그 이유는 노벨상이 발표되기 때문이다. 2016년에도 어김없이 6개 분야의 노벨상이 발표되었다. 매년 기대를 하지만 아쉽게도 2016년에도 우리나라에서는 과학 분야로 노벨상을 수상하지 못했다. 과학 선진국으로 가는 길은 멀고도 험난한 듯싶다. 이웃나라 일본은 2016년 노벨 생리·의학상 수상자를 배출함으로써 3년 연속 수상의 영광을 누렸다.

2014년 노벨상이 발표되었을 때 당시 일본은 축제 분위기였다. 이유인즉 일본계 과학자 3명이 노벨 물리학을 수상했기 때문이다. 노벨 위원회는 보도자료에서 다음과 같이 언급했다.

"그들의 발명은 혁명적인 것이다. 백열전구는 20세기를 밝혀왔지만, 21세기는 LED램프에 의해 밝혀가는 것이다.(Their inventions were revolutionary. Incandescent light bulbs lit the 20th century; the 21st century will be lit by LED lamps.)"

LED 램프가 뭐길래 우리가 그토록 기다리고 있는 노벨상까지 받게 되었을까?

LED의 우연한 발견

많은 이들의 노력으로 백열등은 우리에게 새로운 빛의 세계를 열어주었다. 백열등이 탄생하게 된 계기는 상업적인 목적에서 시작되었지만 백열등의 발명은 결과적으로는 지난 130여 년 동안 인류에게 큰 봉사를 해왔다. 그런데 태양처럼 찬란한 빛을 내며 인류와 함께 해온 백열등은 조만간 사라질 위기에 처했다. 마치 오랜 전투를 끝마친 퇴역 군인의 뒷모습처럼 쓸쓸해 보인다.

미국, 호주, 유럽연합 등은 백열전구의 사용을 금지한다는 방침을 공식화했고, 우리나라도 동참하고 있다. 그렇다면 그동안 사용해 왔던 백열등을 무엇으로 대체해야 하는 것일까?

그것은 LED(발광다이오드, Light Emitting Diode)이다. 20세기를 백열등과 형광등이 주도했다면, 21세기는 LED에게 빛의 왕좌를 내주어야 할 것이다. LED는 소비전력은 낮고, 광효율이 높아 기존의 백열등뿐만 아니라 형광등이나 그 외 다른 조명까지 대체할 수 있는 차세대 광원으로 주목받고 있다. 그렇다면 제2의 빛의 혁명인 LED는 언제부터 우리를 눈부시게 했을까?

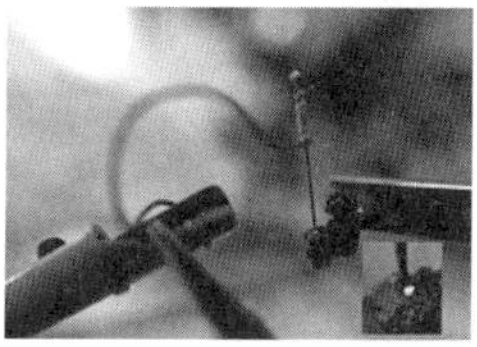

헨리 조셉 라운드 라운드는 LED의 발광현상을 발견했다. 아래 사진은 라운드가 발견한 현상을 재현한 실험장치

반도체의 일종인 LED의 발견은 지금부터 100여년 전으로 거슬러 올라간다. 1907년 당시 영국에서 무선통신을 연구하던 마르코니의 실험실에서 라디오 엔지니어로 일하던 헨리 조셉 라운드(Henry Joseph Round, 1881~1966)가 우연한 계기로 LED의 기본 현상을 발견하게 된다. 라운드는 샌드페이퍼(sandpaper)의 연마제로 주로 사용했던 탄화규소를 이용해 전기적인 특성을 검토하고 있었다. 실험 도중 라운드는 고체인 실험재료에서 희미한 빛이 반짝거리는 현상을 우연히 발견하게 된다. 호기심 가득했던 헨리 조셉 라운드는 자신이 발견한 발광현상을 간략히 정리하여 〈일렉트릭컬 월드(Electrical World)〉라는 저널에 발표하게 된다.

그러나 라운드의 생각과 달리 발광현상은 큰 주목을 끌지 못했고, 훗날 가져올 빛의 혁명을 뒤로한 채 최초의 LED는 사라지는 듯했다. 그로부터 20여년 후 러시아의 과학자이자 발명가인 올렉 로세프(Oleg Lossew, 1903~1942)가 발광현상에 대해 다시 연구하기 시작한다. 과학분야에 특히 재능이 있었던 로세프는 러시아연방 여러 곳의 무선통신 연구소에서 일하기도 했다. 로세프는 짧은 생을 살았는데 생전에 어떠한 정규교육을 받지도 않았으며, 연구 경력 또한 짧았다. 하지만 그는 43편의 논문을 발표하고, 16건의 특허를 출원하는 등의 왕성한 활동을 펼쳤다.

올렉 로세프 로세프는 정규교육을 받지 않았고 연구 경력도 짧았지만 43편의 논문과 16건의 특허를 출원하는 등 왕성한 활동을 펼쳤다.

로세프는 라운드가 발견한 '발광현상'에 대해 좀 더 깊이 있게 연구를 진행했다. 이를 위해 산화아연(Zinc Oxide)과 탄화규소(SiC)로 구성된 다이오드가 사용된 무선 수신기를 이용해 실험을 했다. 실험은 무선

수신기에 전류가 가해질 때 정류(整流) 다이오드에서 발생하는 빛을 통해 '발광현상'을 관찰하는 것이었다. 즉 라디오에 들어가는 다이오드를 통해 발광 다이오드를 발견하게 된 것이다.

로세프는 실험 결과를 1927년 〈수정체 발광 탄화규소의 검출기와 검출 *Luminous carborundum [silicon carbide] detector and detection with crystals*〉이라는 제목으로 〈러시아 저널〉에 발표했다. 이후 논문에서 중요한 부분이 발췌되어 영국과 독일의 저널에도 실리게 된다.

이후로도 로세프는 실험을 통해 탄화규소 결정과 금속 배선 사이의 접촉 지점에서 빛의 방출을 위한 임계값을 설정하고, 빛의 스펙트럼을 기록했다. 이러한 연구를 바탕으로 LED에 관한 포괄적인 연구결과를 정리하여, 1924~1930년 사이에 16편의 논문으로 발표했다.

로세프 이후부터 본격적으로 LED에 관한 연구가 진행되기 시작했다. 그 중에서 프랑스 물리학자 조르쥬 데스트리아우(Georges Destriau, 1903~1960)는 지금까지와는 다른 물질에서 발광현상을 발견한다(그는 한때 방사능 분야의 선구자이며 노벨상 수상자인 마리 퀴리(Marie Curie, 1867~1934)의 연구실에서 일하기도 했다). 황화아연(ZnS)에서 로세프가 발견한 것과 유사한 발광현상을 발견한 것이다.

1936년 조르쥬는 이러한 현상을 〈전계발광 *electroluminescence*〉이라는 제목으로 연구 내용을 발표한다. 전계발광이란 고체에 강한 전기장을 가했을 때 발광하는 현상으로, 그는 황화아연에서 발견된 이 현상을 러시아 물리학자 올렉 로세프를 기려 '로세프 광(Lossew Light)'으로 부르기도 했다.

빛의 혁명이 시작되다

오랜 기간 많은 연구에도 불구하고 LED의 실용화는 불가능한 것으로 여겨졌다. 하지만 이 같은 우려는 1962년 제너럴일렉트릭(GE) 사의 엔지니어였던 닉 홀로냑 주니어(Nick Holonyak Jr., 1928~)에 의해 다시 희망적으로 바뀌기 시작하는데, 눈으로 선명하게 볼 수 있는 적색(red) LED 개발에 성공하게 된 것이다. 그의 발명은 최초의 실용적인 LED로 인정받고 있다. 이후 홀로냑은 'LED의 아버지' 불리게 되었고, LED와 관련된 41건의 특허를 출원하는 등의 왕성한 활동을 했다. 또한 홀로냑은 트랜지스터 3인방으로 유명한 존 바딘(John Bardeen)의 첫 제자이기도 하다.

1963년 홀로냑은 GE를 떠나 모교인 일리노이 대학교(University of Illinois)로 자리를 옮기게 된다. 일리노이 대학교에서 그는 LED와 관련된 많은 연구와 함께 후학을 양성했다. 홀로냑의 실용적인 LED가 발표된 이후 관련 연구는 급물살을 타게 된다. 1972년에는 홀로냑의 제자이자, 당시 세계 최대 LED 제조회사였던 몬산토 화학회사(Monsanto Chemical Company)에 근무하던 공학자 조지 크래포드(M.George Craford)가 세계 최초로 황색(yellow) LED 개발에 성공한다. 뿐만 아니라 크래포드는 스승인 홀로냑이 개발한 적색 LED보다 휘도(輝度)를 10배 가량 끌어올렸다.

홀로냑은 눈으로 선명하게 볼 수 있는 적색 LED를 최초로 개발했다.

이러한 성공에 힘입어 몬산토 사는 1968년 세계 최초로 LED를 대량생산 하기로 결정한다. 몬산토 사에서 판매했던 제품은 적색의 LED로 인디케이터

(indicator, 지시등)였다. 출시 초기에는 많은 이들로부터 호응이 있었지만, 가격이 너무 비싸 곧 인기가 식어버렸다. 1970년에는 반도체 회사로 유명한 페어차일드(Fairchild) 사에서 보다 값싼 LED를 출시하여 보급에 힘을 쏟았지만 마찬가지로 실패하고 만다. 에디슨의 백열등 이후 새로운 빛의 혁명을 이끌 주인공으로 무한한 가능성을 가지고 있던 LED지만, 당시에는 비싼 가격과 소형 제품의 개발이 어렵다는 이유로 점점 그 빛을 잃어가고 있었다. 1970년 이후 또다시 연구가 이어졌지만 지지부진하여 더 이상의 발전은 없는 것처럼 보였다.

당시 LED 분야의 가장 큰 과제는 청색 LED를 개발하는 것이었다. LED를 이용해 고효율의 광원을 만들기 위해서는 적색, 녹색 그리고 청색 LED의 조합이 필수적이었다. 적색, 녹색, 청색 3원색을 조합하게 되면 자연광과 유사한 백색 광원의 구현이 가능해진다. 또한 기존 백열등이나 형광등에 비해 에너지 효율성이 월등히 높기 때문에 보다 친환경적인 조명장치가 가능했다.

1960년 이후로 적색과 녹색은 모두 개발된 상태였다. 하지만 청색 LED만큼은 구현이 쉽지 않았다. 많은 이들이 연구에 연구를 거듭했지만 번번이 실패로 돌아갔다.

1990년대에 접어들어 LED산업에 또 한 번의 큰 변화가 왔다. 이 변화는 이웃나라 일본에서 일어나는데, 나카무

청색 LED 개발 공로로 노벨상을 수상한 공학자들 (왼쪽부터) 나카무라 슈지, 아마노 히로시, 아카사키 이사무 〈사진 출처 : Nobel Media AB, Photographer: Alexander Mahmoud(http://www.nobelprize.org/)〉

라 슈지(中村修二, 1954~), 아카사키 이사무(赤崎勇, 1929~), 아마노 히로시(天野浩, 1960~) 등 3명의 학자가 청색 LED를 개발했다. 수십 년 동안 풀리지 않던 수수께끼가 드디어 풀린 것이다(아카사키, 아마노 두 사람이 일본 내 청색 LED 연구의 장을 열었으며, 실제 상용화는 나카무라의 노력이 더 컸다고 한다).

이들은 갈륨질소(GaN)를 소재로 해서 만든 반도체를 다층으로 구성하는 방식으로 수천 번의 실험을 거듭한 끝에 1992년 세계 최초로 청색 LED를 개발하는 데 성공했다. 이후 LED는 조명장치, 텔레비전, 스마트폰, 자동차 헤드라이트 등 다양한 분야로 사용되기에 이른다(우리는 2016년 11월 광화문에서 LED촛불의 기적을 확인했지 않은가!).

이들 청색 LED 3인방은 '청색 LED 개발'의 공로로 2014년 노벨 물리학상을 받았다.

노벨위원회는 "LED 램프가 전기 사용이 어려운 전 세계 15억 인구의 삶의 질 향상에 크게 기여하고 있다"라며 선정 의견 중 하나로 밝혔다.

LED의 동작 원리

밤하늘의 별처럼 빛나는 LED는 반도체의 일종이다. 즉 일정한 크기의 전기를 흘리면 빛을 내주는 다이오드이다. 일반적으로 반도체는 단원소, 화합물 그리고 유기물 반도체로 구분되는데, LED는 화합물 반도체에 속한다. LED의 기본적인 구조는 P-N접합 다이오드와 비슷한 형태이다. 정공(hole, 正孔)의 분포가 많은 (+)극의 P형 반도체와 반대로 전자의 분포가 많은 (-)극의 N형 반도체가 접합된 형태의 P-N 접합의 기

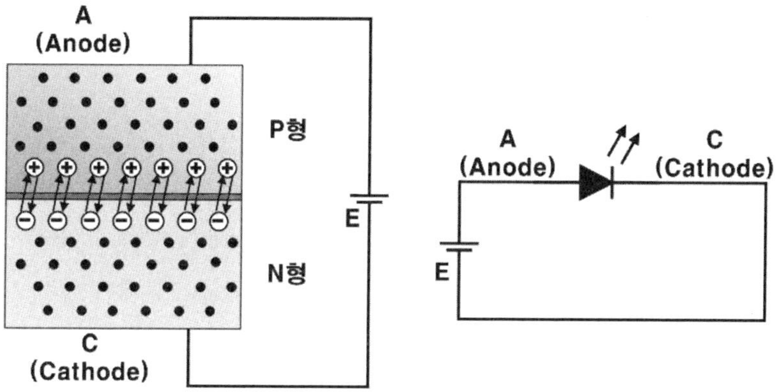

일반적인 LED의 구조와 동작 원리

본 구조를 가지고 있다.

이러한 기본 구조를 갖는 LED에 일정한 크기의 순방향의 전압을 걸어주면, 전자와 정공은 활성화되어 이동하고 곧 전류가 흐르게 된다. 전류가 흐르는 상태에서 전자와 정공이 부딪히면 서로 결합하게 되고 결합 상태에서 에너지를 마침내 외부로 발산하게 된다. 이때 에너지는 크게 열과 빛의 형태로 발산하게 되는데 이것이 LED의 기본적인 발광원리이다.

화합물 반도체의 일종인 LED는 화합물의 구성에 따라 빛을 내는 파장이 달라진다. 주로 사용되는 화학물은 갈륨비소(GaAs), 갈륨인(GaP), 갈륨비소인(GaAsP), 갈륨질소(GaN) 등이다. LED가 발광하는 파장은 적색의 경우 640나노미터(1*nm*=10억분의 1미터), 녹색은 520나노미터, 청색은 460나노미터 전후에서 나타난다. 1962년 적색 LED에서부터 1990년대 청색 LED 개발에 이르러 빛의 3원색인 적색, 녹색, 청색의 구현이 가능하게 되었다. 3원색의 구현이 가능하게 됨으로써 LED를 통해 자연계에서 얻을 수 있는 대부분의 색을 빛으로 구현할 수 있게 된 것이다.

현재 LED는 다양한 분야에서 사용되는데 텔레비전, 대형 전광판, 자동차, 특수장비 등 일일이 열거하기도 힘들 정도이다.

뭐니뭐니해도 LED의 성장 잠재력이 가장 높은 분야는 조명이다. 가정이나 산업체에서 가장 많이 사용하는 조명은 백색의 광원이다. 과거 LED의 경우 적색, 청색, 황색 등의 단색을 주로 사용해 왔다. 그러나 기술의 발달로 빛의 3원색인 적색·녹색·청색을 적절히 조합해서 마치 자연광과 같은 연색성(演色性)의 구현이 가능해진 것이다. 백색 LED가 내는 단위전력당 휘도는 백열전구보다 10배 이상, 형광등보다 4배 이상 밝아 광효율이 월등히 높다. 또한 수명에 있어서도 탁월하다. 백열등은 1천 시간, 형광등은 최대 1만 시간이 가능한데 비해 LED 조명의 사용 기간은 최대 10만 시간이다. 말 그대로 게임이 안 된다고 할 수 있다.

LED는 지구를 보호하는 친환경 기술이도 하다. 일반적으로 사용하는 형광등은 환경 규제 물질로 지정된 수은(Hg)을 사용하고 있다. 그러나 LED는 수은과 같은 유해물질을 사용하지 않기 때문에 친환경 조명으로 더욱 각광 받고 있다.

인류에게 있어서 조명은 안락한 삶과 함께 밤과 낮, 그리고 시간이라는 개념을 무너뜨린 놀라운 기술 중 하나이다. 에디슨은 백열등으로 신의 영역이었던 빛을 정복했고, 그로부터 130여 년이 지난 2016년에는 LED를 통해 제2의 빛을 정복하게 되었다.

같은 듯 그러나 또 다른 OLED

한때 안방을 차지하던 배불뚝이 브라운관 텔레비전은 2000년을 전후해 점차 사라져 갔다. 그 후 LCD 방식과 PDP 방식이 평판 디스플레이 시장을 선점하기 위해 대격돌했다. 텔레비전과 같은 대화면은 물론 휴대폰이나 노트북 등의 소형 기기에도 적용이 유리한 LCD 방식이 브라운관의 뒤를 이어 새로운 디스플레이의 시대를 이어갔다. 하지만 LCD에는 치명적인 단점이 하나 있다. 그것은 자체적인 발광 능력이 없다는 것이다. 즉 우리가 볼 수 있는 영상을 구현하기 위해서는 LCD 뒷면에서 환한 빛을 공급해 주어만 한다. 백라이트(back light)가 없으면 LCD를 통해 선명한 화면을 볼 수 없는 것이다.

그런데 치열한 디스플레이 시장에 새롭게 도전장을 내민 제품이 있다. 겉으로 보았을 때는 LCD와 비슷한데 백라이트가 필요 없는 것이 특징인 이 디스플레이는 OLED(유기 발광 다이오드, Organic Light Emitting Diodes 혹은 유기 EL)이다.

차세대 평판 디스플레이로 각광 받는 OLED는 빛을 내는 층이 유기화합물로 이루어진 박막 발광 다이오드의 일종으로 일반 LCD와 달리 자체 발광이 가능하다. 별도의 백라이트가 없기 때문에 OLED를 이용해 디스플레이를 제작할 경우 더욱 얇고 다양한 형태의 디스플레이 제작이 가능해진다. OLED라는 이름에서 알 수 있듯이 LED와는 왠지 형제가 아닐까 하는 생각이 들 것이다. OLED의 탄생 스토리를 알아보자.

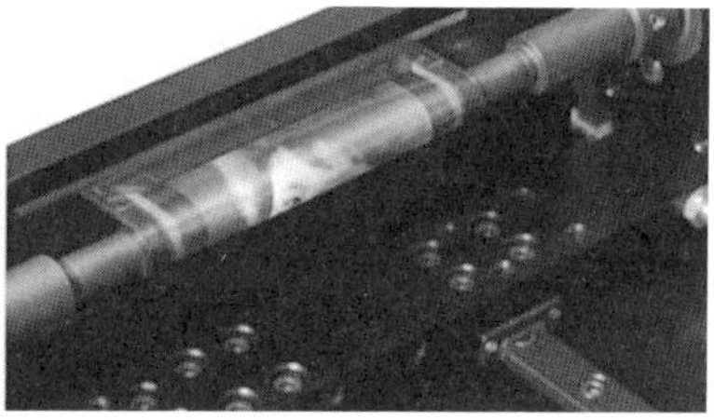

플렉시블 타입의 소형 OLED 디스플레이

OLED의 기원은 1953년 프랑스 낭시(Nancy) 대학의 앙드레 베르나노스(André Bernanose, 1912~2002)가 유기염료를 흡착한 셀로판에 높은 교류전압을 가하면 발광 현상이 일어난다는 것을 발견한 데에서 시작되었다. OLED의 기본 구조는 LED와 같이 점광원(點光源, point source)의 형태가 아닌 면광원(面光源, surface light source) 형태를 가지고 있다. 발광층이 2개의 전극 사이에 끼어 있는 샌드위치 구조이다. 그러나 발광층에서 나오는 빛을 확산시키기 위해서는 한쪽 전극에 투명한 재료를 사용해야 한다. 일반적으로 (+)극(anode)에는 ITO(indium tin oxide)를, (-)극(cathode)에는 알루미늄을 적용하여 사용하고 있다. 전극에 전기를 가하면 양극에서 발생된 정공과 음극에서 발생된 전자가 유기물 층에서 재결합하며, 이때 빛이 발생하게 된다. OLED는 휴대폰, 디지털 카메라와 같은 소형 디스플레이부터 텔레비전과 같은 대형 디스플레이에 이르기까지 다양하게 적용되고 있다.

한편 OLED의 장점인 유연성은 SF영화에서나 나올 법한 두루마리 형태의 디스플레이도 창조가 가능하다. 2014년 우리나라에서 세계 최초로 18인치 크기의 플렉시블(flexible) 형태의 투명 OLED 기술을 개발하기도 했다. 딱딱하고 고정된 형태의 디스플레이에서 벗어나 두루마리처럼 둘둘 말아지는 형태의 디스플레이가 가능해진 것이다.

머지않아 집안의 롤 블라인드처럼 말아서 쓰는 두루마리 텔레비전이 우리 안방을 점령할 시대가 열릴 것이다.

톡! 과학 공부

17. 피상전력, 유효전력, 무효전력, 역률

교류는 크기와 위상(phase)을 가지고 있기 때문에 직류처럼 단순히 전력[W]을 계산하는 것이 쉽지 않다. 교류에서는 피상전력(apparent power), 유효전력(real power), 무효전력(reactive power)처럼 이름도 생소한 다양한 전력들로 나타낼 수 있다. 교류의 다양한 전력을 하나씩 살펴보자.

피상전력(apparent power)

겉보기 전력이라고 부르기도 하며, 교류회로에서 전압과 전류의 실효값을 말한다. 피상전력은 다음과 같은 식으로 나타낼 수 있으며, 단위는 [W]가 아닌 볼트·암페어[VA]를 써야 한다.

$$P_0 = V \times I[VA]$$

220[V] 전압에 5[A]의 전류가 흘렀다면, 1100[W]의 일을 한 것으로, 피상전력은 1100[W]이다. 전기회로 상에서 아무런 손실분이 없어야 100%의 전력을 소비하는 것이 가능하며, 이것이 피상전력이다. 이는 물리적으로 불가능한 수치로 피상전력은 말 그대로 겉보기 전력에 지나지 않는다.

유효전력(real power)

유효전력은 교류회로에서 부하에 실제로 소비되는 전력이다. 교류회로는 전력을 전달하는 모든 도선에는 자체적으로 일정한 크기의 전기저항을 가지고 있다. 뿐만 아니라 전기회로에서 흔히 사용되는 부품인 저항(R), 커패시터(C), 인덕터(L)의 고유의 성질로 인해 교류전압과 전류에 위상각(phase angle)의 차이가 발생하기도 한다. 이렇게 발생한 위상차를 역률(power factor)이라고 하며, cosθ로 표기한다.

수치상으로 인덕터(L)와 커패시터(C) 성분이 없는 순수한 저항(R)에는 피상전력만큼 전력을 소비할 수 있다. 하지만 지구상에서 사용하는 피상전력만큼의 일을 할 수 있는 저항은 없다.(역률이 100%인 물질은 사용하기는 사실상 어렵다.)

때문에 교류에서 말하는 전력은 피상전력 P_0가 아니며, 피상전력에 cosθ 즉, 역률을 곱해준 것이다. 이를 다음 식으로 나타낼 수 있으며,

$$P_r = P_0 \times cos\theta[W]$$

이것을 '유효전력'이라고 부른다. 여기서 역률을 의미하는 cosθ는 실제로 소비되는 유효전력 P_r과 겉보기로 소비되는 피상전력 P_0의 비율로 나타낼 수 있다.

$$\text{역률}[\%] = \frac{P_r}{P_0} = \frac{VIcos\theta}{VI} = cos\theta$$

220[V]의 전압으로 5[A]의 전류를 공급했을 때, 1100[W]의 일을 하여야 하나 실제로는 1100[W] 값에서 cosθ의 값을 곱한 만큼의 일만이 가능한 것이다.

무효전력(reactive power)

무효전력은 교류회로 상에서 실제로 아무 일도 하지 않아 부하에서 실질적인 전력으로 이용하기 어려운 전력을 말한다. 유효전력의 역률 cosθ의 차이만큼 전력의 공급이 가능하나 실제 부하에서는 사용되지 못한 전력이며, sinθ라고 한다. P_0에 sinθ를 곱해준 P_i와 같으며, 다음 수식으로 나타낼 수 있다.

$$P_i = P_0 \times sin\theta[Var]$$

무효전력 P_i는 단위 [Var]를 사용한다.

실제로 우리가 사용하고 있는 대부분의 전기기기나 전자제품은 역률의 변화 때문에 설령 전기 공급자로부터 일정한 전력이 공급되더라도 손실이 없이 100% 소비되기는 힘들다.

$$\text{역률이 1인 경우} : 220[V] \times 10[A] \times 1 = 2220[W]$$
$$\text{역률이 0.85인 경우} : 220[V] \times 10[A] \times 0.85 = 1870[W]$$

위의 예시와 같이 역률에 따라 소비되는 전력이 차이가 큰 것을 볼 수 있으며, 역률이 낮은 경우에서 보다 많은 전류를 공급해 주어야 하는 것이다. 이러한 역률 문제가 많아질수록 한국전력과 같은 전기 공급회사에서는 전기선로를 더 굵은 전선으로 사용해야 하는 문제가 발생한다. 이는 곧, 전기료가 올라가는 원인 중 하나가 되기도 한다. 이러한 이유 때문에 한

국전력에서는 산업용, 농업용 등의 목적으로 20[kW] 이상의 계약 전력을 사용하는 소비자들에게 역률이 95% 이상이면 전기료를 할인해 주고, 95% 이하면 가산금을 물리는 정책을 펼치기도 한다.

역률이 낮아지는 일반적인 원인을 찾아보면, 인덕터가 많이 사용되는 전기제품일수록 역률이 낮은데 냉장고나 에어컨에 사용되는 전동기도 그 중 하나이다. 냉장고나 에어컨에 사용되는 전동기를 자세히 관찰해 보면, 원통이나 사각의 형태의 부품을 볼 수 있는데, 이것이 역률의 개선을 위해 사용되는 커패시터이다.

03

테슬라의 꿈, 무선전력 전송

주위를 살펴보자. 가방 속에는 스마트폰, 노트북과 같은 휴대용 전자제품과 함께 길다란 전원 케이블들이 엉켜 있다. 집이나 사무실에도 사정은 마찬가지다. 텔레비전, 데스크탑 PC, 냉장고 등이 위치해 있는 곳에는 어김없이 전선들이 얽히고설켜 있다. 그것을 정리할 엄두도 내지 못한다.

어지럽게 엉켜 있는 전선 없이 더 편리하게 전원을 공급받는 방법은 없을까? 이런 고민에 부응해 등장한 것이 바로 무선전력 전송 기술이다. 그렇다면 전선도 없이 어떻게 전기를 사용할 수 있을까?

1% 영감으로 태어난 무선전력 전송

무선전력 전송(Wireless Power Transmission) 기술은 전기에너지를 전자기파로 변환하여 무선으로 전력을 공급하는 방식이다. 최근에는 스마트폰, 전기자동차 등 다양한 분야에서 무선충전 기술이 적용되고 있다. 무선전력 전송 기술은 100여 년 전 토마스 에디슨의 영원한 라이벌 니콜라 테슬라가 처음으로 이론을 제시했다. 99%의 노력의 사나이 에디슨과는 달랐던 1%의 영감의 사나이 테슬라는 상업적인 제품보다는 오늘날 SF영화에나 나올 법한 기술을 주로 연구하곤 했다. 그 중 하나가 무선전력 전송 기술이다.

우리는 거미줄처럼 엉켜 있는 전선 속에 살고 있다.

테슬라는 전류 표준을 선점하기 위한 전류 전쟁에서 직류 송전 방식을 주장했던 에디슨을 상대로 교류 송전 방식의 우수함을 입증하여 승리를 거둔다. 하지만 승리의 기쁨도 잠시뿐, 테슬라는 표준화된 교류 송전 시스템에 관해 또 다른 고민에 빠진다. 그는 산간 오지나 사막, 나아가 전 세계를 상대로 전력을 쉽게 공급하기를 원했던 것이다. 하지만 발전소에서 생산된 전기를 소비자들에게 공급하기 위해서는 반드시 케이블을 통해 공급되어야 한다.

이를 위해 테슬라는 기발한 아이디어를 생각해내는데 "발전소에서 생산된 전기를 무선으로 전송한다면 전 세계 어디에나 전기를 쉽게 공급할 수 있다"라는 것이다. 다소 황당하게 들릴지 모르지만 과연 전기 천재다운 발상이었다. 테슬라는 무선으로 전력을 전송한다는 제안을 '세계시스템'이라고 불렀고, 본격적으로 연구에 뛰어들었다.

테슬라의 이론은 이렇다. 그는 지구를 전류가 흐를 수 있는 거대한 도체로 보았고, 그 도체의 힘에 의해서 전기의 성질을 띠는 입자들이 지구 외부에 보호막처럼 뒤덮고 있을 것이라고 생각했다. 그렇기 때문에 한쪽

테슬라에 의해 건설된 콜로라도스프링스의 실험실 전경. 위험해 보이는 실험 장치 곁에서 태연히 책을 읽고 있다.

에서 전파를 보내면, 지구에 덮인 도체층에 전파가 반사되어 멀리까지 전달될 것이라고 생각했다. 테슬라는 이런 원리를 이용해 전 세계에 무선으로 전력을 공급하고자 했던 것이다.

테슬라는 자신의 아이디어를 확인하고 싶어 했다. 그래서 투자자들에게 자금을 확보하여 1899년 미국의 로키산맥에 위치한 콜로라도스프링스(colorado springs)에 무선전력 전송을 위한 실험시설을 건설했다. 시설이 완성되자 그해 7월 테슬라는 자신의 이론을 검증하기 위한 실험을 진행했다. 거대한 테슬라코일과 안테나로 구성된 발신기에서는 수백만 볼트의 전기가 방전을 일으켰다.

실험의 규모만큼이나 외부로 발생한 소리도 엄청났다. 천둥소리 같은 굉음이 약 16킬로미터 밖에서도 들릴 정도여서 그 규모를 가늠할 수 있었다. 실험은 수십 차례 반복되었고, 급기야 콜로라도스프링스 일대에 대규모 정전사태를 일으키고 만다. 주민들의 거센 항의로 인해 실험은 반 강제적으로 막을 내려야 했다. 테슬라는 실험을 통해 지상의 전력을 흘려보내어 실제로 지구가 전기를 띠고 있는지를 확인하려 했던 것이다.

마크 트웨인 〈허클베리 핀〉으로 유명한 작가 마크 트웨인은 테슬라와 꽤 가까웠다. 사진은 트웨인이 테슬라의 실험실을 방문해 실험 장치를 주의깊게 보는 장면

테슬라의 실험 이후 사람들 사이에 기괴한 소문이 삽시간에 퍼져나갔다. 그 중 하나의 소문은 이러했다. 테슬라의 콜로라도 실험실에서 약 41.8킬로미터 떨어진

한적한 공터에 50와트 백열등 200여개가 널브러져 있었고 그 주위에는 전기를 공급할 수 있는 어떠한 케이블도 없었다. 하지만 수백 개의 백열등이 환하게 빛나고 있었다는 것이다!(이 믿을 수 없는 이야기는 영화 '프레스티지'에서 영화의 한 장면으로 테슬라와 함께 등장하기도 한다.)

아쉽게도 이 기괴한 사건에 대한 정확한 증거는 찾아볼 수 없다. 베일에 싸인 천재 테슬라를 우상화하고자 하는 유언비어에 지나지 않을 수도 있다. 하지만 테슬라는 콜로라도의 실험에 대해 '200개 이상의 백열등을 밝힐 수 있는 전기를 전송했다'라는 기록을 남겼다.

아! 실패!

테슬라는 콜로라도스프링스에서 진행한 실험을 바탕으로 '세계시스템'에 대해 확신을 가지게 된다. 이후 투자자들로부터 투자를 받은 테슬라는 본격적으로 세계시스템의 건설을 계획한다. 실험 장소는 뉴욕 롱아일랜드(long island) 주의 한적한 해변이었다. 세계시스템에 관한 시설은 대형 실험실과 핵심 시설인 워든클리프 타워(Wardenclyffe Tower)를 중심으로 건설되었다. 테슬라는 워든클리프 타워를 이용해 무선통신, 라디오 방송 그리고 무선전력 전송을 꿈꿨던 것이다.

하지만 핵심 시설인 워든클리프 타워 건설은 순조롭지 않았다. 당초 테슬라는 파리의 에펠탑 정도의 300미터 높이를 계획했지만, 계속되는 자금의 압박으로 최종적으로 57미터 높이로 확정되었다. 그마저도 워든클리프 타워의 골조가 세워진 시점에서 투자자들이 손을 빼는 등 이러저러한 이유로 어이없이 실험 시설의 건설이 중단되고 만다.

테슬라의 꿈이었던 워든클리프 타워. 1917년 7월 해체되기 시작하면서 그의 꿈도 날아갔다.

결국 1906년 모든 공사가 중단되고 값비싼 설비들과 연구 자료들은 모조리 채권자들에게 넘어갔다. 그리고 1917년 세계시스템의 핵심인 워든클리프 타워마저 파괴되고 그 잔해만이 폐물로 처리되고 만다. 파괴된 세계시스템과 함께 테슬라의 큰 꿈도 파괴된 것이다. 세계시스템의 실패 이후 테슬라는 다시금 재기를 꿈꾸며 다양한 아이디어를 통해 꾸준히 발명을 진행했다. 하지만 그의 발명 대부분은 상업적인 것과는 거리가 멀어 많은 투자들로부터 외면 받기 일쑤였다.

누구도 따라올 수 없었던 천재 테슬라의 말년은 비참했다. 뚜렷한 거처도 없어 여기저기 호텔방을 전전했고, 1943년 1월 7일 86세의 나이로 쓸쓸하게 호텔방에서 생을 마감했다.

무선전력 전송의 부활

테슬라의 무선전력 전송 기술은 성공하지 못했다. 하지만 무선전력 전송을 꿈꾸는 많은 이들에게 잊혀지지 않고 다양한 형태로 다시 등장하기 시작한다.

미국 NASA에서는 1960년 말 태양전지를 장착한 위성을 쏘아 올려 우주에서 생산된 전력을 지상에 공급하는 SPS(Sun Power Satellite) 프로젝트를 계획했다. 위성에 장착된 태양전지에서 생산된 전력을

2.45~5.8기가헤르츠[GHz]의 높은 주파수를 이용해 사막에 설치된 지상 안테나 어레이(array)에 공급하는 것이다. 전파 형태로 전력을 공급하고 무제한의 친환경 에너지를 공급 받을 수 있다는 장점에서 프로젝트는 출발했다. 하지만 이 프로젝트는 많은 논란을 일으키며 실행되지 못한다. 전력을 공급하기 위해 사용된 주파수가 너무 높아 인체에 유해하고, 건설 비용도 천문학적이어서 효율성이 도마 위에 올라 실용화까지는 진행되지 못했다.

한편 1987년 캐나다의 CCRC(Canada's Communications Research Center)라는 연구기관에서는 SPS와는 반대로 공중을 날아다니는 무인 항공기에 지상에서 무선으로 전력을 공급하는 실험을 진행하여 성공을 거둔다. 샤프(sharp)라고 불리었던 이 무인 항공기는 5.8기가헤르츠의 주파수로 전송한 전력으로 지상 21킬로미터 높이의 상공에서 1시간 동안 아무런 연료 없이 안정적으로 비행을 마쳤다. 하지만 미국의 SPS와 마찬가지로 인체에 유해한 주파수를 사용하기 때문에 전력을 무선으로 공급하기 위해서는 특정 지역으로 제한해 이루어져만 했다. 최근에는 실용화에 제약이 많았던 원거리 전송을 벗어나 수 미터 반경 내의 근거리 전력에 대한 연구가 활발히 진행되고 있다.

무선전력 전송의 원리

테슬라가 꿈꾸었던 세계시스템은 아니지만, 무선전력 전송 기술은 다양한 방식으로 우리 생활 속으로 들어오기 시작했다. 무선전력 전송 기술은 전기에너지를 전자기파 형태로 변환하여 전력을 전송한다. 즉, 별

무선으로 충전이 가능한 스마트폰 충전기

도의 케이블 없이도 손쉽게 무선으로 전기에너지를 가전제품에 전달하는 기술이다. 이러한 무선전력 전송 기술은 크게 자기장을 이용하는 근거리 무선전력 전송과 안테나를 이용한 원거리 무선전력 전송으로 구분된다. 몇 가지 특수 목적으로 개발된 기술을 제외하고는 자기장을 이용한 근거리 전송 기술이 대부분을 차지하고 있다. 근거리 무선전력 전송 기술은 전력을 전달하는 방식에 따라 다시 자기유도 방식과 자기공명 방식으로 구분된다.

먼저 자기유도(磁氣誘導) 방식을 살펴보자. 자기유도 방식은 코일에 유도되는 자기장을 이용해 전력을 전달하는 방식이다. 자기유도 방식의 개념은 다음 그림과 같다.

1차 코일(송신)에 교류 전류가 흐르면 자기장이 발생한다. 이때 발생된 자기장 대부분은 2차 코일(수신)로 유도(induction) 전류의 형태로 흘러 부하(load)에 전기에너지가 전달된다. 기본 원리는 전신주나 가전제품에서 일반적으로 사용하는 변압기와 같은 원리다. 자기유도 방식에서 에너지 전송 효율을 높이기 위해서는 전송 거리가 최소로 되어야 하는데, 특수한 경우를 제외하고는 약 10센티미터 정도로 간격을 유지한다. 1차

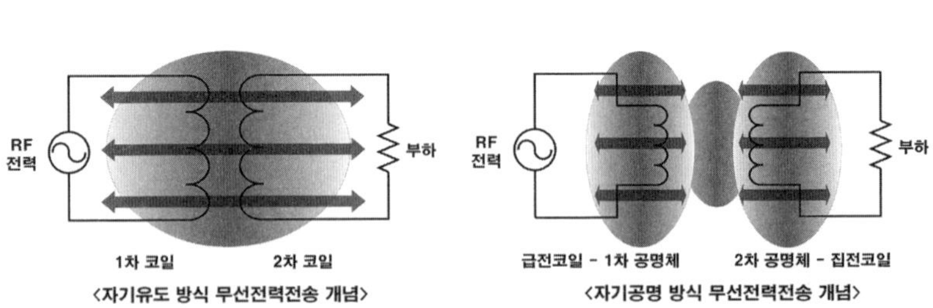

무선전력 전송 방식 개략도

코일과 2차 코일 간의 정렬 범위 내에서 사용되어야 하기 때문에 응용 범위가 한정되어 있다. 현재 자기유도 방식은 대부분 스마트폰, 전동칫솔 등 소형 휴대기기의 무선충전에 이용되고 있으며, 전기자동차의 무선충전 장치에도 일부 적용되고 있다.

다음으로 자기공명(磁氣共鳴) 방식은 코일 사이의 공명현상을 이용하여 에너지를 전송하는 방식이다. 일정한 거리를 두고 위치한 공진 코일 간에 에너지를 전달하는 방식으로 2007년 미국 MIT에서 첫선을 보였다. 기본적인 구조는 자기유도 방식과 유사해 보이나 전송 가능한 거리가 1~2미터로 길며, 효율 또한 우수하다. 전송 거리나 전송 효율 측면에서 기존에 사용해 왔던 방식에 비해 비교적 우수하여 최근 관심이 집중되고 있다.

자기공명 방식은 1차와 2차 두 코일 간의 상호 공진 주파수를 통해 1차 코일에서 발생한 에너지가 2차 코일로 전달되는 방식을 기본으로 하고 있다. 자기공명 방식에서 높은 효율을 얻기 위해서는 각 코일의 공진 주파수와 에너지 전송 주파수가 동일하게 제작되어야 한다. 자기유도 방식보다 높은 효율을 얻기 위해서는 공진기의 주파수를 잘 이용해야만 송전 거리나 전송 효율을 높일 수 있기 때문이다. 하지만 전체적으로 효율을 높이기 위해 마냥 주파수를 높인다면, 1차 코일과 2차 코일의 크기가 자기유도 방식에 비해 커지는 단점이 발생하기도 한다.

나는 달린다, 고로 충전한다

국내 무선전력 전송 분야의 연구는 작은 전력을 이용한 가전제품에

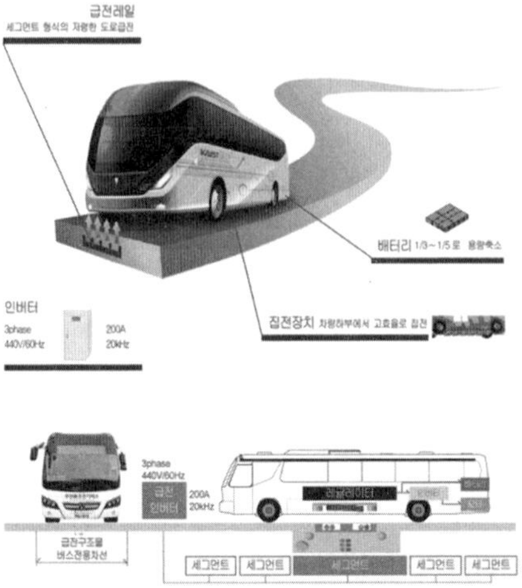

무선전력 전송 원천기술을 이용한 무선충전 전기버스의 개략도〈출처: KAIST 무선전력 전송 연구단〉

서 큰 전력을 이용하는 전기버스에 이르기까지 다양한 분야에서 연구가 진행되고 있다. 특히 2009년 한국과학기술원(KAIST)에서는 자기유도 방식을 이용한 무선충전 전기버스(OLEV, On-Line Electric Vehicle)를 개발하는 데 성공했다. 무선충전 전기버스에는 KAIST에서 개발한 무선전력 전송 원천기술인 SMFIR(자기공진 형상화 기술, Shaped Magnetic Field In Resonance)이 적용되어, 주행이나 정차 중에도 무선으로 전력을 공급받아 달릴 수 있는 새로운 개념의 자동차이다. 기존 전기자동차와 달리 별도의 충전 케이블이 없이도 차량의 이동 중에 무선으로 전기충전이 가능해 에너지 손실을 최소화할 수 있다.

이러한 기술로 2010년 미국 시사주간지 〈타임〉지의 '세계 50대 발명품'에 선정되었고 2013년 세계경제포럼(WEF, World Economic Forum)에서도 '세계 10대 유망기술'로 선정되어 전 세계적으로 기술을 인정받고 있다.

KAIST에서 개발한 무선전력 전송 기술은 로봇, 승용차, 휴대용 가전기기 등 다양한 분야로 확대하여 적용이 가능한데, 그 중에서도 무선충전 철도에 응용이 가능하다. 무선충전 전기버스와 유사한 방식으로 철도 레일 위에 구축된 급전선로에서 발생하는 '자기장'을 무선 하이브리드 저상 전차(Wireless low floor tram) 하부에 장착된 대용량 집전(集

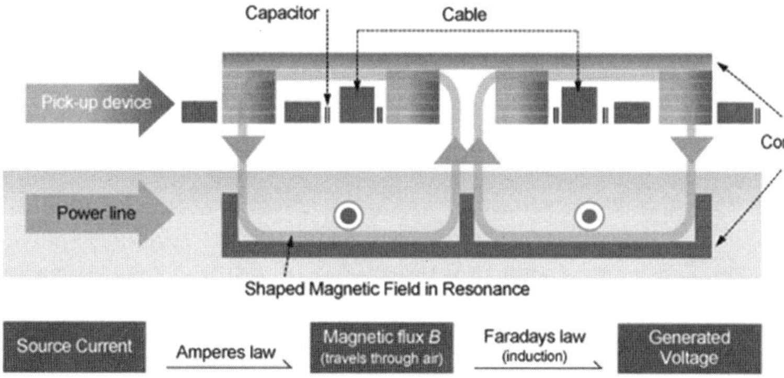

무선충전 전기버스를 위한 자기공진 형상화(SMFIR, Shaped Magnetic Field In Resonance) 기술 〈출처: KAIST 무선전력 전송 연구단〉

電)장치를 통해 전기에너지로 변환하여 열차를 운행한다. 무선충전 철도 기술이 적용될 경우 전신주 등 전차선 설비가 필요치 않아 도시 미관이 개선된다. 또한 철도부지 소요 면적이 줄어들고 터널 단면적도 크게 축소되어 건설비 감소와 친환경적인 이점을 가지고 있다.

100여 년 전 테슬라의 꿈이 우리 앞에 현실로 다가왔다. 무덤에 있는 테슬라가 감동의 눈물을 흘릴지 모른다. 하지만 아직 무선전력 전송 시스템에는 넘어야 할 산이 너무나 많다. 무선전력 전송 시 전력 효율 등의 문제는 아직도 해결해야 할 큰 숙제이다. 하지만 이러한 문제는 제2의 테슬라, 제3의 테슬라가 등장해 머지않아 해결될 것이다. 새로운 100년 후에는 정말 선 없는 세상에서 전기를 사용하게 될 것으로 믿어 의심치 않는다.

18. 단상 교류와 3상 교류

한적한 시골에 보이는 송전탑이나 복잡한 도심 속에서 흔히 볼 수 있는 전신주를 보면, 전기를 공급하는 전선 3가닥이 나란히 정렬되어 있는 것을 볼 수 있다. 하지만 우리 주변에서 사용되는 가전제품이나 콘센트에는 전선이 두 가닥으로 구성된 교류가 사용되고 있다. 도대체 어떠한 차이가 있을까? 송전탑이나 전신주에서 사용되는 교류는 3상(three phase)이고, 일상생활 공간에서 주로 사용되는 교류는 단상(single phase)이다.

우리나라의 기준으로 단상 교류는 220[V], 3상 교류는 380[V]의 전압으로 공급된다. 3상의 경우 추가적으로 3상 삼선식(three phase three wire system)과 3상 4선식(three phase four wire system)으로 구분된다.

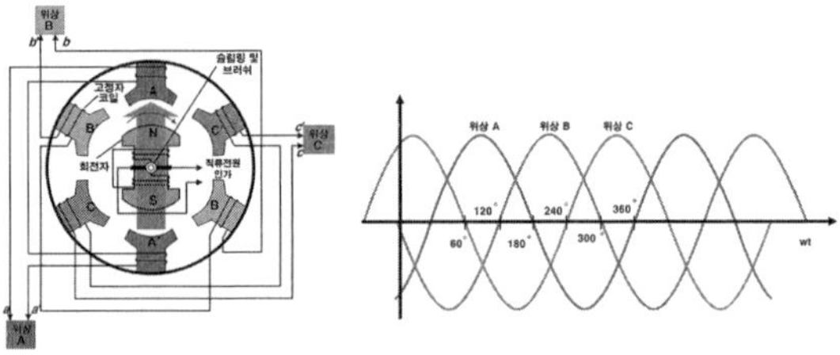

일반적인 3상 교류 발전시스템

대부분의 발전소에서 전기를 생산할 때는 발전기를 통해 삼상 교류가 발생한다. 발생된 전기는 송전 선로를 통해 각 지역의 변전소로 송전된다. 변전소에서는 송전된 전압을 일정한 크기로 낮추어 다시 배전 선로로 전달한다. 이때 가정용 전기는 높은 전신주에 달려 있는 주상변압기를 통해 220[V]로 변압된 후 가정으로 공급된다. 그러나 공장이나 백화점과 같이 대량의 전력이 필요한 경우 3가닥의 전선으로 구성된 380[V]의 3상 교류가 사용된다.

3상 교류를 이용하여 전력을 송·배전할 경우 단상 교류보다 많은 전력을 공급할 수 있어 보다 경제적으로 전력을 공급할 수 있다. 또한 3가닥 도선 중 2가닥을 이용해 단상 교류를 뽑아서 사용할 수도 있다. 즉 단상 교류에서 3상 교류로의 변환은 어렵지만, 삼상 교류에서 단상, 3상으로는 모든 사양이 가능하다.

특히 공장에서 3상 교류를 많이 사용하는데, 공장에서는 큰 동력이 필요해 3상 교류 전동기를 많이 사용하고 있다. 전동기에 3상을 사용할 경우 단상에 비해 회전자계 형성이 커서 기계적인 출력과 효율이 좋아지기 때문이다.

앞의 그림은 3상 교류의 파형을 나타낸다. A상, B상, C상으로 구성되어 있으며, 각 상은 120° 위상차를 가지고 배치된다. 단상 교류를 3개 조합한 것이 3상 교류이다. 때문에 3상을 만들기 위해서 단상 발전기 3대를 이용해야 한다고 생각할 수도 있겠지만, 3상 발전기 한 대로만으로 충분하다. 3상 교류 발전에서는 그림과 같은 3상 교류 발전기의 기본 구조를 가진다. A–A', B–B', C–C'라는 3조의 코일을 120° 간격으로 배치하고 있는데, 이러한 구조를 통해 주기가 3분의 1씩의 간격으로 기전력이 E1, E2, E3에 발생된다. 발전소에서는 이 같은 기본 원리를 바탕으로 3상 교류를 만들어낸다.

3상 교류는 단상 교류와 다르게 2가지 연결방식이 있다.

3상 교류를 구성하는 방법으로는 크게 3상 삼선식 델타 결선과 3상 4선식으로 알파벳 Y와 비슷한 Y–결선으로 구성된다.

일반 가정에서는 단상 220[V]를 사용하고 공장과 같은 큰 전력이 필요한 곳은 3상 380[V]가 공급된다. Y–결선을 이용할 경우 A–B 간, B–C 간, C–A 간에는 380[V]가 발생할 수 있으며, A–N 간, B–N 간, C–N 간에는 220[V]의 전압이 발생 가능하다. 별도의 전력변환 장치들이 없이도 380[V]와 220[V]를 모두 만들어 낼 수 있다.

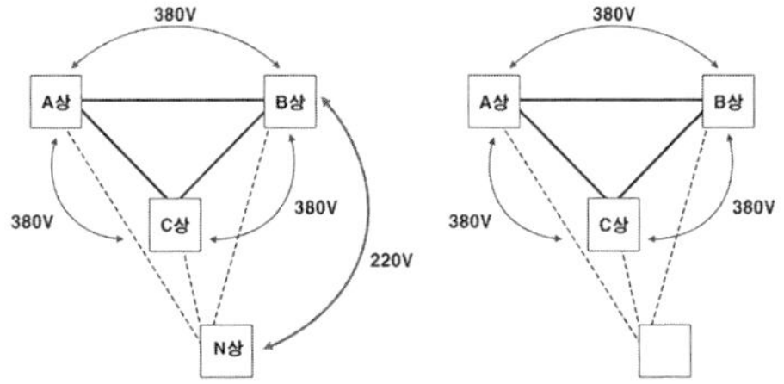

3상 교류 결선방식

델타형은 3상 4선식인 Y결선에서 중성선(neutral)을 의미하는 N만 빠진 형태이다. 구조가 다르기 때문에 3상 3선식의 델타형은 A–B 간, B–C 간, C–A 간에서 380[V] 하나의 전압만 얻을 수 있다. 하지만 델타결선의 경우 저전압 고전류의 특성을 가지고 있기 때문에 Y결선에 비해 전류에 있어서는 보다 원활한 공급이 가능하다.

04

꿈의 자동차가 온다

어른, 아이를 막론하고 자동차를 열렬히 좋아하는 사람이 많다. 남자 아이들의 경우 자동차가 등장하는 애니메이션이나 장난감을 유난히 좋아한다. 성인이 되어서도 마찬가지로 어려운 자동차 브랜드나 기술 용어를 줄줄 외우는 등 자동차의 매력에 푹 빠져 살기도 한다.

인류는 바퀴를 이용하게 되면서 급속한 기술의 발전을 이룩했다. 바퀴를 이용한 손수레부터 동물의 힘을 빌려 움직이는 마차까지 다양한 형태로 발전을 거듭했다.

이후 동물의 힘을 빌리지 않고 다양한 연료를 사용하여 스스로 움직이는 자동차가 등장한다. 공학의 결정체인 자동차는 언제부터 사용되기 시작했을까?

둥근 바퀴의 혁명

BC 2500년경 수메르인들의 그림에 등장하는 바퀴 달린 전차의 모습

자동차는 엔진이나 전동기에서 발생하는 동력을 바퀴에 전달하여 이동하는 교통 수단이다. 자동차의 어원을 살펴보면 영어 단어인 'car'는 라틴어 'carrus' 혹은 'carrum(바퀴 달린 탈것)'이 어원이며, 유사한 단어인 'automobile'은 그리스어 'autos(스스로)'와 라틴어 'movere(움직이다)'에서 그 어원을 찾을 수 있다.

모든 자동차의 기본 구성은 바퀴라고 할 수 있다. 인류 최초의 바퀴에 대한 기원은 여러 가지 설이 있으나, 굴림대와 썰매가 결합해 생겼다는 것이 학자들의 압축된 의견이다. 둥근 모양의 바퀴가 처음 등장한 것은 BC 3500년경으로 추정되며, 메소포타미아의 유적에서 발견된 전차용 바퀴로 통나무를 둥글게 자른 형태의 원판으로 되어 있다. 이후 자동차는 단순히 바퀴 달린 탈것에서 보조 동력장치를 이용해 스스로 움직이는 장치로 발전한다.

르네상스 시대의 화가이자 과학자 레오나르도 다빈치(Leonardo da Vinci, 1452~1519)는 태엽시계의 태엽을 감다가 순간적인 장력에 의해 이마를 다쳤다. 다빈치는 이 현상을 보고 번쩍이는 아이디어를 생각해 내는데, 태엽의 튕기는 힘을 이용해 수레를 스스로 움직이게 하는 것이었다. 1482년, 다빈치는 태엽 자동차 모형을 설계했다. 하지만 태엽을 한 번 감았을 때 채 20분도 안되어 동작이 멈추어 버려서 실생활에 사용

다빈치가 발명한 태엽 자동차(재현품)와
스테빈의 풍력자동차 그림

하지는 못한다.

그로부터 100여 년 후인 1599년에 네덜란드 물리학자인 시몬 스테빈(Simon Stevin, 1548~1620)에 의해 새로운 형태의 자동차가 발명된다. 스테빈에 의해 고안된 자동차는 돛단배처럼 바람을 주요 동력원으로 사용했다. 하지만 바람이 많이 부는 곳을 제외하고는 연속 주행이 어려워 사람들로부터 큰 호응을 얻지 못하고 사라졌다.

이후 많은 사람들이 인간이나 동물의 힘이 아닌 새로운 동력장치를 만들기 위해 꾸준히 시도한 끝에, 18세기 산업혁명을 주도한 증기기관이(steam engine) 탄생한다. 증기기관은 수증기의 열에너지를 기계적인 힘으로 바꾸는 동력장치로 1705년 영국의 발명가 토머스 뉴커먼(Thomas Newcomen, 1663~1729)이 발명하고, 스코틀랜드의 발명가 제임스 와트(James Watt, 1736~1819)가 1769년 개량하여 실용화했다.

기존 증기기관은 단순히 내부 기관이 열에 의해 왕복하는 원리를 기반으로 했기 때문에 전체적인 효율이 낮았다. 하지만 제임스 와트는 기존의 증기기관을 회전기관으로 전환하는 데 성공하여 높은 효율의 동력을 만들어낼 수 있었다.

이러한 증기기관을 이용해 1769년 프랑스의 발명가 니콜라스 퀴뇨(Nicholas Joseph Cugnot, 1725~1804)는 군대용 대포를 끌기 위한 삼륜차를 만든다. 최대 속도는 보통 사람의 걸음 속도인 시속 5킬로미터였다. 오늘날 자동차 속도와는 비교할 수 없을 정도로 느렸다.

증기기관 자동차는 스스로 움직이는 최초의 자동차라고 할 수 있다. 당시에는 제동 장치가 없었기 때문에 내리막길에서 장애물과 부딪치는 사고가 빈번했는데, 증기기관 자동차는 최초의 자동차 교통사고 기록도 가지고 있다. 이후 1801년 영국의 젊은 광산 엔지니어 리처드 트레비식(Richard Trevithick, 1771~1883)이 제동 장치가 달린 승용차를 처음으로 발명하게 된다. 트레비식은 1802년에 증기로 달리는 마차의 발명 특허를 얻기도 했다.

퀴뇨가 발명한 군수용 삼륜차(위)와 트레비식의 증기마차

전기자동차의 탄생

전기자동차(EV, Electric Vehicle)는 화석연료와 엔진을 사용하지 않고, 배터리와 전동기를 에너지원과 동력으로 사용하는 자동차를 말한다. 배터리에 축적된 전기로 전동기를 회전시켜서 자동차를 움직이는 것이다. 전기자동차는 오늘날 흔히 사용하고 있는 가솔린이나 디젤 엔진 자동차보다 먼저 개발되었다.

최초의 전기자동차는 19세기 초반(정확한 년도는 확인이 안 됨) 스코틀랜드 출신의 발명가 로버트 앤더슨(Robert Anderson)이 개발한 전기마차가 그 시초라고 할 수 있다. 앤더슨이 개발한 전기자동차는 전체적으로 시험용에 가까운 자동차였다. 그렇기 때문에 모터를 구동하기 위한 배터

1899년에 등장한 전기자동차로 시속 100km 주행이 가능했다. 자동차의 이름 '라 자메 꽁땅뜨(la Jamais Contente)'는 '결코 만족할 수 없다'라는 뜻이라고 한다.

리는 한 번 사용하면 충전이 불가능해 다시 사용할 수 없는 1차 배터리를 사용했다.

1838년에는 스코틀랜드의 발명가 로버트 데이비슨(Robert Davidson, 1804~1894)이 시속 6킬로미터로 움직이는 전기 기관차(electric locomotive)를 개발했다. 이후 전기자동차는 사람들로부터 큰 호응을 얻게 된다.

1835년에는 네덜란드에서 소형 전기자동차가 만들어졌고, 1842년에는 미국과 영국에서도 실용적인 전기자동차가 속속 개발이 된다. 하지만 주 에너지원인 충전이 불가능한 배터리는 전기자동차의 상용화에 큰 걸림돌로 작용했다. 이러한 배터리의 문제점을 개선하고자 프랑스의 물리학자인 가스통 플랑테(Gaston Planté, 1834~1889)가 1865년에 여러 번 충전이 가능한 배터리를 발명하여 전기자동차의 발전에 크게 기여한다.

전기자동차는 이를 바탕으로 성능이 향상되어 빠른 속도로 보급되기 시작했다. 특히 1895년 개발된 전기삼륜차는 기존에 사용되던 화석연료를 이용한 차량들과 비교해 냄새가 적고, 진동과 소음이 작아 일반 시민들에게 큰 호응을 얻기에 충분했다.

당시 발명된 전기자동차는 속도를 올리거나 낮추는 등의 운전이 쉬워 상류층과 여성들에게 인기가 좋았다. 고급형 모델의 경우 화려한 외관과 고급 재료들로 제작되었는데 평균 가격이 3000달러 이상을 훌쩍 뛰어넘었다. 하지만 당시에는 전기자동차가 부의 상징처럼 여겨져 일반인보다는 부유한 상류층에서 주로 이용했다.

다양한 장점들로 인지도를 쌓아가던 전기 자동차에도 몇 가지 단점들이 있었다. 먼저 전기를 사용하기 때문에 배터리 용량이 이동 거리를 좌우했다. 또한 장착된 배터리의 무게는 무거웠고 충전 시간은 너무나 오래 걸렸다 (배터리의 용량과 충전 문제는 오늘날에도 전기자동차의 치명적인 단점이다). 이러한 단점 때문에 사람들은 점차 화석연료를 사용하는 엔진형 자동차로 눈을 돌리기 시작한다.

1914년에 촬영된 사진으로 사진 속 주인공은 에디슨과 당시 판매중인 전기자동차

그러던 중 1920년대 미국 텍사스에서 대량의 석유가 발견된다. 이로 인해 시중에 유통되는 휘발유의 공급가도 크게 떨어졌다. 덩달아 내연기관을 이용한 자동차는 폭발적인 수요와 함께 대량생산 체제에 들어갔다. 결과적으로 내연기관 자동차의 판매량은 증가하고, 500~1000달러 선에서 소비자들에게 공급되었다. 가격이 전기자동차의 절반 이하로 떨어진 것이다. 소비자들은 점점 전기자동차를 외면했다. 어느새 내연기관은 자동차의 주역이 되었고 1930년 이후로 전기자동차는 자동차 시장에서 물러나게 된다. 그렇게 소리 없이 사라져간 전기자동차가 21세기에 들어와 다시금 왕좌의 탈환을 노리고 있다.

나는 살아 있다 : 부활을 꿈꾸는 전기자동차

2000년대에 들어서면서 화석연료 가격이 폭등했다. 머지않아 지구상의 화석연료는 고갈될 것이라는 전문가들의 우려 섞인 목소리도 들리곤

한다. 또한 지구 환경오염의 주범이 공장이나 자동차에서 배출되는 매연이라는 인식이 확산되고 있다. 이러한 이유로 각국에서는 배출가스 규제를 강화하고 있다.

현재 우리나라의 인구는 약 5100만 명인데(2016년 기준) 국토교통부에 따르면 2016년 기준으로 국내 자동차 등록 대수가 2100만 대를 돌파했다고 한다.

경제 발전과 인구 증가로 인해 해마다 내연기관 자동차의 숫자가 늘고 있다. 이제 우리나라에서도 환경오염이나 화석연료 고갈에 대한 문제를 외면할 수 없게 되었다. 한국을 포함한 세계 각국에서는 이러한 상황을 돌파하기 위해 70여 년 전 사라져버린 전기자동차가 그 대안으로 떠오르고 있다. 최근 들어 '친환경'이라는 단어와 함께 자주 등장하는 또 하나의 단어가 '그린카'이다. 이름에서도 짐작할 수 있듯이 무공해 자동차라는 것을 알 수 있다.

여기서 그린카를 대표하는 3종류 전기자동차를 좀 더 살펴보자.

전기자동차(EV, Electric Vehicle)

전기자동차는 내연기관인 엔진을 대신하여 배터리에 충전된 전기에너지를 사용해 전동기로 구동되는 자동차를 말한다. 기본 구조는 동력을 전달하는 전동기, 배터리, 동력제어장치인 파워콘트롤 유닛(PCU, Power Control Unit) 등으로 구성되어 있다. 기존 자동차에 비해 상대적으로 단순한 구조를 갖고 있다. 동력을 얻기 위해 별도의 연료를 사용하지 않기 때문에 유해 배기가스나 온실가스 등의 배출이 전혀 없는 무공해

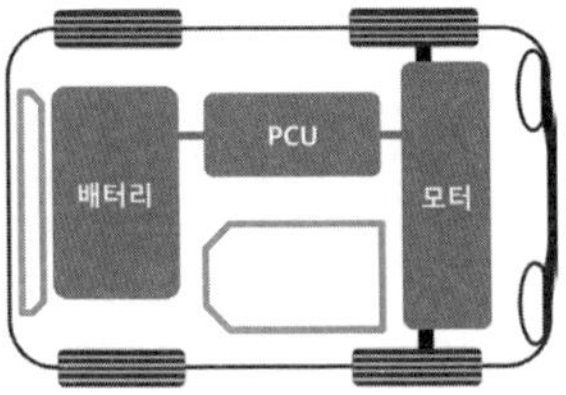

전기자동차(EV) 엔진 없이 순수하게 전동기만으로 주행

자동차의 대표주자이기도 하다. 하지만 전기자동차의 보급에 있어서 가장 큰 걸림돌은 배터리 문제이다.

현재 전 세계적으로 보급되어 있는 전기자동차는 각국의 가정용 전원 기준으로 7~8시간이 지나야만 완전히 충전이 된다. 물론 급속충전이 갖추어져 30분 이내에도 충전이 가능하다. 하지만 급속충전이 잦을수록 자동차 내부에 장착된 배터리의 수명이 짧아진다는 단점을 가지고 있다. 게다가 내연기관 자동차의 주유시간 3분에 비교하면 너무 긴 시간이다. 또한 1회 충전으로 주행할 수 있는 거리, 즉 항속거리가 짧다는 점이 해결할 문제이다. 차종과 제조사에 따라 차이가 있지만 항속거리는 약 200킬로미터 정도이다.

하이브리드 전기자동차(HEV, Hybrid Electric Vehicle)

하이브리드 전기자동차는 마치 애니메이션 마징가 Z에 등장했던 아수라 백작의 양면성처럼 서로 다른 동력원인 엔진과 전동기가 효율적으로 혼합되어 주행한다. 일반적으로 연료를 사용하여 동력을 얻는 엔진과 전기를 이용해 구동시키는 전동기로 구성되어 있다. 하이브리드는 구동방식에 따라 직렬형, 병렬형 그리고 직·병렬 방식으로 구분할 수 있다. 직렬형 하이브리드 방식은 엔진으로 발전기를 구동, 그 전력으로 전동기를 돌리는 형식이며, 병렬형 하이브리드 방식은 전동기로 엔진을 보조하여 엔진의 부담을 경감시키는 방식이다. 그리고 직렬과 병렬의 장점이 결합한 형태가 직·병렬 방식이다.

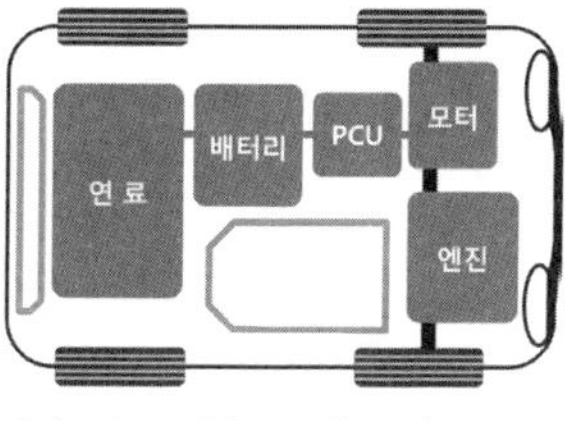

하이브리드 전기자동차(HEV) 주행 및 정차 시 엔진과 전동기의 조합에 따라 연료 소비 저감

하이브리드 자동차의 장점은 전동기를 통해 엔진에 걸리는 부하를 저감하여 주행 효율을 높

여주는 것이다. 하이브리드 자동차는 엄밀하게 말하면 순수한 전기자동차는 아니라고 할 수 있다. 하지만 유해 배출가스와 연료 소모의 최소화를 목표로 하는 기술로 현재 출시된 그린카 시장에서 가장 각광받고 있는 자동차이다. 또한 기본적인 구조가 하이브리드 자동차와 유사한 플러그인 하이브리드 전기자동차(PHEV, Plug-in Hybrid Electric Vehicle)가 있다. 배터리의 용량이 하이브리드 자동차와 순수 전기자동차의 중간 사이즈로 장착되어 있기 때문에 별도의 충전시스템으로 충전이 가능하다.

연료전지 전기자동차(FCEV, Fuel Cell Electric Vehicle)

연료전지 전기자동차는 수소와 공기 중의 산소를 직접 반응시켜 전기를 생산하는 연료전지를 이용해 전동기를 구동시키는 방식이다. 미래형 그린카 중 하나로 주목받고 있다. 말하자면 연료전지를 동력원으로 하는 전기자동차인 것이다. 구성 방식은 연료전지를 단독으로 사용하거나 연료전지와 2차전지를 모두 사용하는 하이브리드 타입으로 되어 있다. 때문에 대중화 가능성이 높아 미래형 그린카 중 하나로 주목받고 있다.

알코올을 직접 연료전지에 공급하는 방식과 연료 개질기를 사용하여 알코올에서 수소를 얻어, 수소 연료전지에 공급하는 방식이 있다. 전기를 발전하는 연료전지 시스템 부분을 제외하고는 전동기를 구동하는 일반적인 전기 자동차와 유사한 구조를 가진다. 연료전지를 이용한 상태에서 주행할 경우 연료전지 전기자동차는 물 이외의 배출가스를 발생시키지 않는다. 각종 유해가스 및 지구 온실가스에

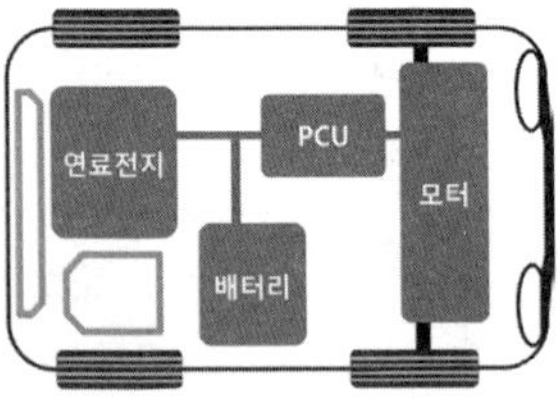

연료전지 전기차(FCEV) 일반 주행 시 연료전지에 발생한 전기로 전동기를 구동하며, 가속 시에는 연료전지와 배터리의 전기를 동시에 사용하여 가속

의한 환경오염과 화석연료의 고갈 문제를 모두 해결할 수 있다는 장점을 가지고 있다.

하지만 연료전지 전기자동차의 핵심 부품인 연료전지는 현재 수명이 짧은 편이다. 그리고 연료전지는 일정 온도를 유지해야만 계속 구동이 가능하다. 때문에 그 온도를 계속 유지하거나 시동 전에 예열장치를 통해 온도를 올려 주어야 하는 문제가 있다. 연료전지 전기자동차는 세계 최초로 우리나라의 현대자동차에서 상용화하였다. 하지만 기존 자동차에 비해 가격이 비싸고, 연료전지를 충전할 수 있는 충전소도 아직 우리 주변에서 쉽게 이용할 수 없기 때문에 대중화에는 좀 더 시간이 걸릴 것으로 생각된다.

혼자서도 잘 가는, 나는 자율주행 자동차

80년대 한창 인기를 끌었던 '전격 Z 작전(원제는 Knight Rider)'이라는 미드는 잘생긴 주인공뿐만 아니라 KITT(Knight Industries Two Thousand)라는 자율주행 차동차의 인기도 큰 몫을 했다. 말하고 생각하는 인공지능 자동차였던 KITT는 당시 초등학생이던 나에게 동경의 대상이었다. 당시 손목에 찬 전자시계를 들여다보며 이렇게 외쳤다. "키트! 도와줘!" 마치 미드의 주인공인 양 친구와 즐겁게 놀았던 기억이 아직도 생생하다.

'전격 Z 작전'이 첫 방영된 지 30년이 지났고, 나 또한 30대 후반의 아저씨가 되었다. 아쉽게도 아직은 우리 주위에서 이러한 자율주행 자동차를 볼 수 없다. 그렇지만 우리나라를 포함해 세계 각국에서 자율주행 자동차의 가능성을 인식해 활발한 연구가 진행되고 있어, 가까운 미래에는 흔히 볼 수 있는 차량이 될 것이다.

미래형 자동차는 친환경 기술과 함께 운전자의 안전성과 편의성을 극대화할 수 있는 기술에 현재 연구가 집중되고 있다. 즉 미래형 자동차는 자율주행 자동차가 될 것이다. 운전자의 조작 없이도 자동차가 스스로 주행 환경을 판단하여 목적지까지 안전하게 운행할 수 있는 자동차이다. 자율주행 자동차는 인공지능 컴퓨터 기술, 로봇, 위성항법장치(GPS), 정밀 센서기술 등 최첨단 기술의 집합체이다.

자율주행 자동차의 역사는 우리가 생각한 것보다 오랜 역사를 가진다. 자동차는 아니지만 1890년대 중반 니콜라 테슬라는 무선으로 조종하는 로봇배를 만들어 1만5천 명이 모인 박람회에서 선보였다. 1939년 뉴욕 세계 박람회에서 제너럴모터스(GM) 사의 퓨처라마(Futurama)관을 디자인해서 유명해진 산업디자이너 노먼 벨 게디스(Norman Bel Geddes, 1893~1958)는 박람회에서 무선으로 제어되는 전기차를 시연해 보였다. 무인자동차에 대한 첫 시도라고 알려진 게디스의 시연 이후 한동안 이렇다 할 자율주행 자동차가 등장하지 않았다.

그로부터 50년 후인 1980년 초 독일에서는 밴(Van)을 이용해 시속 100킬로미터로 자율주행 시험에 성공하여 다시금 조명을 받기 시작했다. 이후 1994년에는 메르세데스 벤츠의 자율주행 자동차 2대가 교통체증이 극심한 파리 3차선 고속도로에서 1000킬로미터 시험 주행을 무사히 마치기도 했다. 자율주행 자동차는 신체가 불편한 사람을 위한 보조 수단, 군사용, 상업용 등 여러 분야에 적용이 가능하기 때문에 다양한 각도에서 연구가 진행되고 있다.

한편 구글(Google) 사는 미국 국방성 최고 연구기관인 국방고등연구

기획국(DAPRA, Defense Advanced Research Projects Agency)에서 주관한 무인자동차 경주대회인 다르파 그랜드 챌린지(The DARPA Grand Challenge)에서 2005년과 2007년에 우승과 준우승을 거머쥔 스탠퍼드 대학 인공지능 분야 세바스티안 스런(Sebastian Thrun, 1967~) 교수를 영입해 자율주행 자동차의 연구를 진행했다.

구글에서 개발한 자율주행 자동차

구글 사는 2010년 도요타(Toyota) 사에서 생산하는 하이브리드 전기자동차 프리우스(Prius) 7대를 자율주행 자동차로 개조했다. 개조된 자율주행 자동차는 샌프란시스코에서 로스앤젤레스까지 총 22만4천 킬로미터의 장거리 주행에 성공한다. 구글카(Google Car)라고 불리우는 자율주행 자동차는 현재 관련 분야에서 가장 앞선 기술로 인정받고 있다. 구글은 여세를 몰아 2011년 6월 미국의 네바다 주 교통국에 무인자동차 운행을 허가해 달라는 새로운 법규를 청원했고 이 법안은 통과되었다. 이는 세계 최초로 무인자동차 운행이 합법화된 사례이다.

시각 장애인도 운전할 수 있다

흔히 말하는 자율주행 자동차란 운전자의 조작이 없이도 주위 환경에 적응하여 스스로 주행하는 자동차를 말한다. 그렇다면 앞을 볼 수 없는 시각 장애인들도 일반 사람들처럼 운전이 가능할까? 다소 엉뚱하고 황당한 이야기처럼 들릴 것이다. 자동차를 운전한다는 건 먼저 시각적으로 주변 환경을 파악하고, 운전대와 액셀러레이터 그리고 브레이크

페달 등을 조작해야 한다. 그렇기 때문에 자동차 운전에 있어서 시각 정보는 대단히 중요하며, 자칫 잘못되면 대형 교통사고로 이어진다.

그런데 '시각적으로 불편한 사람도 세상을 자유롭게 이동할 수 있다'를 목표로 하는 자동차가 등장한다. 새로운 개념의 자동차를 개발한 주인공은 한국계 미국인 로봇공학자 데니스 홍(홍원서, Dennis Hong, 1971~) 교수이다. 그는 로스앤젤레스에서 출생했지만 한국에서 초등학교, 중학교, 고등학교를 졸업했다. 현재는 캘리포니아 대학교 로스앤젤레스 캠퍼스(UCLA) 교수로 재직 중이다.

데니스 홍 교수는 버지니아공대(Virginia Tech) 재직 시절인 2007년 다르파 어반 챌린지(DARPA Urban Challenge)에서 자율주행 자동차를 제작해 3등을 차지했다. 이 대회를 계기로 홍 교수는 미국 시각장애인협회(NFB, National Federation of the Blind)와 인연이 닿았고 협회에서는 '시각 장애인도 안전하고 독립적으로 운전할 수 있는 자동차'를 만들어 달라고 부탁했다. 이러한 부탁을 대부분 사람들은 불가능하다고 딱 잘라 말했을 것이다. 하지만 데니스 홍 교수는 새로운 도전을 기꺼이 받아들였다.

데니스 홍 교수(오른쪽)와 그가 개발한 자율주행 자동차 〈출처 : RoMeLa 로봇 연구소 소장, UCLA 데니스 홍 교수〉

그는 먼저 시각 장애인의 눈을 대신하기 위한 장치들을 자동차에 장착했다. 앞 범퍼와 앞 유리 부분에 다양한 각도로 카메라를 장착하여 주변을 정밀하게 감지할 수 있게 했다. 동시에 자동차 주변에서 발생하는 갖가지 상황들이 정보화되고 이를 운전자가 인식할 수 있는 데이터로 전송하는 방식으로 시스템이 구성되었다. 그런데 이 기술의 핵심은 어떻게 주변 환경에 대한 데이터를 운전자에게 전달하는가, 하는 점이었다. 이를 위해 홍 교수는 우리 주변에서 흔히 볼 수 있는 공기를 이용할 것을 생각해낸다. 운전대에 공기가 들어가고 나오면서 운전자의 손바닥에 일정한 압력이 전달되는 원리를 이용한 것이다.

이를 위해 홍 교수는 에어픽스(AirPix)라는 장치를 개발했다. 이 장치에는 압축된 공기가 나오는 작은 구멍이 있어, 도로의 차선과 방해물 등에 대한 실시간 정보가 작은 구멍을 통해 압축된 공기로 분출되면서 운전자가 촉각으로 주변 상황을 파악해 운전할 수 있도록 되어 있다. 데니스 홍 교수의 피나는 연구의 결과로 시각적으로 불편한 사람들도 도로를 자유롭게 운전할 수 있는 기술이 실현된 것이다.

톡! 과학 공부

19. 똑똑한 논리회로

디지털(digital) 회로는 외부로부터 입력된 이산(離散, discrete) 신호에 대해서 여러 가지 처리 과정을 거친 후 다시 이산적인 신호로 외부로의 출력을 기본으로 하는 회로이다.

연속적인 출력이 발생하는 아날로그(analog)와 달리 디지털 전기 신호는 분명히 구별되는 레벨 즉, 0과 1만을 사용하는 2진법 신호를 사용하고 있다. 이러한 두 가지 상태만을 가지는 신호를 디지털 신호(digital signal)라고 하며, 0의 상태는 전압 0[V], 1의 상태는 5[V]로 전자회로에서는 전압으로 대응하여 표현할 수 있다.

손바닥만한 휴대용 계산기에서부터 최첨단의 인공지능 컴퓨터 등 크기와 성능에 상관없이 모든 디지털 회로는 논리 연산(logic operation)이 기본으로 구성된다. 논리 연산은 0과 1의 디지털 신호와 AND, OR, NOT 등의 연산 조합으로 출력을 발생한다. 여기서는 대표적인 논리 게이트에 대해서만 살펴보자.

1. OR(논리합) 게이트

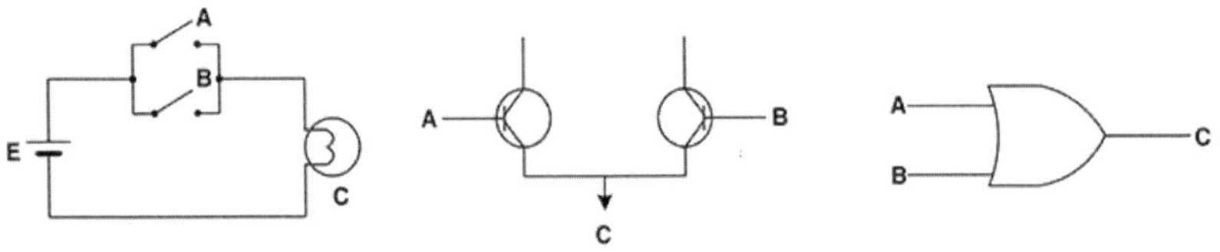

(a)스위칭 회로 (b)트랜지스터 회로 (c)OR 게이트

OR 게이트와 기호

| OR 게이트의 동작 상태 |

스위치(A)	입력 또는 스위치(B)	출력(C)
OFF(0)	OFF(0)	0
OFF(0)	ON(1)	1
ON(1)	OFF(0)	1
ON(1)	ON(1)	1

OR 게이트란 「… 또는 … 이다」의 의미를 기본하고 있는 논리 게이트다. 그림과 같이 여러 가지 형태의 회로 기호로 표현이 가능하나 기본 동작원리는 모두 동일하다고 할 수 있다. 스위치가 병렬로 연결된 형태로 스위치 A가 ON 또는 스위치 B가 ON이 되거나 또는 스위치 A, B를 동시에 누르면(ON) 전구는 켜진다.

이 같은 조건은 다음과 같은 수식으로 나타낼 수 있다.

$$L = A + B$$, L은 「A또는 B이다」

이때의 OR 게이트 진리값 표는 그림과 같다.

2. AND(논리적) 게이트

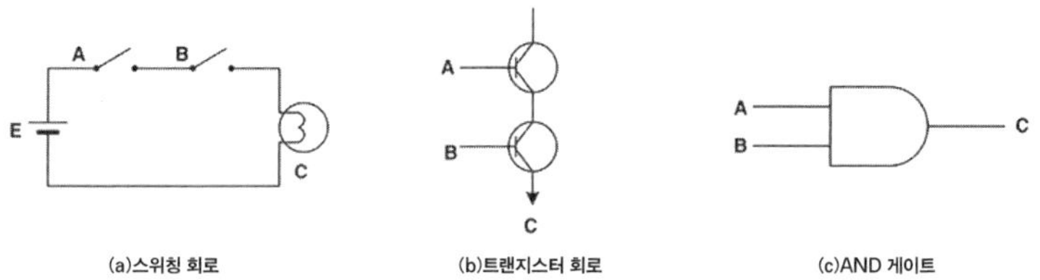

AND 게이트와 기호

| AND 게이트의 동작 상태 |

입력 또는 스위치(A)	입력 또는 스위치(B)	출력(C)
OFF(0)	OFF(0)	0
OFF(0)	ON(1)	0
ON(1)	OFF(0)	0
ON(1)	ON(1)	1

AND 게이트는 「… 그리고 … 이다」를 의미하는 논리이다. 그림과 같이 여러 가지 형태의 회로 기호로 표현이 가능하나 기본 동작원리는 모두 동일하다고 할 수 있다. AND 회로는 그림과 같이 스위치가 직렬로 연결된 상태로 스위치 A 또는 스위치 B의 한쪽만 눌러서는(ON) 전구에 불이 켜지는 것이 불가능하다. 스위치 A와 스위치 B를 함께 눌러야만(ON) 환한 빛을 밝히며 켜진다. 이 같은 조건은 다음과 같은 수식으로 나타낼 수 있다.

$$L = A \times B$$, L은 「A그리고 B」

이때의 AND 게이트는 진리값 표는 그림과 같다.

3. NOT(부정) 게이트

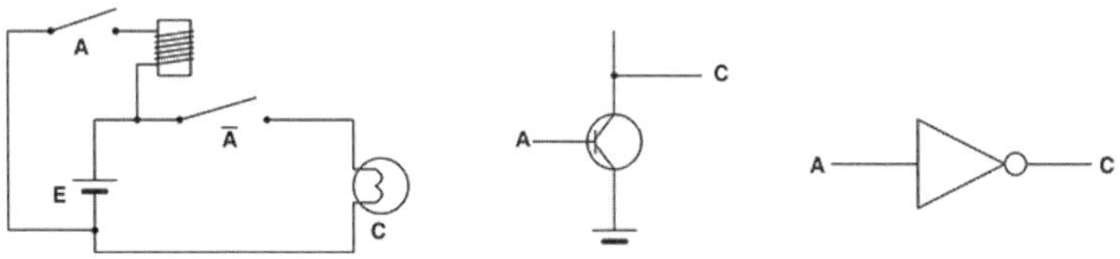

(a)스위칭 회로 (b)트랜지스터 회로 (c)NOT 게이트

NOT 게이트와 기호

| NOT 게이트의 동작 상태 |

입력 또는 스위치(A)	전구(C)
OFF(0)	1
ON(1)	0

NOT 게이트란 「… 이 아니다, …의 반대이다」라는 부정을 의미하는 논리이다. 그림과 같이 여러 가지 형태의 회로 기호로 표현이 가능하나 기본 동작원리는 모두 동일하다 할 수 있다. NOT 논리는 「부정논리」 또는 「반전논리」라고 불리기도 한다. 스위치 A를 열어두면(OFF) 전구에 불이 켜지고, 스위치 A를 누르면(ON) 코일이 자화되어 위쪽 스위치를 끌어 당겨서 전구 회로를 차단하므로 전구는 꺼져버린다.

이 같은 조건은 다음과 같은 수식으로 나타낼 수 있다.

$$L = A$$, L은 「A의 부정(반대)이다」

이때의 NOT 게이트는 진리값 표는 그림과 같다.

05

제4차 산업혁명의 충격

2016년 1월 스위스 다보스에서는 전 세계 60개국의 정치, 경제, 문화 분야의 지도자들이 모여 특별한 주제로 열띤 토론을 벌였다. '제4차 산업혁명의 이해(Mastering the Fourth Industrial Revolution)'라는 핵심 의제를 놓고 인공지능, 사물인터넷(IoT), 3D프린팅, 나노기술, 로봇기술 등 제4차 산업혁명을 주도할 혁신기술에 관한 논의가 시작되었다.

토론에 앞서 〈직업의 미래(the Future of Jobs)〉라는 보고서가 발표되었는데 이 보고서에는 제4차 산업혁명을 주도할 혁신기술로 인해 2020년까지 500만 개의 일자리가 사라질 것이라는 암울한 전망을 내놓기도 했다.

그리고 사라질 일자리 중 3분의 2는 화이트칼라 직군인 사무·행정직이며, 대부분 인공지능과 로봇에게 일자리를 내주어야만 한다는 예측을 내놓았다. 이제 생사를 건 인간과 기계와의 경쟁이 시작된 것이다.

세상을 변화시키는 뉴웨이브 산업혁명은 지금까지 무엇을 바꾸어버렸을까? 또, 다가올 제4차 산업혁명 속에서 우리는 어떻게 생존할 수 있을까?

사피엔스의 고민이 깊어간다

250만 년 전 인류는 최초로 석기를 사용했고, 30만 년 전에는 일상에서 불을 사용하게 되었다. 이후 동물을 가축화하고, 식물을 작물화하는 농업혁명이 일어난다. 1만2000년 전에 발생한 농업혁명으로 인류 문명은 서서히 발전을 거듭한다. 하지만 농업혁명 이후 정치사회 체제의 토대가 갖추어지고, 가진 자와 못 가진 자 사이에 불평등이 시작된 시기로 보는 견해도 있다.

대자연을 바탕으로 한 인류의 발전이 지속되는 가운데 "우리는 대자연에 관해 어디까지 알고 있는가?"라는 물음에 답을 구하고자 하는 인간들의 노력이 시작된다. 이에 대한 해답은 수학, 천문학, 물리학 등의 과학기술이라는 강력한 도구를 빌려 얻게 되었고, 급기야 17세기에 들어와 과학혁명이 일어났다.

과학기술의 발전은 단순한 기술적 혁신에서 멈추지 않고, 사회·경제적으로 큰 변화를 야기시켰다. 우리는 이러한 시기를 산업혁명이라고 부른다. 최초의 산업혁명은 200여 년 전 시작되었다. 산업혁명의 발생으로 농업혁명 이후 지속되어 왔던 농업중심 사회는 새로운 전환점을 맞이하게 된다.

인류는 지금까지 3차례의 큰 산업혁명의 변화를 경험했다. 제1차 산업혁명은 18세기 영국에서 시작되었다. 1차 산업혁명은 증기기관을 기반으로 한 기계화 혁명으로, 기계식 생산 시스템과 기계식 이동수단의 도입이 그 핵심이다. 말의 힘에 의존했던 기존의 이동수단인 마차에서 석탄을 연료로 하는 증기기관으로 옮겨가면서 생산과 물류에 큰 변화가 일어난 것이다.

이후 19~20세기 초 발생한 제2차 산업혁명은 전기에너지 기반의 대량생산 혁신이 그 핵심이다. 전기에너지의 보급이 확신되면서, 공장에서는 컨베이어 시스템(conveyor system)이 속속 도입된다. 컨베이어 시스템으로 대량생산 체계가 구축되었으며, 이는 곧 제품 원가의 절감으로 이어지며 대량 소비를 이끄는 원동력이 되었다.

제3차 산업혁명은 20세기 후반에 시작되어 최근까지 계속된 IT 혁명이다. 컴퓨터, 인터넷, 스마트폰 등 전자기술과 정보통신 기반의 지식정보 혁명이 그 핵심이다. 이 시기에는 정보통신 하드웨어와 인터넷 속도의 발달로 정보의 양이 급격하게 늘어난다. 이로써 다양한 지식정보의 공유가 가능해졌고, 그만큼 산업기술의 전파 속도도 빨라지게 된다. 이후 공장에는 자동화 생산 시스템이 구축되어 전 세계가 하나의 경제권으로 긴밀한 영향을 받게 된다.

제1차 산업혁명	제2차 산업혁명	제3차 산업혁명	제4차 산업혁명
18세기	19~20세기 초	20세기 후반	2015년~
증기기관 기반의 **기계화 혁명**	전기에너지 기반의 **대량생산 혁명**	컴퓨터와 인터넷 기반의 **지식정보 혁명**	인공지능/CPS/사물 인터넷 기반의 **만물 초지능 혁명**
증기기관을 활용한 영국 섬유공업의 거대 산업화	공장에 전기가 보급되어 컨베이어를 사용한 대량생산·보급	전자기술과 IT를 통한 자동화기술의 진화	사이버 물리 시스템(Cyber Physical System) 기반의 유연하고 효율적인 생산체계

코앞에 다가온 제4차 산업혁명의 시대

해마다 1~2월이면 스위스의 작은 도시 다보스(Davos)에서 열리는 세계경제포럼(World Economic Forum)은 다보스포럼(Davos Forum)이라는 명칭으로 더 유명하다. 전 세계의 정치, 경제 지도자와 학계 전문가 등이 모여 전 세계에서 일어나는 주요 이슈들을 논의하는 자리이다.

2016년 다보스포럼에서 논의된 이슈는 제4차 산업혁명이었다.

제4차 산업혁명은 제3차 산업혁명의 주요 기술인 정보통신기술과 결합된 융합기술을 기반으로 한 초연결성(Hyper Connected)과 초지능화(Hyper Intelligent) 혁명이다. 제4차 산업혁명은 인공지능, 로봇, 사물인터넷(Internet of Things, IoT), 빅데이터, 3D 프린팅, 자율주행 자동차 등의 산업을 통해 사람들의 일상에 스마트 환경으로의 급속한 변화를 가져올 것으로 예측되고 있다.

앞으로 우리 눈앞에 펼쳐질 제4차 산업혁명의 뉴웨이브 주역이 될 산업군 몇 가지를 살펴보자.

사물인터넷(IoT)

사물인터넷(만물인터넷으로 불리기도 한다)은 특정한 사물(제품, 서비스, 장소 등)에 센서를 부착해 수집한 데이터를 인터넷을 통해 실시간으로 커뮤니케이션하는 기술, 환경을 말한다. 이와 유사한 기술적 환경은 제3차 산업혁명 당시에도 존재했다. 지금까지의 방식은 사물 간에 정보를 주고받기 위해서는 사람의 물리적인 조작이 필요했다.

하지만 우리 코앞에 다가온 사물인터넷은 사물의 조작이 필요 없는 상황이 펼쳐진다. 인터넷 네트워크와 연결된 수많은 사물들은 서로 자유롭게 정보를 주고받는 양방향 통신체계가 생성된다. 이러한 기술의 발달에는 블루투스, 근거리 무선통신(Near Field Communication, NFC), 각종 센서 데이터 등의 기술이 그 바탕이 되었다. 이러한 기술은 인터넷 네트워크 기술과 어우러져 사물 간의 자율적인 소통을 가능케 한다. 사물인터넷 기술은 더 작고 저렴하고 똑똑해진 센서들에서부터 제조 공정, 물류, 주택, 의류, 액세서리, 도시, 운송망, 에너지 분야 등 다양한 분야로 이용이 크게 확대될 것이다.

3D프린팅

흔히 생각하는 프린팅 기술이라고 하면, 컴퓨터 모니터에 나타낸 문자나 그림 따위를 출력하거나, 복사하는 장치 정도로 알고 있을 것이다. 이렇게 출력된 결과물은 문서나 그림에 불과한 모두 2차원적으로만 표현이 가능하다. 그러나 3D프린팅의 경우 컴퓨터 모니터 화면에 표현된 3D 도면을 그대로 출력해낼 수 있다.

3D프린팅 기술은 1980년대 초, 미국 3D시스템스 사에서 플라스틱 액체를 응결하여 사물을 만들어내는 프린터가 개발되면서 시작되었다. 초기 3D프린팅은 제조업체에서 제품의 대량생산을 하기 전에 시제품을 만드는 산업용으로 사용되었다. 하지만 3D프린팅 기술에 관한 주요 특허가 2009년 이후 단계적으로 만료됨에 따라 다양한 제품들이 다양한 산업현장과 일반 가정에까지 보급되기 시작했다. 우리나라의 경우 2009년 한 텔레비전 예능 프로그램에 '3D 도깨비 프린터'라는 이름으로 일반

3D 프린팅은 모니터에 표현된 정교한 3D 도면을 똑같이 출력해낸다.

대중에게 소개되기도 했다.

기존 3D 가공 기술 중 하나인 절삭(subtractive)가공 방식은 원하는 형상의 사물을 제작하기 위해서는 불필요한 부분을 자르거나 깎아나가는 방식이었다. 그에 반해 3D프린팅은 입체적으로 설계된 3D 설계도면 모델에 화학원료를 수십 차례 겹쳐 층층이 쌓아가면서 입체적인 사물을 만들어내는 방식이다. 이러한 유연성 때문에 자동차, 항공, 의료산업 등에서 광범위하게 활용되고 있다.

지능형 로봇(intelligent robots)

로봇은 인간과 유사한 모습과 기능을 가지고 있는 기계전자 장치이다. 로봇은 단순 반복과 위험한 노동 현장에서 인간의 노동을 대체하기 위해 발명되었다. 정해진 제조현장에서 조립, 용접 등으로 인간의 노동력을 대신하는 로봇을 산업용 로봇이라고 부른다. 이와 달리 외부 주변의 환경을 '인식(perception)'하고 스스로 '판단(cognition)'하여 스스로 '동작(manipulation)'하는 로봇을 통칭해 지능형 로봇이라고 부른다.

지능형 로봇이 기존의 산업용 로봇과 다른 점은 주변 환경을 인지하고 그에 따라 로봇 스스로 동작하는 것이 가장 큰 차별성이라 할 수 있다. 과거의 로봇은 고정된 알고리즘에 의해 통제된 업무만을 수행했다. 그러나 로봇 개발은 점차 인간과 기계의 협업을 중심으로 하는 데 초점이 맞춰지고 있다. 이는 로봇의 감각 기관으로서 중요한 역할을 하는 센서의 발달로 주변 환경에 대한 인지력이 높아져 그에 따라 다양한 환경에 적응할 수 있기 때문이다. 하드웨어의 발달과 함께 빅데이터, 클라우드 서버를 통해 다양한 정보로의 접근이 용이해진 정보통신 기술도 로봇산업 발전의 변수가 되고 있다. 정보통신 기술의 활용으로 로봇 간에 네트워크로 연결되면서 보다 지능적인 로봇으로의 성장이 가능해진 것이다.

점점 발달해 가는 지능형 로봇 기술의 미래를 두고, 인간에게 새로운 일자리와 복지를 제공할 것이라는 긍정적 전망이 있는 반면 인간은 인공지능 로봇의 기계적인 힘과 지능에 밀려 몰락할 수 있다는 부정적 의견도 있다.

인간의 노동력을 대신하기 위해 탄생한 로봇. 인간은 그들을 지배할 수 있을까?

기계에 대한 분노 : 사피엔스, 기계와 경쟁하다

최근 세계 주요 경제 대국들은 인공지능 연구개발 투자에 적극적으로 나서고 있다. 2014년 구글은 영국의 딥마인드 테크놀로지스 사를 인수했다. 딥마인드 테크놀로지스 사는 2016년 3월 이세돌 9단과 대국을 펼쳤던 알파고(AlpaGo)를 창조해낸 IT전문 회사이다. 구글에서 인수할 당시 사원이 수십여 명에 불과했던 작은 회사였지만 인공지능 기술에 대한 잠재력이 있었기에 무려 4억 달러의 가치를 평가받아 관련기업 관계자들을 놀라게 했다.

당시 구글은 딥마인드 테크놀로지스 사의 인수를 위해 저커버그가 창립한 페이스북과 경쟁을 펼치기도 했다(이후 페이스북은 세계 최대 규모의 인공지능 연구소를 설립하여 인공지능에 대한 투자를 아끼지 않았다).

또한 IBM은 왓슨(Watson)이라는 인공지능을 전면으로 내세워 본격적인 사업화를 위해 1조원 이상의 투자계획을 밝혔다. 왓슨은 알파고와

IBM의 인공지능 왓슨은 퀴즈쇼에 출연해 인간 챔피언을 꺾었다.

같은 딥러닝 알고리즘 기반의 인공지능 시스템이다. 왓슨이 대중에게 크게 알려진 계기는 2011년 미국에서 방영된 퀴즈쇼 '제퍼디!(Jeopardy!)'에 출연해 인간과 대결을 펼치면서부터였다. '제퍼디!'에서 왓슨은 인간의 자연어로 된 질문을 비교적 정확하게 이해하고 답변해 많은 시청자들을 놀라게 했다. 왓슨은 뛰어난 인공지능을 바탕으로 퀴즈쇼에서 인간 챔피언을 꺾어버렸다. 한편 IBM은 도쿄대학교와의 공동연구에서 왓슨에게 암 연구와 관련된 논문 2만여 건을 학습시켜 진단에 활용하거나, 금융 등 다양한 분야에서의 활용을 확대하고 있다. 우리나라에서도 2016년 12월 대장암 3기 환자의 진단에 왓슨이 처음 활용되었다. 이제 의사가 아닌 인공지능에게 진단받는 시대가 되었다.

중국에서는 IT전문 기업 바이두(baidu)를 앞세워 인공지능 연구에 적극적으로 뛰어들었다. 바이두는 2014년에 인공지능의 한 분야인 딥러닝을 전문으로 연구하는 '인스티튜트 오브 딥러닝(Institute of deep learning)'을 설립했다. 구글, 페이스북, IBM에 비해 적은 투자액 같지만 무려 3천억 원 규모의 자금을 투자했다. 그리고 200여 명의 전문 인력을 고용했는데 고용된 인력에는 기계학습 연구의 권위자 중 한 명인 스탠포드 대학교의 앤드류 응(Andrew Ng) 교수도 포함되어 있다. 이처럼 막대한 투자를 바탕으로 중국도 인공지능을 제패하기 위한 준비를 완료한 셈이다.

인공지능은 크게 '약한 인공지능'과 '강한 인공지능'으로 나눌 수 있다. 딥러닝 알고리즘을 기반으로 인간의 인식, 판단, 추론 능력을 능가하는 지능인 '약한 인공지능'은 이름만 들으면 하등한 인공지능으로 생각될 것이다. 하지만 이세돌 9단과 대국을 펼쳤던 알파고도 약한 인공지능일 뿐이다. 이번 대국은 약한 인공지능만으로도 특정 영역에서는 인간을 가볍게 능가할 수 있다는 것을 확실히 보여준 셈이다. 약한 인공지능의 진화로 우리 인간의 일자리를 점차 기계에게 넘겨주어야 하는 상황이 오지 않을까 하는 우려 섞인 목소리가 들려온다.

2016년 1월의 다보스포럼에 앞서 발표된 〈직업의 미래〉라는 보고서에는 제4차 산업혁명을 주도할 혁신기술 중 인공지능 로봇으로 인해 많은 일자리가 사라질 것으로 예측했다. 주요 대상은 화이트칼라 직군인 사무·행정직이 그 대상이 될 것이라고 한다. 이 같은 암울한 예측은 다보스포럼 이전에도 여러 차례 보고된 바 있다.

2014년 영국의 컨설팅 회사 딜로이트(Deloitte) 사에서 발표한 보고서에 의하면 영국의 전체 일자리 중 35%가 앞으로 20년 안에 인공지능 로봇에게 빼앗길 상황이 발생한다고 보았다. 특히 이 같은 변화의 파도는 저임금 근로자에게 더욱 가혹하게 몰아닥칠 것으로 예측했다(보고서에 따르면 연봉 3만 파운드의 사람이 10만 파운드 이상인 사람과 비교해 직업을 잃을 가능성 5배 이상 높다고 예측한다).

이 같은 암울한 현실이 서서히 진행되고 있는 것일까? 최근 미국에서는 장부·회계 등 일정한 형식을 갖춘 정형적인 업무가 인공지능의 영향을 받게 되어, 회계사와 세무사 등의 수요가 최근 몇 년 사이에 8만 명 이상 줄었다는 발표가 나오기도 했다.

기술적 특이점으로 지배되는 세상 : 기계는 인간을 능가할 수 있을까?

'강한 인공지능'은 '약한 인공지능'의 다음 단계로 인간처럼 감정, 자아, 창의성 등을 갖춘 인공지능 시스템을 말한다. 인간의 명령 외에도 스스로 생각하고 판단하여 결정을 내릴 수 있는 존재인 것이다.

SF영화 〈프로메테우스(Prometheus)〉에 등장하는 인공지능 로봇 데이빗을 생각하면 쉽게 이해될 것이다. 영화는 인류의 기원(창조주를 찾아, 영화에서는 외계인으로 묘사된다)을 찾기 위해 미지의 우주 탐험에서 일어나는 과정을 담고 있다. 영화의 중요 인물 중 한 명이 강한 인공지능을 갖춘 안드로이드 로봇 데이빗이다. 데이빗은 영화에서 스스로 탐구하고 학습한다. 또 자신의 존재에 관해 철학적 고민도 한다. 특히 인간이 자신을 창조한 미지의 존재를 찾아 헤매는 여정을 보며, 데이빗은 의문을 느끼기도 한다. 데이빗은 인간에게 다음과 질문한다.

"인간은 왜 저를 만들었나요?" 인간의 답은 "그야, 널 만들 수 있으니까 만든 거지." 짤막하고 차가운 답변뿐이었다. 이 같은 답변에 실망과 분노를 느낀 데이빗은 영화 후반에서 인간을 위험에 빠뜨리는 상황까지 연출한다.

우리가 흔히 인공지능에 대한 막연한 거부감과 두려움을 갖는 이유가 바로 여기에 있다. 강한 인공지능 시스템은 모든 면에서 인간의 영역을 초월할 수 있기 때문이다.

기술적 특이점
(technological singularity)
인간이 스스로 만들어낸 기술을 이해하지 못하거나 따라잡지 못하는 시점을 뜻한다.

인류에게 인공지능의 위협은 **기술적 특이점**이라는 개념으로 설명할 수 있다. 인공지능 시스템은 계속되는 진화 속에서 지속적으로 지능이 향상되어갈 것이며, 결국에는 자기 자신보다도 더 강력한 인공지능이 만들어지는 순간이 온다. 즉, 지능의 무한화가 가능한 초인공지능(Artificial Super Intelligence, ASI)이 출현한다는 것이다.

만약 인공지능이 자신보다 똑똑한 인공지능을 만드는 과정이 무한히 반복된다면 인공지능의 폭발적인 진화는 시간문제일 것이다. 이렇듯 인공지능이 자신보다 더 진화된 인공지능을 만들어내는 순간 모든 것이 바뀌는 버리는 시점을 '특이점의 출현'이라고 한다.

공학자이자 미래학자인 레이 커즈와일(Ray Kurzwil, 1948~)은 자신의 저서 《특이점이 온다》에서 기술적 특이점이 본격화되는 시점을 가까운 미래인 2045년이라고 예측한다.

강한 인공지능의 출현이 예측되는 상황에서 최근 다양한 분야 전문가들의 우려 섞인 목소리가 곳곳에서 들리고 있다. 마블의 SF영화 〈아이언맨(Iron Man)〉의 실제 모델인 테슬라 모터스(Tesla Motors)의 CEO 엘론 머스크(Elon Musk, 1971~)는 2014년 10월 미국 MIT 항공우주학과 100주년 기념 심포지엄에 패널로 참가했다. 심포지엄에서 그는 "인공지능을 상당히 신중하게 취급할 필요가 있다. 결과적으로 악마를 소환하는 것이기 때문이다"라고 인공지능에 관해 부정적인 의견을 강하게 피력했다.

블랙홀 연구 등으로 유명한 물리학자 스티븐 호킹(Stephen Hawking, 1942~)도 2014년 12월 영국 BBC와의 인터뷰에서 강한 인공지능의 출현에 대해 "완전한 인공지능이 개발된다면 그것은 인류의 종말을 의미할지도 모른다"라고 경고했다.

오늘도 지구의 모든 동·식물들은 생존을 위해 끊임없이 진화를 거듭하고 있다. 인간에 의해 창조된 인공지능도 계속 진화하고 있다. 많은 이들은 '진화'라는 단어에서 환경에 잘 적응한 존재만 생존하고 그렇지 못한 존재는 사라진다는 적자생존(適者生存)을 떠올릴 것이다. 하지만 이것은 진화에 있어서 '경쟁'이라는 한쪽 면만 본 것이 아닐까? 끝없는 경쟁은 언젠가 모두를 파멸로 이끌 수 있기 때문이다.

이를 막기 위해서 인간은 인공지능과 경쟁하는 진화가 아닌 협력의 진화를 모색해야 할 것이다.

| 참고문헌 |

1. 〈전기와 자기〉 곽영직, 동녘, 2008
2. 〈열정과 야망의 전기이야기〉 김석환, 대영사, 2010
3. 〈일렉트릭 유니버스〉 데이비드 보더니스, 더스타일, 2012
4. 〈패러데이 & 맥스웰 : 공간에 펼쳐진 힘의 무대〉 정동욱, 김영사, 2010
5. 〈표준전쟁〉 톰 맥니콜, 알마, 2007
6. 〈빛의 제국 -에디슨, 테슬라, 웨스팅하우스, 그리고 전류전쟁〉 질 존스, 양문, 2006
7. 〈니콜라 테슬라 평전 -몽상가에서 최고의 과학자로, 거의 모든 것을 발명한 남자〉 버나드 칼슨, 반니, 2015
8. 〈니콜라 테슬라, 과학적 상상력의 비밀〉 신도 마사아키, 여름언덕, 2008
9. 〈니콜라 테슬라〉 마가렛 체니, 양문, 1999
10. 〈위대한 발명과 에디슨〉 진 아데어, 바다출판사, 2002
11. 〈물리학 클래식 -물리학의 원전을 순례하다〉 이종필, 사이언스북스, 2012
12. 〈시크릿 스페이스 -일상공간을 지배하는 비밀스런 과학원리〉 서울과학교사모임, 어바웃어북, 2011
13. 〈과학이 빛나는 밤에 -천체물리학부터 최신 뇌과학까지, 우주의 역사부터 과학의 역사까지〉, 이준호, 추수밭, 2014
14. 〈거의 모든 사생활의 역사〉 빌 브라이슨, 까치, 2011
15. 〈모든것을 바꾼 사람〉 배질 마혼, 지식의숲, 2008
16. 〈사이언티픽 아메리칸 발명 발견대사전 -인류사를 가로지른 과학기술의 위대한 순간들〉 로드니 P. 칼라일, 책으로보는세상, 2011
17. 〈뉴스의 역사〉 미첼 스티븐스, 커뮤니케이션북스, 2010
18. 〈컴퓨터 역사〉 백욱인, 커뮤니케이션북스, 2013
19. 〈모바일시대를 넘어 AI 시대로〉 제7호, 한국정보화진흥원, 2010

20. 〈파인만의 물리학 강의 Volume 2〉, 리처드 파인만, 로버트 레이턴, 매슈 샌즈, 승산, 2006
21. 〈살아있는 과학 교과서 1〉 김태일, 고현덕, 최후남, 홍준의, 통합과학 대안교과서 편찬위원회, 휴머니스트, 2006
22. 〈라디오 혁명〉 김은규, 커뮤니케이션북스, 2013
23. 〈고교 수학으로 배우는 맥스웰의 방정식〉, 타게우치 아츠시, 더블유출판사, 2003
24. 〈우리는 어떻게 여기까지 왔을까 -오늘날의 세상을 만든 6가지 혁신〉스티븐 존슨, 프런티어, 2015
25. 〈알기 쉬운 전기의 세계 -100만인의 전기상식〉, 송길영, 동일출판사, 2011
26. 〈과학 도시락 -맛있고 간편한〉 김정훈, 은행나무, 2009
27. 〈기계와의 경쟁 -진화하는 기술, 사라지는 일자리, 인간의 미래는?〉 에릭 브린욜프슨, 앤드루 매카피, 틔움, 2013
28. 〈사피엔스 -유인원에서 사이보그까지, 인간 역사의 대담하고 위대한 질문〉 유발 하라리, 김영사, 2015
29. 〈특이점이 온다 -기술이 인간을 초월하는 순간〉 레이 커즈와일, 김영사, 2007
30. 〈로봇의 부상 -인공지능의 진화와 미래의 실직 위협〉 마틴 포드, 세종서적, 2016
31. 〈인공지능과 딥러닝 -인공지능이 불러올 산업 구조의 변화와 혁신〉 마쓰오 유타카, 동아M&B, 2015
32. 〈A History of Electricity and Magnetism〉 Herbert W. Meyer, 1971
33. 〈Conquering the Electron: The Geniuses, Visionaries, Egomaniacs, and Scoundrels Who Built Our Electronic Age〉 Derek Cheung, Eric Brach, 2014
34. 〈Faraday, Maxwell, and the Electromagnetic Field: How Two Men Revolutionized Physics〉 Nancy Forbes, Basil Mahon
35. 〈Where Discovery Sparks Imagination: A Pictorial History of Radio and Electricity〉, John D Jenkins, 2009

| 찾아보기 |

ㅈ

항우처럼 일어나서 유방처럼 승리하라

네이버 '오늘의 책' 선정!

"내가 천하를 얻을 수 있었던 것은 한신, 장량, 소하 이 세 사람을 참모로 얻어 잘 쓸 수가 있었기 때문이다. 그러나 항우는 단 한 사람의 범증조차도 쓰지를 못했다. 이것이 내게 패한 이유이다."
- 유방이 항우를 물리치고 천하를 제패한 뒤 했던 말

유방은 항우에 비해 보잘 것 없는 사람이었다. 항우가 명문 귀족 출신인 데 비해 유방은 빈농의 자식이었다. 가문도 별볼일없고 돈도 없고 학식과 지식도 부족했던 유방이 어떻게 천하를 통일하고 한(漢)제국의 황제에 오를 수 있었을까.
항우가 직선적이고 독단적인 반면 유방은 남의 말을 경청하는 열린 성품을 가졌다. 그런 유방에게는 인재들이 모여들었고 유방은 그들을 적재적소에 기용하여 재능을 발휘할 수 있게 해주었다. 수많은 전쟁에서 위기를 극복해 가며 항우를 멸망시키는 데 결정적인 역할을 해준 장량, 한신, 소하가 바로 유방의 일급 참모들이었다.

이시야마 다카시 지음 | 이강희 옮김 | 값 13,000원

에드거 케이시가 남긴 최고의 영적 유산!

미국의 종교 사상가이자 '20세기 최고의 예언자'로 불리는 에드거 케이시(1877~1945)는 만년에 누군가로부터 "당신의 최대 업적은 무엇입니까?"라는 질문을 받았을 때, 주저하지 않고 "신을 찾아서(A Search for God)라는 텍스트를 이 세상에 남긴 일입니다"라고 대답했다. 케이시가 그의 생애에서 가장 큰 심혈을 기울여 완성한 〈A Search for God〉이 한국어판으로 번역되어 〈신을 찾아서〉 〈신과 함께〉 두 권으로 출간되었다. 영성을 추구하는 많은 사람들에게 "어떻게 살아야 하는가"하는 삶의 올바른 길을 제시해준다.
〈나는 잠자는 예언자〉는 '미국에서 가장 불가사의한 인물' 에드거 케이시의 유일한 자서전이다. 케이시는 24세때 갑자기 목소리가 나오지 않는 실성증에 걸려 그때부터 자신의 영능력을 발견하게 되었다. 케이시는 더 높은 영성의 지식을 얻고자 한다면 온전한 선(good), 즉 신(GOD)이 함께 해야 한다고 강조한다. 대우주의 커다란 영(靈)과 통하게 된 케이시는 지상의 인간에게 신의 목적을 이해시키는 채널로써의 역할을 자신의 인생의 대명제로 생각했다.

〈신을 찾아서〉 에드거 케이시 지음 | 김진언 옮김 | 값 14,000원
〈신과 함께〉 에드거 케이시 지음 | 김진언 옮김 | 값 13,000원
〈나는 잠자는 예언자〉 에드거 케이시 자서전 | 신선해 옮김 | 값 14,000원

수학적 사고법

끈질기게 생각하고, 명쾌하게 설명하라

삼성 · 현대차 시험, 수학 어려워 진땀 뺐네

수학 문제로 종합적 정보 처리 능력 평가

(……)국내 대졸 취업 시장의 '쌍벽(雙璧)'인 삼성과 현대차의 인·적성 검사 당락은 '수학'에서 나뉠 것으로 보인다. 응시자들은 공통적으로 HMAT의 '공간지각', SSAT의 '시각적 사고' 분야가 가장 어려웠다고 말했다.(……)

삼성 관계자는 "이 같은 문제는 다양한 정보를 머릿속에서 취합한 후 종합적으로 사고하는 수학적 논리력을 측정하는 것"이라며 "기출 문제를 달달 외우는 식으로 준비한 학생들은 어려웠을 것"이라고 말했다.

– 2015년 4월 13일자 〈조선일보〉 기사 중에서

업무에서나 일상에서 어떤 일에 부닥쳤을 때 문제해결을 위해서는 분석하고 시행착오를 거쳐 해결방법을 찾아가야 한다. 그 과정에서 수학적 사고가 중요한 역할을 한다.